数字媒体开发项目化教程

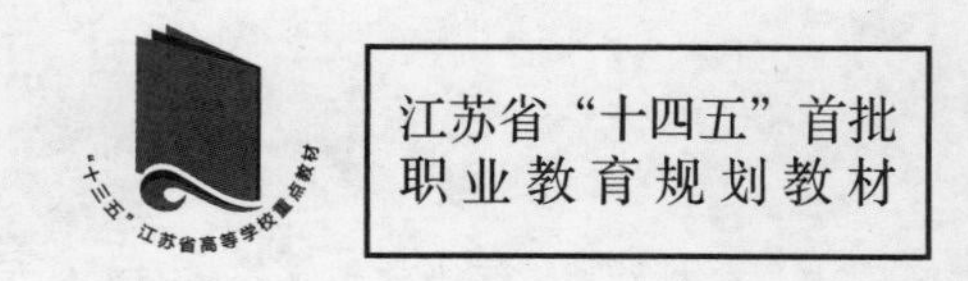

主　编 ■ 吴　兰　胡建平　黄国政
副主编 ■ 张永瑞　刘　娅　黎孟雄　朱晓超

A R T D E S I G N

華中科技大學出版社
http://www.hustp.com
中国 · 武汉

内 容 简 介

本书紧紧围绕当前数字媒体技术的发展趋势，结合数字媒体技术的知识结构和特点，通过模拟企业的工作情境，采用“项目引导，任务驱动”的案例教学模式，对数字媒体技术相关知识点进行细致编排，由浅入深地讲授数字媒体常用软件的基本操作及其在实践项目中的具体应用。

本书适合作为高职高专院校教材，也可以作为培训学校的教材或数字媒体技术爱好者的自学教材。

图书在版编目(CIP)数据

数字媒体开发项目化教程/吴兰，胡建平，黄国政主编. —武汉：华中科技大学出版社，2019.9(2024.7 重印)
“十三五”江苏省高等学校重点教材
ISBN 978-7-5680-5676-2

Ⅰ.①数…　Ⅱ.①吴…　②胡…　③黄…　Ⅲ.①数字技术-多媒体技术-高等学校-教材　Ⅳ.①TP37

中国版本图书馆 CIP 数据核字(2019)第 205410 号

数字媒体开发项目化教程　　吴　兰　胡建平　黄国政　主编
Shuzi Meiti Kaifa Xiangmuhua Jiaocheng

策划编辑：江　畅
责任编辑：史永霞
封面设计：优　优
责任监印：朱　玢
出版发行：华中科技大学出版社(中国·武汉)　电话：(027)81321913
武汉市东湖新技术开发区华工科技园　邮编：430223
录　　排：华中科技大学惠友文印中心
印　　刷：武汉市籍缘印刷厂
开　　本：880 mm×1230 mm　1/16
印　　张：15.5
字　　数：500 千字
版　　次：2024 年 7 月第 1 版第 3 次印刷
定　　价：46.00 元

前言
Preface

近年来，随着计算机技术的飞速发展，数字媒体技术得到了广泛应用。教材编写围绕培养学生的职业技能这条主线来设计，根据高职高专学生的学习特点和教学需要，通过模拟企业的工作情境，采用“项目引导，任务驱动”的案例教学模式，通过每个任务的具体完成系统地介绍数字媒体常用软件，同时培养学生将技术应用于实践的能力，进而使学生掌握针对项目进行制作的方法，达到掌握数字媒体项目开发的相关专业知识和实用技能的目的。

教材编写以“必需、够用”为原则，在内容的选择上，精讲少讲理论，以介绍数字媒体常用软件为主，重点讲解数字媒体技术中最广泛应用的知识、方法和技能，以培养和提高学习者的信息素养和实践能力为目标，同时为后续课程的学习打下坚实的基础。编写时力求降低理论难度，加大技能操作强度。本书在内容上力求突出重点、全面细致，任务选取上强调实用性和针对性，以培养学生的实践能力。

本书共分六个模块。模块 1 介绍数字媒体技术概论，主要对数字媒体基础知识简单做了介绍；模块 2 主要介绍数字音频编辑技术，主要通过两个项目介绍 Audition 的使用；模块 3 介绍数字图形图像编辑技术，主要通过两个项目介绍 Photoshop 的操作；模块 4 介绍数字动画制作技术，主要通过三个项目分别介绍了 Gif 动画、3D 动画及 Flash 动画的制作；模块 5 介绍数字视频编辑技术，主要通过三个项目分别介绍了电子相册制作、微课录制及 MV 制作；模块 6 介绍新媒体技术，主要通过四个项目分别介绍了电子杂志制作、全景漫游制作、H5 交互融媒体制作及个人网络(手机)电台创建。

软件版本紧跟时代步伐，尽量选取各种软件的新版本来制作具体工作项目。本书配有教学素材和相关教学资料(可以发送电子邮件到 405172953@qq. com 索取相关电子资源)，实用性强。

本书是江苏省高等学校重点立项教材，得到连云港师范高等专科学校重点品牌专业建设项目资助。本书主要由吴兰、胡建平、黄国政执笔编写，张永瑞、刘娅、黎孟雄参与了部分章节的编写。马继军、詹克兢、周正国、张盼盼、周蒙蒙等人参与案例设计、素材制作、书稿整理等工作。连云港腾龙艺术文化公司的朱晓超经理在项目设置及资源提供方面给予了大量帮助。冯伯虎教授和董自涛副教授对本书的内容设置、教学设计提出了很多宝贵的建议。在此对上述人员一并表示感谢。

本书采用的创意图片及音乐等均为它们所属公司和个人所有，本书引用仅为教学之用，绝无侵权之意，特此声明。

因为水平有限和时间仓促，加之数字媒体技术发展迅速，书中一定有许多疏忽和不足之处，敬请读者予以批评指正。

编者

2019 年 5 月

目录
Contents

模块 4　数字动画制作技术

模块 5　数字视频编辑技术

模块 6　新媒体技术应用与实践

Shuzi Meiti Kaifa Xiangmuhua Jiaocheng

模块 1

数字媒体技术概论

随着计算机技术、网络技术和数字通信技术的飞速发展，信息数据的数量猛增，传统的广播、电视、电影技术正快速地向数字化方向发展，数字音频、数字视频、数字电影与日益普及的计算机动画、虚拟实现等构成了新一代的数字传播媒体——数字媒体。数字媒体技术的发展改变了计算机的使用领域，使计算机由办公室、实验室中的专用品变成了信息社会的普通工具，广泛应用于工业生产管理、学校教育、公共信息咨询、商业广告、军事指挥与训练，甚至家庭生活与娱乐等领域。在亲手制作数字媒体作品之前，先了解一些数字媒体技术的基本知识是十分必要的。

【参考课时】

6 课时

【学习目标】

- 熟悉数字媒体技术相关的定义
- 掌握数字媒体元素的数字化表示
- 了解数字媒体数据的压缩、光盘存储技术
- 了解数字媒体的主要应用领域及设计流程

【学习任务】

- 数字媒体的基本概念
- 媒体元素的数字化表示
- 数字媒体的数据压缩与光盘存储技术
- 数字媒体的应用领域及设计流程

任务一　数字媒体的基本概念

一、任务描述

近年来，随着计算机技术的飞速发展，数字媒体技术得到了广泛应用，人们对数字媒体概念的认识进一步加深，已初步达成共识。下面我们主要对数字媒体的定义、特点及新媒体进行介绍。

二、任务实现

1. 关于信息、媒体的讨论

要弄清什么是数字媒体，首先要知道什么是信息，什么是媒体，以及媒体与信息的关系。

1）信息

信息是数据加工后形成的具有一定意义的数据，信息的实质是客观实体或系统运动特征及内涵的抽象。单纯的数据本身并无实际意义，只有经过解释后有意义的数据，才能成为信息。从上可知，信息是加工处理后有意义的数据。

2）媒体

随着计算机技术、通信技术的发展，人类获得信息的途径越来越多，获得信息的形式越来越丰富，人们对“媒体”这个名词也越来越熟悉。媒体，有时也被称为媒介或媒质。

媒体在计算机领域有两种含义：一是指用以存储信息的物理介质，如磁带、磁盘、光盘和半导体存储器等；二是指信息的载体，如文字、声音、图形和图像等。媒体是一种工具，包括信息和信息载体两个基本要素。媒体的含义如图 1-1-1 所示。

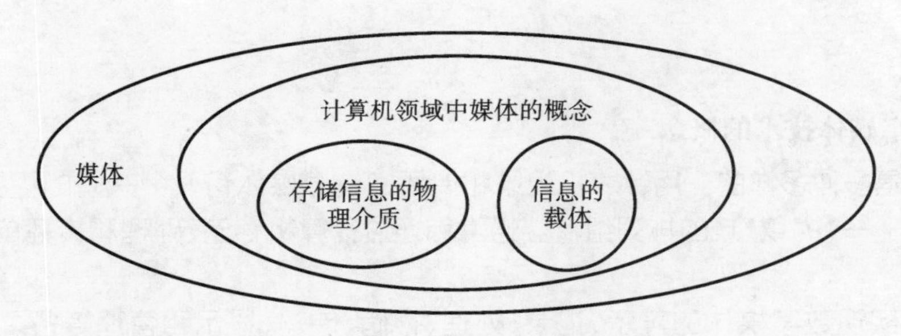

图 1-1-1　媒体的含义

3）媒体的分类

媒体是信息的载体，是信息的存在形式和表现形式。由于信息在被人们感知、抽象，加以表示使之呈现的过程中，其实现存储或传输的载体各有不同，媒体可分为以下 6 类。

（1）感觉媒体。

感觉媒体是指能直接作用于人的感觉器官，从而能使人产生直接感觉的媒体。如引起听觉反应的声音，引起视觉反应的文本、图形和图像等。

（2）表示媒体。

表示媒体是为了加工、处理和传输感觉媒体而人为研究、构造出来的一种媒体。它说明交换信息的类型，定义信息的特征。表示媒体一般以编码的形式描述，如文本 ASCII 编码、语音 PCM 编码和图像 JPEG 编码等。

（3）呈现媒体。

呈现媒体是人们获取信息或再现信息的物理手段，是输入或输出信息的设备。如键盘、鼠标、扫描仪和摄像机等输入设备，显示器、打印机和音箱等输出设备，都可以称为呈现媒体。

（4）存储媒体。

存储媒体是存储数据的物理设备，如磁盘、磁带、光盘和 U 盘等。

（5）传输媒体。

传输媒体是传输数据（表示媒体）的物理设备，如电缆（同轴、双绞线）、光纤（单模、多模）、无线电波（红外）等。

（6）交换媒体。

交换媒体是指在系统之间交换信息的手段和类型，可以是存储媒体或传输媒体，也可以是两种媒体的组合，如网络、电子邮件、FTP 等。

感觉媒体通过输入设备（即呈现媒体）转换成可为计算机加工处理的表示媒体，在一定的情况下通过输出设备（也属于呈现媒体）转换成感觉媒体，或通过传输媒体传输到远方的服务器上。媒体和计算机间的关系如图 1-1-2 所示。

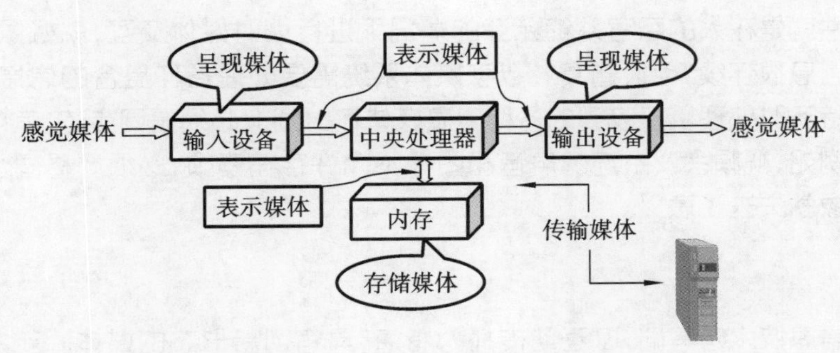

图 1-1-2　媒体和计算机的关系

2. 数字媒体

1) 数字媒体、数字媒体技术的概念

信息的表现形式是多种多样的。用计算机记录和传播的信息媒体有一个共同的重要特点，就是信息的最小单元是比特(bit)——“0”或“1”的排列组合。通常称通过计算机存储、处理和传播的信息媒体为数字媒体(digital media)。

数字媒体技术是实现数字媒体的表示、记录、处理、存储、传输、显示和管理等各个环节的硬件和软件技术。

2) 数字媒体的基本特征

数字媒体的基本特征主要包括信息媒体的多样性、交互性、集成性、协同性和实时性几个方面。

(1) 多样性。

信息媒体的多样性是数字媒体的主要特性之一。数字媒体扩展和放大了计算机处理的信息空间和种类，不再局限于数值和文本，而是广泛采用图形、图像、音频和视频等信息形式来表达思想，使计算机表达人类的思维不再局限于线性的、单调的、狭小的范围内，而有了更充分、更自由的余地，即计算机变得更加人性化。数字媒体可使计算机处理的信息多样化或称多维化，使之在信息交互过程中有更加广阔和更加自由的空间，满足人类感官全方位信息需求。

(2) 交互性。

交互性是指向用户提供更加有效的控制和使用信息的手段，交互可以增加对信息的注意和理解，延长信息保留的时间。交互式工作是计算机固有的特点，但是，在引入数字媒体概念之前，人机对话只在单一的文本空间中进行，这种交互的效果和作用十分有限，只能“使用”信息，很难做到自由控制和干预信息的处理。借助于交互性，人们可以主动地进行信息的检索、提问和回答。人与计算机之间的关系是：人操纵计算机而驾驭数字媒体，人是主动者，数字媒体是被驾驭的对象。

(3) 集成性。

数字媒体的集成性包括两个方面：一是信息媒体的集成，就是将各种信息媒体按照一定的数据模型和组织结构集成为一个有机的整体；另一个是处理这些媒体的设备和系统的集成，各类硬件和软件在网络的支持下，集成为处理各种复合信息媒体的信息系统。在数字媒体系统中，各种信息媒体不是像过去那样采用单一方式进行采集与处理，而是由多通道同时统一采集、存储与加工处理，更加强调各种媒体之间的协同关系及其包含的大量信息。

(4) 协同性。

每一种媒体都有其自身的规律，各种媒体之间必须有机配合、协调一致。数字媒体之间的协调，以及在时间和空间上的一致性，称为信息媒体的协同性。

(5) 实时性。

信息媒体的实时性就是在人的感官系统允许的情况下进行即时媒体交互，就好像面对面一样，图像和声音等各种交互媒体信息很连续，也很逼真。数字媒体系统需要处理各种复合的信息媒体，这就决定了数字媒体技术必然要支持实时处理。接收到的各种信息媒体在时间上必须是同步的，其中声音和活动的视频图像必须严格同步。例如，视频会议系统的声音和图像不允许存在停顿，必须严格同步，包括“唇语同步”，否则传输的声音和图像就失去了意义。

3. 新媒体

新媒体是以数字信息技术为基础，以互动传播为特点，具有创新形态的媒体。新媒体是能对大众同时提供个性化内容的媒体，是传播者和接收者融会成对等的交流者且无数的交流者相互间可以同时进行个性化交流的媒体。

新媒体是相对于传统媒体而言的，是在报刊、广播、电视等传统媒体以后发展起来的新的媒体形态，是利用数字技术、网络技术、移动技术，通过互联网、无线通信网、有线网络等渠道以及电脑、手机、数字电视机等终端，向用户提供信息和娱乐的传播形态和媒体形态。

新媒体较之传统媒体的优势，是能在很大程度上打破时空界限，一个新的产品的出现会迅速在互联网上得到传播，使传统口碑效应进一步扩散，用户对产品的体验，都会以病毒式的传播方式被无限放大。很多企业看中了此契机，纷纷转变向用户传达产品信息、品牌信息的形式，由报纸、杂志、电视等传统形式转变为经营自己的媒体，即网络、博客、播客、官网等。

新媒体的发展将是未来媒体发展的新趋势，新媒体的形式随着生活科技以及人们对于信息的需求，瞬息万变地以不同的形式出现在人们的视野中，比如时下非常风靡的移动电视流媒体、数字电影、数字电视、多点触摸媒体技术、数字杂志等诸多形式。新媒体技术的应用体现了受众群体对于信息的抓取更加深入，希望得到更大程度上的互动，以及对于信息的重新自我诠释，受众可以根据自己的喜好、经历参与其中，获取自己最想得到的信息。

任务二　媒体元素的数字化表示

一、任务描述

数字媒体元素目前主要包含文本、音频、图形、图像、动画和视频几种媒体元素，这些媒体元素在计算机中都有自己的数字化表示和存储等方式。

二、任务实现

1. 文本

1）文本的定义

文字是由一系列字符符号构成的。文本(text)是文字信息在计算机中的表示形式，是基于特定字符集的、具有上下文相关性的一个(二进制编码)字符流，是计算机中最常用的一种数字媒体。

2）文本的存储

组成文本的基本元素是字符，字符在计算机中采用二进制编码表示。英文字符常用的编码是 ASCII 码，占 7 位，扩展后占一个字节(8 位)，例如，英文字母“A”的 ASCII 编码为 01000001。常用 2 个字节的编码来表示一个汉字，例如，汉字“啊”的中国国标 GB 2312 编码为 1011000010100001。文字的存储和传输就是使用它的编码，所以存储和传输的数据量还相对较小。为了在屏幕上显示或使用打印机打印汉字字符，还需要建立字模库。字模库中所存放的是字符的形状信息。它可以用平面二进制位图(bit map，BMP)即点阵方式表示，也可以用矢量方式表示。位图中最典型的是用“1”来表示有笔画经过，“0”表示空白。字母 R 的矢量表示和点阵表示如图 1-2-1 所示。

位图方式占的存储量相当大，例如：采用 64×64 点阵来表示一个汉字(其精度基本上可以提供给激光打印机输出)，一个汉字占 64×64÷8＝512(Byte)＝0.5(KB)；一种字体(例如宋体)的一、二级国标汉字(6763 个)所占的存储量为 0.5KB×6763＝3382 KB，接近 3.4 MB。

矢量表示法是通过对字的点、线等特征的描述来进行表示的，存储量较小，且字形可以随意放大而不产生“锯齿”形失真。

3）文字符号输入计算机的方法

- 人工输入：通过键盘、手写笔或语音输入方式输入字符。

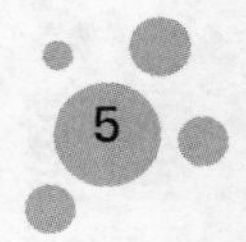

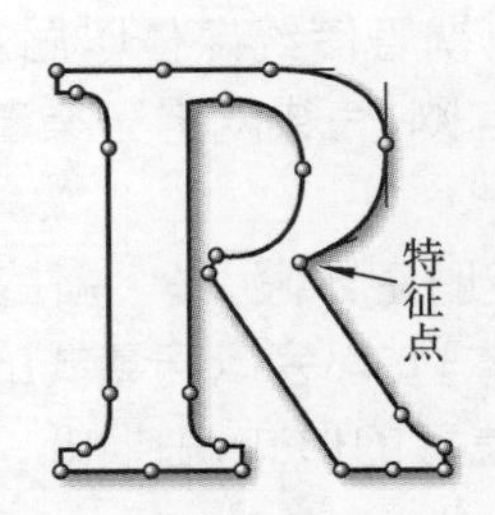

图 1-2-1　字母 R 的矢量表示(左)和点阵表示(右)

• 自动识别输入:将纸介质上的文字通过识别技术自动转换为文字的编码。自动识别输入又可分为印刷体识别和手写体识别两种。

4) 文本的分类

(1) 简单文本(纯文本)。

由一连串用于表达正文内容的字符(包括汉字)的编码所组成,几乎不包含任何其他的格式信息和结构信息,通常称为纯文本,其文件扩展名是. txt。Windows 附件中的"记事本"程序所编辑的文本就是简单文本。简单文本的特点是容量小,通用性好,所有字处理软件都能处理,但它不能插入图片、表格等,也不能建立超链接。

(2) 丰富格式文本。

在纯文本中加入了许多格式控制和结构说明信息,如字体、字号、颜色等变化,能够对文本进行位置布局等设置,即对文本进行格式化或排版,这样的文本就称为丰富格式文本。Word、FrontPage、Adobe Acrobat 等软件都可以处理丰富格式文本,但这些软件格式不同,一般情况下是不兼容的。丰富格式文本还可以在文本中插入图、表、公式甚至声音和视频,这种文档有时也称为多媒体文档。

(3) 超文本。

传统的纸质文本其内容是线性(顺序)的,通常按顺序从第一页向后读起,这就是线性文本。超文本(hypertext)采用网状结构来处理信息,文本中的各个部分按照其内容的关系互相链接起来,除了传统的顺序阅读外,它还可以通过链接、跳转、导航、回溯等操作,实现对文本内容更为方便的访问。超文本也属于丰富格式文本,Word、FrontPage、Adobe Dreamweaver 等都可以制作和编辑网页。

2. 音频

1) 声音的定义

声音是人们用来传递信息最方便、最熟悉的方式之一,它是携带信息的极其重要的媒体。声音是粒子运动的结果,是通过一定介质传播的连续的波,在物理学上可用一条连续的曲线来表示,称为声波曲线。无论声波曲线多复杂,都可分解成一系列正弦波的线性叠加。声波是时间和幅度上都连续变化的模拟量,单一频率的声波可用一条正弦波曲线表示,如图 1-2-2 所示。声波有三个重要的参数:振幅、周期和频率。

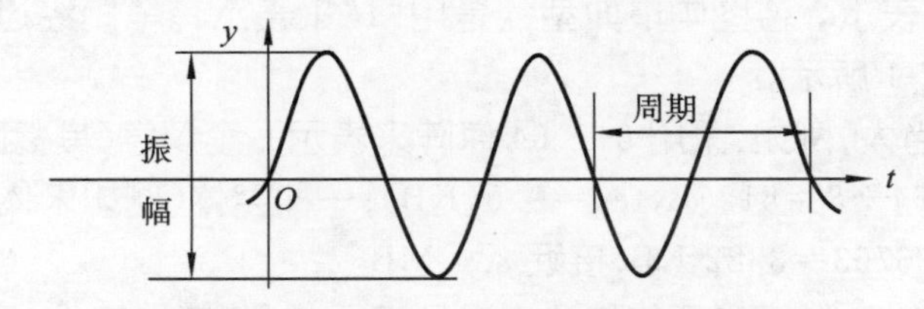

图 1-2-2　单一频率的声波的正弦波曲线

声音的强弱体现在声波压力的大小上(和振幅相关),声调的高低体现在声波的频率上。

2）声音的三要素

声音的三要素是音调、音色和音强。

(1) 音调。

音调即声音的高低，与频率有关。频率越高，音调越高；频率越低，音调越低。在使用音频处理软件对声音的频率进行调整时，其音调会随之变化。不同的声源有它自己的音调，如果改变了声源的音调，那么声音会发生质的转变，使人无法辨认声源本来的面目。

(2) 音色。

音色指声音的感觉特性，与声波相关，影响声音感觉特色的因素是复音。所谓"复音"是指具有不同频率和不同振幅的混合声音，自然界中大部分是复音。在复音中，最低频率是"基音"，它是声音的基调；其他频率的声音称为"谐音"（泛音）。基音和谐音是构成声音音色的重要因素。各种声源都有自己独特的音色，例如各种乐器的声音、每个人的声音、各种动物的声音等，人们就是依据音色来辨别声源种类的。

(3) 音强。

音强即声音的响亮程度（或音量），与振幅相关，取决于声波信号的强弱程度。音强与声波的振幅成正比，振幅越大，音强越大，反之亦然。唱盘、CD 盘以及其他形式的声音载体中的音强是一定的，通过播放设备的音量控制，可以改变聆听的强度。如果想改变原始声音的音强，可以在声音数字化之后，使用音频处理软件来实现。

3）音频数字化

在计算机中音频必须以数字形式表示，因此，必须把模拟音频信号转换成有限个数字表示的离散序列，这称为音频数字化。通常情况下，要获得数字化音频的信号，可以考虑两种途径：第一种途径是将现场声源的模拟信号或已存储的模拟声音信号通过某种方式转化成数字音频；第二种途径就是在数字化设备中创作出数字音频，比如电子作曲。

一般而言，音频数字化通常经过三个阶段，即采样（选择采样频率）—量化（选择分辨率）—编码（形成声音文件）。

(1) 采样是把时间上连续的信号，变成在时间上不连续的信号序列。目前通用的采样频率有三个：44.1 kHz、22.05 kHz、11.025 kHz。采样频率越高，则经过离散数字化的声波越接近于其原始的波形，也就意味着声音的保真度越高，声音的质量也越好，当然所需要的信息存储量也越多。

(2) 量化指把采样所得的值（通常为反映某一瞬间声波幅度的电压值）数字化，即用二进制来表示模拟量，进而实现模/数转换。量化位数又称取样大小，它是每个采样点能够表示的数据范围。量化位数越高，声音还原的层次越丰富，表现力越强，音质越好，但数据量也越大。

(3) 编码就是按照一定的格式把经过采样和量化得到的离散数据记录下来，并在有用的数据中加入一些用于纠错、同步和控制的数据。

未经压缩的数字化声音的数据量是由采样频率、量化位数、声道数和声音持续时间所决定的，它们与声音的数据量是成正比的，其数据量的计算公式为：

$$\text{数据量}=\frac{\text{采样频率(Hz)}\times\text{量化位数(bit)}\times\text{声道数}\times\text{声音持续时间(s)}}{8}$$

用 44.1 kHz 采样频率对声波进行采样，每个采样点的量化位数选用 16 位，录制 5 分钟的立体声节目，其波形文件所需的存储空间为：

$$\frac{44\,100\times16\times2\times5\times60}{8}=52\,920\,000\text{ B}\approx51\,679.7\text{ KB}\approx50.5\text{ MB}$$

由此可见，采样频率和量化位数是影响数字化声音文件存储量的两个因素。提高采样频率和增加量化位数可以提高声音的质量，但也将使相应的数据量增加，给声音信号的存储和传输带来困难。这就需要在声音的质量与数据量之间做出恰当的选择。

4）波形声音的获取与播放

（1）声音的获取设备主要是麦克风和声卡，另外还包括录音笔等外置设备。

• 麦克风：将声波转换成电信号，并进行数字化。

• 声卡：声音的获取、重建，控制完成声音的输入、输出。声卡以数字信号处理器（DSP）为核心，完成模拟声音到数字声音的转换。声卡分为集成声卡和独立声卡。可通过话筒（麦克风）输入声音，也可以线路输入（连接音响设备或 CD 唱机等）。

• 录音笔：类似传统录音机的录音方法来获取声音，再通过 USB 接口将已经数字化的声音传输到计算机中。它的采样频率较低，仅适合录制语音。

（2）声音的播放。

• 声音的重建：把声音从数字形式转换成模拟信号形式，由声卡完成声音的重建分为三个步骤：解码→数/模转换→插值处理。

• 将模拟声音经处理和放大送到音箱发出声音。

5）常用音频文件格式

数字化音频数据是以文件的形式保存在计算机中的。目前，常用的数字化音频的文件格式主要有以下几种类型：

（1）WAV 格式文件。

WAV 格式文件，又名波形文件，扩展名为.WAV。这是 Windows 本身存放数字声音的标准格式。由于微软公司的影响力，目前已成为一种通用性的数字声音文件格式，几乎所有的音频处理软件都支持 WAV 格式，使用媒体播放机可以直接播放。由于 WAV 格式存放的一般是未经压缩处理的音频数据，该格式直接记录声音的波形，故只要采样频率高、量化位数多、机器速度快，利用该格式记录的声音文件就能够和原声基本一致，质量非常高，但是文件的体积很大（1 分钟的波形文件需要大于 10MB 的存储空间），不适合在网络上传播。

（2）MIDI 格式文件。

乐器数字接口 MIDI 是由世界上主要电子乐器制造厂商建立的一个通信标准，以规定计算机音乐程序、电子合成器和其他电子设备之间交换信息与控制信号的方法。MIDI 文件记录的不是乐曲本身，而是一些描述乐曲演奏过程中的指令，主要用于计算机声音的重放和处理。该文件扩展名是.MID。由于 MIDI 文件记录的是一系列指令而不是数字化后的波形数据，因此，它占用存储空间比 WAV 文件要小很多。

（3）MP3 格式文件。

MP3 是现在最流行的声音文件格式，其扩展名为.MP3，它是根据 MPEG-1 视频压缩标准中对立体声伴音进行第三层压缩的方法所得到的声音文件，它保持了 CD 激光唱盘的立体声高品质音质，压缩比达到 12∶1。该文件的特点是压缩比高、文件数据量小、音质好，能够在个人计算机、MP3 半导体播放机和 MP3 激光播放机上进行播放。MP3 格式文件是目前 Internet 网上比较流行的声音文件之一。

（4）WMA 格式文件。

WMA 是微软公司强力推出的数字音乐文件格式，其最大特点是具有版权保护功能并且比 MP3 具有更强大的压缩能力，其文件扩展名是.WMA。这种格式文件的可保护性极强，甚至能限定播放机器、播放时间及播放次数，这对于作为版权拥有者的唱片公司来说是一种相当有用的压缩技术。另外，Windows Media 是一种网络流媒体技术，所以 WMA 格式文件能够在网络上实时播放。

（5）RA 格式文件。

RA 是 RealNetworks 推出的一种音乐压缩格式，其压缩比可高达 96∶1，因此在网络上比较流行，该文件的扩展名是.RA。经过压缩的音乐文件可以在上网的计算机中流畅回放。这种格式文件的最大特点是可以采用流媒体的方式实现网上实时播放，即边下载边播放。

(6) CDA 格式文件。

CDA 又称 CD 音乐，其扩展名是. CDA，是标准的激光盘文件。它是唱片常用格式，记录的是波形流，该文件的特点是音质好，绝对纯正，缺点是数据量大，无法编辑。该格式文件在 Windows 环境中，使用 CD 播放器播放。

3. 图形

1) 图形定义

矢量图是用一组数学指令来描述图像内容的图形，这些指令定义了构成图像的所有直线、曲线等要素的形状、位置等信息。使用矢量图的最大好处是任意缩放图像和以任意分辨率的设备输出图像时，都不会影响图像的品质，也就是说，矢量图的质量不受分辨率高低的影响。编辑处理矢量图形的软件通常称为绘图程序，例如，AutoCAD、Illustrator、Flash、CorelDRAW、FreeHand、3ds Max 等软件处理的就是矢量图。

图形有二维图形和三维图形之分。二维图形是指只有 X、Y 两个坐标的平面图形；三维图形是指具有 X、Y、Z 三个坐标的立体图形。

2) 计算机图形的绘制

图形绘制过程中，每一个像素的颜色及其亮度都要经过大量的计算才能得到，因此绘制过程的计算量很大，目前 PC 机所配置的图形卡(显卡)上安装了功能很强的专用绘图处理器，它能承担绘制过程中的大部分计算任务。主要有如下几个过程：

- 模型：景物在计算机内的描述。
- 建模：进行景物描述的过程。
- 绘制：根据景物的模型生成图像的过程。

3) 常用矢量图形文件格式

(1) CDR 格式文件。

CDR 是 CorelDRAW 中的一种矢量图形文件格式，它是所有 CorelDRAW 应用程序中均能够使用的一种文件格式。

(2) AI 格式文件。

AI 是一种矢量图形文件，适用于 Adobe 公司的 Illustrator 软件的输出格式。AI 文件是一种分层文件，用户可以对图形内所存在的层进行操作。

(3) DWG 格式文件。

DWG 是 AutoCAD 中使用的一种图形文件格式。

(4) DXF 格式文件。

DXF 是 AutoCAD 中的图形文件格式，它以 ASCII 码方式存储图形，在表现图形的大小方面十分精确，可被 CorelDRAW、3ds 等大型软件调用和编辑。

(5) EPS 格式文件。

EPS 是用 PostScript 语言描述的一种 ASCII 图形文件格式，在 PostScript 图形打印机上能打印出高品质的图形图像，它最高能表示 32 位图形文件。

4. 图像

1) 图像的定义

从现实世界中通过扫描仪、数码相机等设备获取的图像，称为取样图，也称为点阵图像或位图图像(bitmap image)，简称图像(image)。它对应于位图文件，是描述图像的一种方法，该方法先把图像切割成许许多多的点，然后用若干二进制位描述每个点。它不像图形那样有明显规律的线条，因此，不能用矢量来表示，基本上是用点阵来描述的。数字图像的最小元素称为像素，数字图像的大小是由“水平像素数×垂直像素数”来表示的。每个像素值不再只占一位，而是需要用许多位来表示。例如，一个像素用 8 位来表示时，黑白图像可以表示出 256 种灰度等级，彩色图像可以表示出 256 种颜色。如果用 24 位来表示一个彩色像素，那么，它可以表示出 1677 万种颜色，称为真彩色。

数字图像占用的存储量极为巨大。例如，一幅能在标准 VGA（分辨率为 640×480）显示屏上做全屏显示的真彩色图像（即以 24 位表示），其存储量为：

$$640 \times 480 \times 24 \div 8\ \text{B} = 921\ 600\ \text{B} = 900\ \text{KB}$$

由此可见，数字图像数据量之大。因此，对数字图像进行压缩，使它能以较小的存储量进行存储和传送，就成为关键的问题。

2）图像的数字化

图像获取的核心是模拟信号的数字化，大体分四个步骤。

- 扫描：将图像划分为 $M \times N$ 个网格阵列，每个网络称为一个取样点。
- 分色：将彩色图像取样点的颜色分解成红（R）、绿（G）、蓝（B）三个基色。
- 取样：测量每个取样点的每个分量（基色）的亮度值。
- 量化：对取样点每个分量的亮度值使用数字量来表示。

图 1-2-3 给出了一幅模拟图像转化为数字图像的过程。

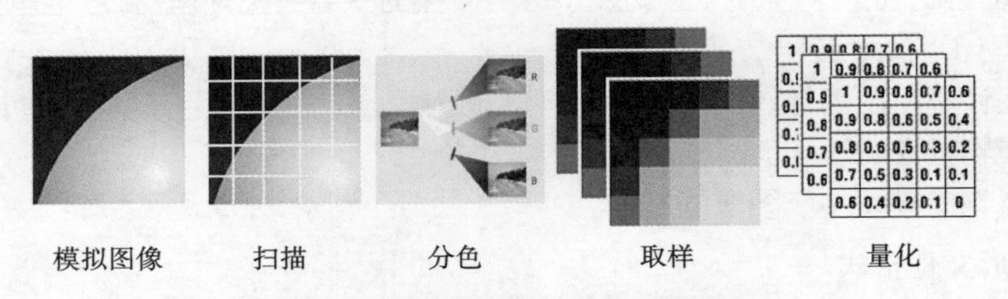

图 1-2-3　模拟图像转化为数字图像的过程

3）色彩的三要素

色彩可用色调、亮度和饱和度来描述。任何一个色彩都是这三个特性的综合效果，色调、亮度和饱和度被称为色彩的三要素。

色调也称色相，是指色彩的相貌和特征。亮度指光作用于人眼时引起的明亮程度的感觉。饱和度是指颜色的纯度，也就是鲜艳程度。原色是纯度最高的色彩。颜色混合的次数越多，纯度越低。

4）图像的色彩模式

色彩模式是指在计算机上显示或打印图像时表示颜色的数字方法。在不同的应用领域，人们所使用的色彩模式也不相同。如计算机显示器采用 RGB 模式，打印机在输出彩色图像时采用 CMYK 模式，从事艺术绘画的采用 HSB 模式，彩色电视系统采用 YUV/YIQ 模式等。

（1）RGB 模式。

RGB 中的 R、G、B 分别代表红（red）、绿（green）、蓝（blue）3 种原色，每个原色的取值从 0 到 255，共有 256 种变化。所有的色彩都由这三种原色相加组成。例如，黑色是（R:0，G:0，B:0），白色是（R:255，G:255，B:255）。这种模式主要应用于计算机中。

（2）CMYK 模式。

CMYK 模式中的 C、M、Y、K 分别代表青（cyan）、洋红（magenta）、黄（yellow）、黑（black）。这是依据颜料印于纸张上时，针对墨水吸光性质所指定的颜色模式。这些颜色混合的方法称为四色法。这种颜色模式大多应用于与印刷用途有关的图像处理。

（3）HSB 模式。

HSB 中的 H、S、B 分别代表色相（hue）、饱和度（saturation）、明亮度（brightness）。也就是说，HSB 模式

是用色彩的三要素来描述颜色的。饱和度的值为 0%～100%，随着值的增加，色彩会逐渐变得鲜艳；明亮度的值为 0%～100%，随着值的增加，颜色会逐渐变亮。由于这种模式能直接体现色彩之间的关系，所以非常适合于色彩设计。

（4）YUV/YIQ 模式。

这是一种在现代彩色电视系统中所采用的色彩模式，在 PAL 制式中使用的是 YUV 模式，在 NTSC 制式中使用的是 YIQ 模式，其中 Y 表示亮度，U、V(I、Q)表示色度，是构成色彩的两个分量。

5）数字图像的获取设备

- 2D 图像获取设备：扫描仪、数码相机、摄像头、摄像机等。
- 3D 图像获取设备：3D 扫描仪。

6）常用数字图像文件格式

（1）BMP 格式文件。

BMP 格式是 Windows 操作系统中的标准图像文件格式，其文件的扩展名是.bmp。BMP 采用位映射存储形式，不压缩，所以这种类型的图像文件通用性好，Windows 环境下的所有图像处理软件都支持 BMP 格式，但图像所占用的存储空间较大，不易在网上传输。

（2）JPEG 格式文件。

JPEG 格式是按 Joint Photographic Experts Group(联合图像专家组)制定的压缩标准，基于 DCT 压缩算法进行存储的图像文件格式，其文件的扩展名是.jpg。这种格式的图像，文件占用的存储空间小，易于传输，是目前应用非常广泛的一种图像文件格式。

（3）GIF 格式文件。

GIF(图形交换格式)是由 CompuServe 公司为了制定彩色图像传输协议而开发的图像文件格式，其文件的扩展名是.gif。它最多支持 256 种颜色，采用 LZW 压缩方式存储，压缩比高，图像占用的存储空间少，便于在网上传输。目前，在数字媒体制作和网页制作中经常使用这种格式的图像文件。

另外，GIF 格式还允许在一个文件中放置多个画面，随着几幅画面的连续显示就形成了简单的动画效果。

（4）PSD 格式文件。

PSD 格式是 Adobe 公司开发的图像处理软件 Photoshop 中自带的标准文件格式，很少有其他的图像处理软件能读取这种格式，其文件的扩展名是.psd。它支持图层、通道、蒙版和不同色彩模式的各种图像特征，能够将不同的物件以层的方式分离保存，方便二次修改和制作各种特殊效果。PSD 格式采用非压缩方式保存，文件占用的存储空间较大。

（5）TIFF 格式文件。

TIFF(标记图像文件格式)是 Aldus 和 Microsoft 公司为扫描仪和桌面出版系统研制开发的较为通用的文件格式，其文件的扩展名是.tif。其特点是图像格式复杂、存储信息多、图像质量高。该格式文件在出版印刷业中应用广泛。

（6）PNG 格式文件。

PNG(可移植网络图形)是一种新兴的网络图像格式，它综合了 GIF 和 JPEG 的优点，是目前最不失真的图像文件格式，它采用无损压缩的方式，其最大的特点是显示速度快。越来越多的软件开始支持这一格式。

7）图形与图像的不同

前面介绍了图形与图像两个不同的概念，读者有时容易混淆，现区别如下：

- 图形是向量概念，它的基本元素是图元，也就是图形指令；而图像是位图的概念，它的基本元素是像素。图像显示更逼真，而图形则更加抽象，仅有点、线、面等元素。
- 图形的显示过程是依照图元的顺序进行的；而图像的显示过程是按照位图中所安排的像素的顺序进行的，如从上到下，或从下到上，与图像内容无关。

• 图形数据量小且可以进行变换而无失真；图像数据量大且变换会发生失真。

• 图形能以图元为单位单独进行属性修改和编辑等操作；而图像则不行，因为在图像中并没有关于图像内容的独立单位，只能对像素或图像块进行处理。

总之，图形和图像各有优势，用途也各不相同，谁也不能取代谁。

5. 视频

1）视频的定义

视频是由一幅幅单独的画面（称为帧）序列组成的，这些画面以一定的速率（帧率 fps）连续地透射在屏幕上，使观察者具有图像连续运动的感觉。人们之所以能够看到电影屏幕上的活动影像，其中最大的原因在于人眼的自我欺骗。人眼能够把看到的影像在视网膜上保留一段时间，这种特性称为视觉暂留。由于人的眼睛有视觉暂留的特性，一个画面的印象还没有消失，下一个稍微有点差别的画面又出现在银幕上，连续不断的印象衔接起来，就组成了活动影像。

2）电视制式

电视信号是处理视频的重要信息源，电视信号的标准也称为电视的制式。目前各国的电视制式不尽相同。世界上主要使用的电视广播制式有 PAL、NTSC、SECAM 三种。制式的区分主要在于其帧频（场频）的不同、分辨率的不同、信号带宽以及载频的不同等，如表 1-2-1 所示。

表 1-2-1　三种常用电视制式

制式名称	帧频 /(帧 /s)	场频 /(场 /s)	扫描线 /行	标准分辨率	使用地区
PAL	25	50	625	720×576	中国、德国、英国、意大利、荷兰、中东一带等国家和地区
NTSC	30	60	525	720×480	美国、墨西哥、日本、加拿大等国家和地区
SECAM	25	50	625	720×576	法国、俄罗斯及东欧和非洲各国

3）常用的视频信号的数字化方法

视频分为模拟视频和数字视频。模拟视频是一种传输图像和声音且随时间连续变化的电信号。早期视频的获取、存储和传输都是采用模拟方式。数字视频就是以数字形式记录的视频，是和模拟视频相对的。

常用的视频信号的数字化方法有：

• 视频采集卡：简称视频卡，能将输入的模拟视频信号（及其伴音信号）数字化后存储在硬盘中。数字化的同时，视频信号通过彩色空间转换（从 YUV 转换为 RGB），然后与计算机图形显示卡产生的图像叠加在一起，用户可以在显示屏幕的指定窗口中监看（监听）其内容。

• 数字摄像头：借助光学摄像头和 CMOS 器件采集图像，然后将图像转换成数字信号，输入计算机中。分辨率一般为 800×600 或 640×480，速度一般在每秒 30 帧左右，镜头的视角可达到 45～60 度，使用 USB 接口连接计算机。

• 数码摄像机：将所拍摄的视频图像及记录的伴音用 MPEG-2 或 MPEG-4 进行压缩编码，然后记录在硬盘上，需要时通过 USB 接口或 IEEE 1394 接口输入计算机处理。

4）常用视频文件格式

(1) AVI 格式文件。

AVI 是一种支持音频 /视频交叉存取机制的格式，它是 Microsoft 公司开发的一种符合 RIFF 文件规范的数字音频与视频文件格式。AVI 格式目前已被当作 Windows 系统的视频标准格式，主要应用在数字媒体光盘上，用来保存电影、电视剧等各种影像信息。AVI 格式兼容性好，调用方便，图像质量好，但占用空间比较大，不利于网络传输和在线播放。另外，压缩标准不统一，某些版本播放器不能播放采用其他编码方式压缩的 AVI 文件,必须进行转换。

(2) MPG 格式文件。

MPG 文件即是 MPG 格式的视频文件,它包括 MPEG-1、MPEG-2 和 MPEG-4。MPEG-1 被广泛地应用在 VCD 的制作中,绝大多数的 VCD 采用 MPEG-1 格式压缩。MPEG-2 应用在 DVD 的制作方面、HDTV(高清晰电视广播)和一些高要求的视频编辑、处理方面。MPEG-4 是一种新的压缩算法,使用这种算法的 ASF 格式可以把一部 120 min 长的电影压缩到 300 MB 左右的视频流,可供大家在网上观看。

(3) MOV 格式文件。

MOV 格式是苹果公司开发的一种音频、视频文件格式,使用 QuickTime Player 播放器播放。MOV 格式具有较高的压缩比率和较完美的视频清晰度,采用了有损压缩方式,画面效果较 AVI 格式稍好。MOV 格式还有一个特点——跨平台性,即不仅能支持 macOS,同样也能支持 Windows 系统。MOV 格式以其领先的多媒体技术和跨平台特性、较小的存储空间要求、技术细节的独立性以及系统的高度开放性,得到了业界的广泛认可,目前已成为数字媒体软件技术领域的事实上的工业标准。

(4) RM 格式文件。

RM 格式是 RealNetworks 公司制定的音频/视频压缩规范 Real Media 中的一种。Real Media 规范主要包括三类文件:Real Audio、Real Video 和 Real Flash。Real Video 是一种流式视频文件格式,可以在数据传输过程中一边下载一边播放,实现影像数据的实时传送和实时播放。RM 格式牺牲画面质量来换取可连续观看性,所以图像质量相对较差。

(5) ASF 格式文件。

ASF 是 advanced streaming format(高级流格式)的缩写,是 Microsoft 公司推出的一个在 Internet 上实时传播数字媒体信息的技术标准。ASF 格式通用性较好,音频、视频、图像以及控制命令脚本等数字媒体信息都通过这种格式以网络数据包的形式传输,实现流式数字媒体内容发布。另外,ASF 格式的视频中可以带有命令代码,用户指定在到达视频或音频的某个时间后触发某个事件或操作。

(6) WMV 格式文件。

WMV 格式全称为 Windows Media Video,是微软公司推出的一种采用独立编码方式,并且可以通过 Internet 实时观看视频节目的文件压缩格式。WMV 格式的主要优点包括:本地或网络回放、可扩充的媒体类型、可伸缩的媒体类型、多语言支持、环境独立性、丰富的流间关系以及扩展性等。

(7) DivX 格式文件。

DivX 格式是一种新的视频压缩格式,它由 Microsoft MPEG-4 V3 修改而来。DivX 格式压缩包括音频和视频两部分。视频部分采用 MPEG-4 的压缩算法对视频图像进行高质量压缩,音频部分使用 MP3 或 AC3 技术压缩,然后再将视频与音频合成为 AVI 视频文件,最后加上相应的外挂字幕文件。DivX 格式的画质接近 DVD,而体积比 DVD 小得多。DivX 压缩后的文件是 AVI 文件,但计算机需要安装 DivX 解码器才能播放 DivX 压缩的文件。

(8) 3GP 格式文件。

3GP 是一种 3G 流媒体的视频编码格式,主要是为了配合 3G 网络的高传输速度而开发的,也是目前手机中最为常见的一种视频格式。此外,MP4、AVI 格式的视频也是手机中常见的。

(9) FLV 视频格式文件。

FLV 流媒体格式是一种新的视频格式,全称为 Flash Video。它形成的文件极小、加载速度极快,使得网络观看视频文件成为可能。目前的在线视频网站大多采用此视频格式,如新浪播客、56、优酷、土豆、酷 6 等。FLV 已经成为当前视频文件的主流格式之一。

6. 动画

1) 动画的定义

动画是基于人的视觉原理创建的运动图像,在一定时间内连续快速观看一系列相关联的静止画面时,会将其感觉成连续动作，每个单幅画面被称为帧。从制作技术和手段看，动画可以分为以手工绘制为主的传统动画和以计算机为工具的数字动画。

传统动画又可以分为手绘动画和模型动画。手绘动画是指通过手工纸制绘画的方式描述每一个动作，然后将这些绘画的结果拍摄并拼接起来的一种方法，如《唐老鸭和米老鼠》《白雪公主》《三个和尚》；而模型动画则是通过制作模型，然后将模型的运动过程逐一拍摄下来的制作方法，如《小鸡快跑》《圣诞夜惊魂》《曹冲称象》属于传统模型动画。

计算机数字动画指基于计算机生成的图形、图像及其运动技术，采用连续播放静止图像的方法产生景物运动的效果。在使用计算机制作动画时，有的工作可以让计算机去做而不必人工操作，如一个对象由左到右做直线运动，如人工制作，就要每画格都要画一次，但实际上可以把起点和终点以及运动的方向告诉计算机，然后由计算机来完成就行了，那么这个起点和终点就是这一段动画的关键帧。由于动画不总是单一的变化，因此要对动画设定新的属性或动作时的画格(也称为关键帧)。

2）计算机数字动画的分类

根据研究角度的不同，计算机数字动画可以有多种分类方法。

(1) 按照画面景物的透视效果和真实感程度，计算机数字动画分为二维动画和三维动画两种。

(2) 按照计算机处理动画的方式不同，计算机数字动画分为造型动画、帧动画和算法动画三种。

(3) 按照动画的表现效果，计算机数字动画又可分为路径动画、调色板动画和变形动画三种。

(4) 不同的计算机数字动画制作软件，根据本身具有的动画制作和表现功能，可以将计算机数字动画分为更加具体的种类，如渐变动画、遮罩动画、逐帧动画和关键帧动画等。

3）常用动画文件格式

计算机数字动画由于应用领域不同，其动画文件也存在着不同类型的存储格式。目前应用最广泛的有下面几种文件格式。

(1) GIF 格式文件。

GIF 是最常见的动画文件格式，它是多帧 GIF 图像的合成，可以存多幅彩色图像。如果把存于一个文件中的多幅图像数据逐幅读出并显示到屏幕上，就可构成一种最简单的动画。GIF 文件体积小，适合在网上播放。

(2) FLIC(FLI/FLC)格式文件。

FLIC 格式是由 Autodesk 公司研制开发的一种彩色动画文件格式，FLIC 是 FLI 和 FLC 的统称。

(3) SWF 格式文件。

SWF 格式是基于 Shockwave 技术的流式动画文件格式。它采用曲线方程来描述动画中的内容，而不是由点阵组成，因此这种格式的动画不管缩放多少倍，画面仍然清晰流畅，质量不会因此而降低，而且文件体积小，适合在网上播放。

(4) MB 格式文件。

MB 为三维软件 Maya 的源文件格式。Maya 是世界顶级的三维动画软件，应用对象是专业的影视广告、角色动画、电影特技等。Maya 功能完善、工作灵活、易学易用、制作效率极高、渲染真实感极强，是电影级别的高端制作软件。

任务三　数字媒体的压缩与光盘存储技术

一、任务描述

数字化后的视频和音频等媒体信息具有数据海量性，与当前硬件技术所能提供的计算机存储资源和网络带宽之间有很大差距，解决这一问题的关键手段就是数据压缩技术。另外，由于数据量很大，需要大容量的存储器来保存这些数据。

二、任务实现

1. 数据压缩

一般来说，数据压缩是信源信号(采样和量化后的数字信号)，如语音、静止图像、音乐或电视等的有效的数字化表示。数据压缩常常又称为数据信源编码，或简称为数据编码。与此对应，数据压缩的逆过程称为数据解压缩，也称为数据信源解码，或简称为数据解码。

数据压缩的目的，简单地说就是最有效地利用有限资源。就是说，我们用尽可能少的比特数来表示源信号并能将其还原。因此，压缩的任务就是保持信源信号在一个可以接受的状况的前提下把需要的比特数减到最低程度，这样来减少存储、处理和传输的成本。

1）数据压缩方法的分类

信息理论认为：若信源编码的熵(平均信息量)大于信源的实际熵，该信源中一定存在冗余度。去掉冗余不会减少信息量，仍可原样恢复数据；但若减少了熵，数据则不能完全恢复。不过在允许的范围内损失一定的熵，数据可以近似地恢复。根据压缩过程中是否减少了熵，目前常用的压缩编码方法可以分为两大类：

(1) 无损压缩，也称可逆压缩和无失真编码等。工作原理为去除或是减少冗余值，但这些值可以在解压缩时重新插入数据中，恢复原始数据。它大多使用在对文本和数据的压缩上。压缩比较低，大致为 2∶1～5∶1。典型算法有哈夫曼编码、算术编码、行程编码等。

(2) 有损压缩，也称不可逆压缩和熵压缩等。这种方法在压缩时减少了的数据信息是不能恢复的。在语音、图像和动态视频的压缩中，经常采用这类方法。它对自然景物的彩色图像的压缩，压缩比可达到几十倍甚至上百倍。典型算法有 PCM(脉冲编码调制)、预测编码、变换编码等。

2）压缩技术的基本方式

压缩技术的基本方式有两种：对称压缩和不对称压缩。

(1) 对称压缩。该压缩方式压缩的算法和解压缩的算法是一样的，它是一种不可逆的操作。该技术的优点在于双方都在以同一种速度进行操作，例如视频会议便采用对称压缩技术。发送方将实况视频信号用某种算法加以压缩，然后通过通信介质进行传输；接收方收到信号后，再以同样的算法按逆运算进行解压缩，使图像解码后重现。

(2) 不对称压缩。该压缩方式指压缩和解压缩的运算速率不同，压缩图像比解压缩图像需要更大的处理能力。例如在制作 VCD 时，压缩一部影片到 VCD 盘时可能需要花费很多时间，但是在播放时，为了保证视频流畅，其解压缩速度却很快。

3）数据压缩技术的性能指标

(1) 压缩比。

压缩比指输入数据和输出数据之比，作为压缩率的衡量指标。

(2) 图像质量。

有损压缩可以获得较大的压缩比，但是压缩比过高，还原后的图像质量可能会降低。对其失真情况很难量化，所以需要对测试对象进行评估。

(3) 压缩与解压速度。

压缩与解压的速度是压缩系统的两项单独的性能指标，一般情况下，压缩的计算量比解压缩的要大。压缩的速度不仅与压缩方法有关，而且与快速算法的计算量有关。

(4) 执行的硬件与软件。

采用什么样的硬件与软件执行压缩与解压缩，与采用压缩方案和算法的复杂程度有着密切关系。设计精巧的算法在简单的硬件上可以快速运行，而设计复杂的算法可能需要有强大的硬件和软件支持。但仅靠算法来提高速度还不够，大多数情况还必须依靠硬件本身提供的功能去完成。在压缩/解压缩系统中，速度和硬件的选择十分重要。

4）数据压缩编码国际标准

数字媒体技术作为新兴的信息高科技产业的核心技术，受到了国际社会的广泛关注，制定能用的国际标准成为首需，许多国际组织都致力于这项工作，一些国际组织于 20 世纪 90 年代领导制定了三个重要的多媒体国际标准。

(1) JPEG。

JPEG 全称是 Joint Photographic Experts Group(联合图像专家组)，是一种基于 DCT 的静止图像压缩和解压缩算法。它是把冗长的图像信号和其他类型的静止图像去掉，甚至可以减小到原图像的百分之一(压缩比 100：1)，但是在这个级别上，图像的质量并不好。当压缩比为 20：1 时，能看到图像稍微有点变化；当压缩比大于 20：1 时，一般来说图像质量开始变坏。

(2) MPEG。

MPEG 是 Moving Pictures Experts Group(动态图像专家组)的英文缩写，是视频、音频数据的压缩标准。MPEG 标准由视频、音频和系统三部分组成。MPEG 采用有损压缩方法减少运动图像中的冗余信息，压缩效率非常高，图像和音响质量好，在计算机上有统一的标准格式，兼容性好。现在通常有三个版本，即 MPEG-1、MPEG-2、MPEG-4，以适用于不同带宽和数字影像质量的要求。它的三个最显著优点就是兼容性好、压缩比高(最高可达 200：1)、数据失真小。

(3) H. 26X。

ITU-T(国际电联)的 VCEG(视频编解码专家组)面向综合业务数字网和 Internet 视频应用，制定了 H. 26 X 标准系列。

H. 261 标准：最早的运动图像压缩标准，在实时编码时比 MPEG 所占用的 CPU 运算量少得多，此算法为了优化带宽占用量，引进了在图像质量与运动幅度之间的平衡折中机制。

H. 263 标准：国际电联 ITU-T 的一个标准草案，是为低码流通信而设计的。但实际上这个标准可用在很宽的码流范围，在许多应用中它可以取代 H. 261。H. 263 的编码算法与 H. 261 一样，但做了一些改善和改变，以提高性能和纠错能力。H. 263 标准在低码率下能够提供比 H. 261 更好的图像效果。

H. 264：一种视频高压缩技术，同时称为 MPEG-4 AVC，或 MPEG-4 Part10。H. 264 集中体现了当今国际视频编码解码技术的最新成果。在相同的重建图像质量下，H. 264 比其他视频压缩编码具有更高的压缩比、更好的 IP 和无线网络信道适应性。H. 264 具备超高压缩率，其压缩率为 MPEG-2 的 2 倍，MPEG-4 的 1.5 倍。高压缩率使图像的数据量减少，给存储和传输带来了方便，加上基本规格公开的国际标准和公正的许可制度，使电视广播、家电和通信三大行业都成为 H. 264 的实际运用研发中心。

H. 265：继 H. 264 之后所制定的新的视频编码标准。H. 265 标准围绕着现有的视频编码标准 H. 264，保留原来的某些技术，同时对一些相关的技术加以改进。新技术用以改善码流、编码质量、延时和算法复杂度之间的关系，达到最优化设置。

2. 光盘存储器

数字化的音频、视频等数据量很大，需要大容量的存储器。20 世纪 70 年代研制出来的光盘是满足上述要求较为理想的存储设备。根据光盘结构，光盘主要分为 CD、DVD、蓝光光碟等几种类型，这几种类型的光盘，在结构上有所区别，但主要结构原理是一致的。而只读的 CD 光盘和可记录的 CD 光盘在结构上没有区别，它们主要区别在材料的应用和某些制造工序的不同。

(1) CD 代表小型激光盘，是一个用于所有 CD 媒体格式的一般术语。一般容量是 700MB。CD 类型大致分为三类，如图 1-3-1 所示。

类型	可读	可写
CD-ROM	✓	×
CD-R	✓	只能写一次
CD-RW	✓	可以写无限次

图 1-3-1 CD 分类

(2) 数字多功能光盘,简称 DVD,是一种光盘存储器,通常用来播放标准电视机清晰度的电影、高质量的音乐与做大容量存储数据用途。DVD 与 CD 的外观极为相似,它们的直径都是 120 毫米左右。最常见的 DVD,即单面单层 DVD 的资料容量约为 VCD 的 7 倍,这是因为 DVD 和 VCD 虽然是使用相同的技术来读取深藏于光盘片中的资料(光学读取技术),但是由于 DVD 的光学读取头所产生的光点较小(将原本 0.85 μm 的读取光点缩小到 0.55 μm),因此在同样大小的盘片面积上,DVD 资料储存的密度便可提高。

(3) 蓝光光碟(blue-ray disc,简称 BD)是 DVD 之后的下一代光盘格式之一,用以存储高品质的影音以及高容量的数据存储。蓝光光碟的命名原因是其采用波长为 405 纳米(nm)的蓝色激光光束来进行读写操作(DVD 采用 650 纳米波长的红光读写器,CD 则是采用 780 纳米波长)。一个单层的蓝光光碟的容量为 25 GB 或 27 GB,足够录制一个长达 4 小时的高解析影片。

任务四　数字媒体的应用领域及设计流程

一、任务描述

数字媒体技术是一项飞速发展的现代科学技术,是信息技术的重要方向之一,也是推动计算机新技术发展的强大动力。随着计算机软、硬件水平的迅速提高,数字媒体技术已经在计算机、动画、广告、广播电视、教育等各行业中得到广泛的应用,并发挥着重要的作用。

二、任务实现

1. 数字媒体技术的应用领域

数字媒体包括用数字化的技术生成、制作、管理、传播、运营和消费的文化内容产品及服务,具有高增值、强辐射、低消耗、广就业、软渗透的属性。随着计算机技术的发展和普及,数字媒体技术的应用领域已经遍布人们的学习、工作、生活的各个角落。目前数字媒体技术最主要的应用领域有教育培训、多媒体通信、过程模拟、商业展示、桌面出版与办公自动化、数字媒体电子出版物、家庭娱乐等。

1) 教育培训

教育领域是应用数字媒体技术最早的领域,计算机辅助教学(CAI)是数字媒体在教育领域中最常见的应用。计算机辅助教学改变了传统教学方式,数字媒体教学软件可以利用文字、图像、动画、语音等使课程内容变得生动、直观,便于学生理解并留下深刻印象。数字媒体技术的交互性使学生在使用教学软件学习时处于主动地位,可以根据自己的需要和学习情况调整学习进度和学习内容,从而取得良好的学习效果。

2) 多媒体通信

多媒体通信是数字媒体与网络通信技术的综合体,它把电话、电视、计算机三者融合,集电话的双向沟通功能、有线电视的高载荷影像传输能力和计算机强大的信息处理功能于一体,使用信息压缩编码技术,确保数字媒体信息能高速传输并进行交互处理。多媒体通信包括极其广泛的内容，例如可视电话、视频会议、信息点播、远程教学、远程医疗和计算机协同工作等。

3）过程模拟

使用数字媒体技术可以模拟或再现一些难以描述或再现的自然现象、操作环境，例如火山喷发、天体演化、分子运动、战斗机操纵等。使用数字媒体技术模拟这些事物的发生过程，可以使人们能够轻松、形象地了解事物变化的原理和关键环节，使复杂、难以用语言准确描述的变化过程变得简单具体。在一些交互式过程模拟系统中，系统还可以根据用户的操作做出不同的响应，使用户与模拟环境互动，真正融入模拟环境中。例如飞行训练系统、汽车驾驶训练系统等，都能模拟实际训练环境，为用户带来身临其境的感受。

4）商业展示

数字媒体技术目前广泛应用于商业展示、信息咨询领域。例如一些公共场合的触摸式信息查询系统，商品的三维动画展示，旅游点、楼盘的虚拟漫游等。用户通过这些数字媒体展示可以更方便、快捷、直观地获取需要的信息，商家也能取得更好的展示效果。

5）桌面出版物与办公自动化

桌面出版物主要包括印刷品、广告、宣传品、海报、市场图表、蓝图及商品图等。数字媒体技术为办公室增加了控制信息的能力和充分表达思想的机会，许多应用程序都是为提高工作人员的工作效率而设计的，从而产生了许多新型的办公自动化系统。采用先进的数字影像和多媒体计算机技术，把文件扫描仪、图文传真机、文件资料微缩系统等和通信网络等现代化办公设备综合管理起来，将构成全新的办公自动化系统，成为新的发展方向。

6）数字媒体电子出版物

数字媒体技术的发展正在改变传统的出版业。数字媒体电子出版物是一种新型信息媒体，它将文字、声音、图像、动画、视频等多种媒体与计算机程序融合，存放在光盘中。数字媒体电子出版物具有查找方便迅速、携带方便、可靠性高等特点，是印刷业的一次革命。

7）家庭娱乐

随着社会的发展，人们的娱乐需求也在不断增长。为了满足人们的娱乐需求，软件制造商开发了丰富多彩的多媒体游戏和娱乐软件。电影和电视中也越来越多地使用数字媒体技术制作逼真的特效和动画，使观众得到更好的视听效果。

2. 数字媒体作品的设计流程

1）数字媒体项目的基本功能

- 对系统的不同层次和程序的流程具有良好的控制能力，以适合用户多角度的不同应用需求。
- 提供良好的人机界面，方便用户进行交互操作。
- 具有数字媒体的信息处理能力，能将声音、图像、动画和视频等媒体有机地结合于一体，并能进行同步的综合演示。
- 有良好的容错能力和自我维护能力。
- 应该是一个与硬件设备无关的系统。

2）数字媒体项目的特点

- 能处理图形、图像、声音、视频和动画等信息，对数字媒体信息具有实时处理及同步处理的能力。
- 调动视觉、听觉感官，提供大量直观信息。
- 具有人机交互功能。
- 数字媒体项目创作是一项复杂的软件开发工作，开发周期长。

• 数字媒体作品创作类似电影编剧、动画制作或舞蹈艺术设计。

• 采用模块化的开发方法。任何庞大而复杂的程序系统都可以构造为模块的集合,模块与模块之间通常是层次式的控制关系或网络关系。

3)数字媒体项目开发的一般过程

一般来说,开发一个数字媒体项目需要经历以下阶段:数字媒体项目策划与分析、素材采集与媒体制作、编制程序、测试和软件质量的确认等。各个阶段需要解决的问题不同,采用的技术手段也不同。

(1) 策划与分析。

策划是项目的灵魂。项目的确立、项目的类别、界面设计和操作模式都出自策划。在这个阶段中负责人的主要任务有:明确该项目的应用领域;确定使用对象;了解实现的可行性;考虑要综合哪几种媒体;需要哪些人员参与开发;安排各阶段的时间和工作进度。另外,一个好的软件开发平台可以起到事半功倍的效果,所以选择好的、适用的系统开发平台必不可少。

(2) 素材采集与媒体制作。

该阶段是最为艰苦的,非常费时,需要和多种数字媒体软件打交道。要根据需求进行数字媒体数据采集,并将采集到的各种数据文件,转换成数字媒体开发工具所要求的数据格式。还要制作图像、动画、视频及音频等。然后通过数字媒体开发工具将这些数据有机地集成起来,实现数字媒体项目的制作。特别重要的是,要对数字媒体数据做备份,万一疏忽导致文件损坏,还可以使用备份文件。

(3) 编制程序。

本阶段包括程序细分、界面制作、图形图像、动画和声音的组合。具体任务可分为两个部分:一是人机界面部分,包括菜单、热区驱动、触摸屏驱动、信息提示等人机交互的接口功能;二是数字媒体演示部分,将搜索到的数字媒体信息按要求播放,需要处理视频与声音同步、实时性等问题。

编程的方法有两种:一种是语言编程,即用某种高级语言或一些数字媒体开发包中的函数来完成;另一种是使用创作工具自动编程。

(4) 测试。

数字媒体项目设计制作完成后,要进行认真的测试。测试的目的是发现程序运行中的错误并加以改正。

根据面向对象的程序设计思想,测试工作从项目的开始就应该进行;在原型中进行集成性和交互性的测试,对每个数据文件检测其可用性;项目中的每个功能模块都应该经过测试,以检查它们的可用性。另外,还要检查每一幅画面屏幕,检查其风格是否一致、画面是否美观、音频是否恰当等。然后根据测试的结果,进一步修改和完善。

(5) 软件质量的确认。

可以从下面 4 个方面对数字媒体项目的软件质量进行确定。

① 内容:确认软件内容是否完全符合开发宗旨。

② 界面:通过对软件进行全面测试,确认软件的人机交互性符合要求。

③ 数据:应保证数据调用完整无误。

④ 性能:由用户代表进行检验测试,确保符合开发协议或者开发说明书的要求。

模块练习

1. 填空题

(1) 媒体是一种工具,包括信息和(　　　　　)两个基本要素。

(2) 声波有三个重要的参数:振幅、周期和(　　　　)。

(3) 数字图像的最小元素称为(　　　　)。

(4) 世界上主要使用的电视广播制式有(　　　　)、(　　　　)、SECAM 三种。制式的区分主要在于其帧频(场频)的不同、分辨率的不同、信号带宽以及载频的不同等。

(5) 目前常用的压缩编码方法可以分为两大类:(　　　　)和(　　　　)。

2. 简答题

(1) 数字媒体技术的特点是什么?

(2) 简述音频的数字化过程。

(3) 常用光盘有哪几种,各有什么特点?

(4) 简述多媒体项目开发的一般过程。

3. 计算题

请计算一幅未压缩的 1024×768 大小的 16 位彩色图像的储存空间为多少?请写出具体步骤。

模 块 2

数字音频编辑技术

在数字媒体中，声音是指人耳能识别的音频信息，是数字媒体产品中必不可少的媒体对象。运用声音，可以使人们更加形象、更加直观地认识数字媒体作品所表现的内容。随着数字媒体技术的飞速发展，音频处理技术得到了广泛的应用，如静态图像的解说、背景音乐、游戏中的音响效果、虚拟现实中的声音模拟、电子读物的有声输出等。在这些类型的数字媒体作品中，音频编辑是不可缺少的一个环节，更是能够直接影响作品品质的重要因素。

【参考课时】

4 课时

【学习目标】

- 了解 Audition 的基本使用
- 掌握声音编辑的方法
- 掌握录制声音的方法和声音的降噪
- 熟悉内录音效的过程
- 掌握动漫作品的配音

【学习项目】

- 项目一　伴奏带制作
- 项目二　动漫作品配音

项目一
伴奏带制作

项目编号	No. P2-1	项目名称	伴奏带制作
项目简介	平时的工作生活中，我们有时候需要制作一个 MP3 音乐的伴奏带。最近学校迎新活动，很多班级表演节目需要上交音乐伴奏，有些音乐在网上找了半天都没有找到伴奏带，此时，我们可以利用所学知识来自己制作一个伴奏带。		
项目环境	多媒体电脑、互联网、Audition 多媒体软件		
关键词	伴奏带、Audition		
项目类型	实践型	项目用途	课程教学
项目大类	职业教育	项目来源	数信学院团委
知识准备	(1) 网络基础知识，会下载 MP3； (2) 会安装软件。		
项目目标	(1) 知识目标： ① 理解音频编辑的概念； ② 熟悉常用的音频编辑软件。 (2) 能力目标： ① 掌握 Audition 基本操作； ② 能在实际工作项目中灵活运用 Audition 编辑处理音频。 (3) 素质目标： ① 通过案例引导，激发学生的学习兴趣； ② 通过小组合作完成伴奏带制作项目，提高学生解决问题的能力，培养学生团队合作精神。		

续表

重点难点	(1) 伴奏带处理技巧; (2) 软件多轨界面操作。

任务一 Adobe Audition CC 2019 介绍

一、任务描述

在数字媒体中,声音是指人耳能识别的音频信息,是数字媒体作品中必不可少的媒体对象。运用声音,可以使人们更加形象、更加直观地认识数字媒体作品所表现的内容。Adobe Audition 是一款功能强大的、专业级的音乐编辑软件。为了方便后面任务的学习,本任务主要介绍 Adobe Audition 的操作环境、工具、选项设置及声音走带控制等知识。

二、预备知识

随着数字媒体技术的飞速发展,音频处理技术得到了广泛的应用,如静态图像的解说、背景音乐、游戏中的音响效果、虚拟现实中的声音模拟、电子读物的有声输出等。在这些类型的数字媒体作品中,音频编辑是不可缺少的一个环节,更是能够直接影响作品品质的重要因素。

声音编辑软件是一类对音频进行混音、录制、音量增益、高潮截取、男女变声、节奏快慢调节、声音淡入淡出处理的多媒体音频处理软件。声音处理软件的主要功能,在于实现音频的二次编辑,达到改变音乐风格、多音频混合编辑的目的。GoldWave 和 Adobe Audition 是两款常用的音频编辑软件。

GoldWave 中文版是一款音乐编辑工具,支持声音编辑、播放、录制和转换,支持几乎所有的格式。功能强大的 GoldWave,体积却十分小巧,完全不用担心内存占用过多的问题。此外,GoldWave 中文版还内含丰富的音频处理特效,从一般特效如多普勒、回声、混响、降噪到高级的公式计算。

三、任务实现

1. 软件基本情况

Adobe Audition 是一款功能强大的、专业级的音乐编辑软件,拥有集成的多音轨和编辑视图、实时特效、环绕支持、分析工具、恢复特性和视频支持等功能。它能高质量地完成高级混音、编辑、控制、合成和特效处理,允许用户编辑个性化的音频文件、创建循环等,为音乐、视频、音频和声音设计专业人员提供全面集成的音频编辑和混音解决方案。

Adobe Audition 提供了直觉的、客户化的界面,允许用户删减和调整窗口的大小,能创建一个高效率的音频工作空间,并能为视频项目提供高品质的音频,允许用户对能够观看影片重放的 AVI 声音音轨进行编辑、混合和增加特效。

2. 软件界面

Adobe Audition 分单轨道、多轨道 2 种界面,以单轨界面为例,界面上主要包括菜单栏、工程模式按钮、工具栏、文件/效果器、主面板及多种其他功能面板,如图 2-1-1 所示。

- 菜单栏:利用菜单能完成对音频文件的读取、修改、存储及设置等功能。
- 工具栏:由多个工具按钮构成,包括时间选择、套索选择、矩形选择等,利用这些工具能够方便地选中

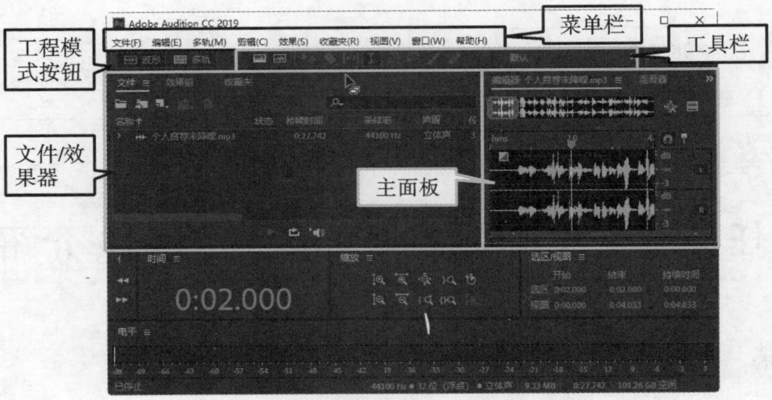

图 2-1-1　单轨道界面

音频文件中需要处理的部分。

- 工程模式按钮：包括单轨编辑模式、多轨编辑模式，可以方便快捷地在两种编辑模式间切换。
- 文件/效果器：显示文件选项卡或切换到效果器列表。
- 主面板：在主面板中，音频都是以波形的形式出现的，在这里可以对音乐进行编辑操作，包括整体音乐的宏观操控及各声部的基本调整。
- 多种其他功能面板：包含各种不同功能的面板。在不同编辑界面下，显示的功能面板会不同。

3. Audition 编辑界面的选项设置

在 Audition 中进行音频编辑操作之前，可以对软件进行必要的设置，执行“编辑”→“首选参数”菜单命令，弹出“首选参数”对话框，在“常规”选项卡中，“回放和录制时自动滚屏”的意思是在播放或者录音时，如果播放标尺超过轨道区末端，波形会自动滚动，保证能够时刻看到播放标尺。

在“系统”选项中可以设置 Audition 的暂存盘，实际上，暂存盘是第一次启动 Audition 时设置的，一般会选择硬盘上最大的两个分区作为 Audition 的暂存盘。如果硬盘的某一分区空间不够，可以在这里把主暂存盘和次暂存盘更改到其他位置。

4. 声音走带控制

对声音的走带控制主要是通过“传送器”面板完成的，如图 2-1-2 所示。此面板上提供了播放、录音、停止、暂停、快进、快退等功能按钮。

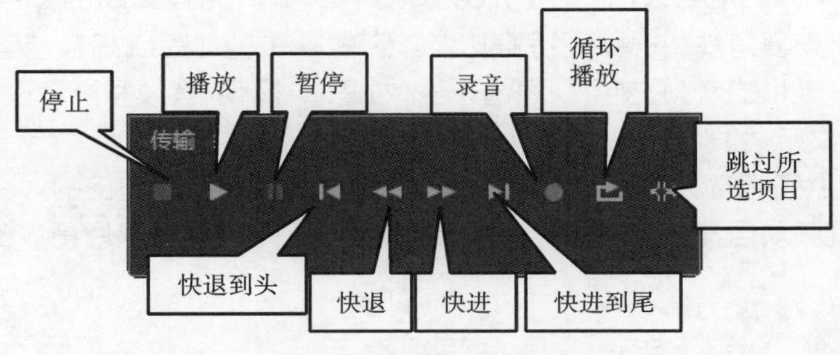

图 2-1-2　“传送器”面板

“播放”按钮实现从播放标尺位置开始播放到整个波形文件的结尾。“循环播放”按钮实现从播放标尺位置开始播放到可见波形的结尾。在这两个按钮上单击鼠标右键，会弹出图 2-1-3 所示的快捷菜单，为这两个按钮分别选择不同的播放选项。

如果想要循环播放一段波形的声音,可以使用“循环播放”按钮。在“录音”按钮上单击鼠标右键会弹出一个快捷菜单,如图 2-1-4 所示。

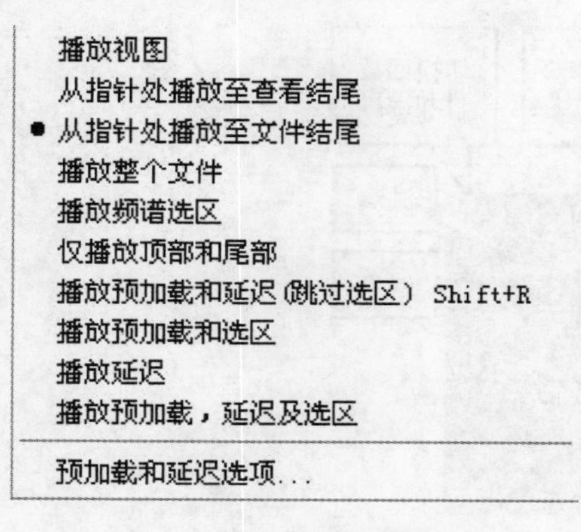

图 2-1-3　播放模式的选择

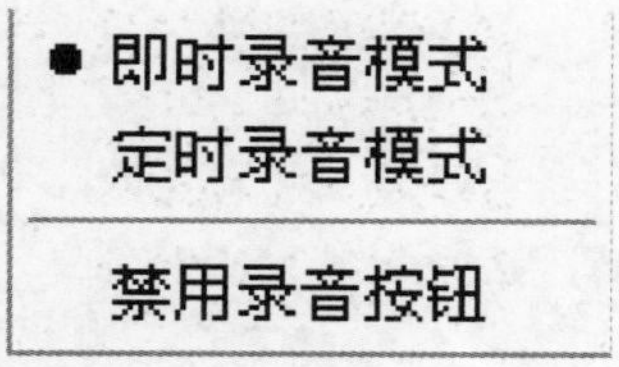

● 即时录音模式
定时录音模式
禁用录音按钮

图 2-1-4　录音模式选择

“即时录音模式”表示快速录音模式,如果选中此模式,单击“录音”按钮会立即开始录音,并无时间长度限制。

“定时录音模式”:选中此模式,单击“录音”按钮会弹出录音设置对话框,在此对话框中可以设置最大录音时间参数和定时录音参数。

“禁用录音按钮”会使“录音”按钮变为不可用状态。

5. 声音波形缩放

为了便于细致观看波形,在单轨界面中通常要对声音的波形进行相应的缩放操作,这些操作主要是通过“缩放”面板完成的,如图 2-1-5 所示。

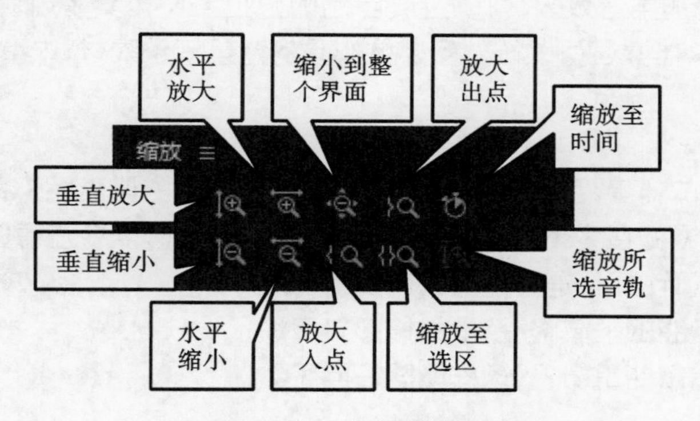

图 2-1-5　“缩放”面板

“缩小到整个界面”按钮使整个声音波形完全显示在单轨界面中。

当对声音波形进行了水平方向上的放大处理后,可以左右拖动波形界面上的滚动条左右移动波形,也可以将鼠标光标移动到时间刻度线上左右拖动。

6. 多轨界面组成

多轨界面和单轨界面相似,区别较大的是波形显示区。多轨编辑界面波形显示区包括“主窗口”和“混音台”。在“主窗口”中可以显示多个轨道,每个轨道上可以引入一段或者多段声音波形。如果只是要简单地录制歌曲,一般都有两个音轨,一个是伴奏音轨,另一个是录制人声的音轨。

【温馨提示】多轨界面的右下角有个“会话属性”面板,可以在这个面板中设置速度、节拍器等参数。

每个轨道的左面都有一个轨道的设置窗口,如图 2-1-6 所示,可以设置每个轨道的“输入输出”“效果”“发送”和“均衡”等参数。

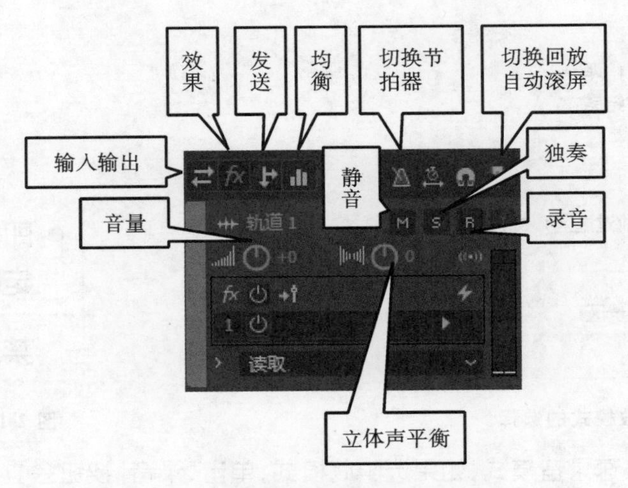

图 2-1-6 轨道设置窗口

任务二 制作伴奏带

一、任务描述

利用 Audition 给歌曲施加声音效果,可以生成自制的卡拉 OK 伴奏带,解决找不到卡拉 OK 伴奏带的烦恼。另外,生成的卡拉 OK 伴奏还可以作为多媒体作品的背景音乐素材,丰富使用者的感官体验。

二、预备知识

有时我们需要下载歌曲的伴奏,那么我们应该到哪里下载歌曲的伴奏呢?百度搜索 5sing 网,单击进入网站,注册登录,然后可以在网站搜索下载需要的伴奏。下载伴奏时,需要注意以下事项:

(1) 下载伴奏之前,先试听一下,是不是自己想要的伴奏;

(2) 下载时,需要记住歌曲的下载路径,不然找起来麻烦;

(3) 下载时,大家尽量给歌曲重命名,这样能够一目了然。

三、任务实现

(1) 打开带有人声的歌曲。启动 Audition,切换到“编辑模式”视图下。单击“文件”→“打开”菜单命令,在“打开”对话框的“查找范围”中选定素材中的“小鸡_start.mp3”,单击“打开”按钮,打开此音频文件,这个文件的内容是一首儿歌。

(2) 单击播放按钮▶,播放音频,对歌曲进行试听。

(3) 停止声音播放,使用快捷键【Ctrl+A】选择整段音频,对其进行消除人声的操作。主要有两种方法:

方法 1:单击“收藏夹”→“移除人声”菜单命令,如图 2-1-7 所示。该方法简单易行,特别适合歌唱者采用了较少混音效果的情况,此处的歌曲采用这种方法能很好地将人声去除掉。

方法 2:单击“效果”→“立体声声像”→“中置声道提取”菜单命令,弹出对话框,如图 2-1-8 所示。在“预设”下拉菜单中选择“人声移除”,频率范围选择“自定义”,最后单击“应用”按钮。

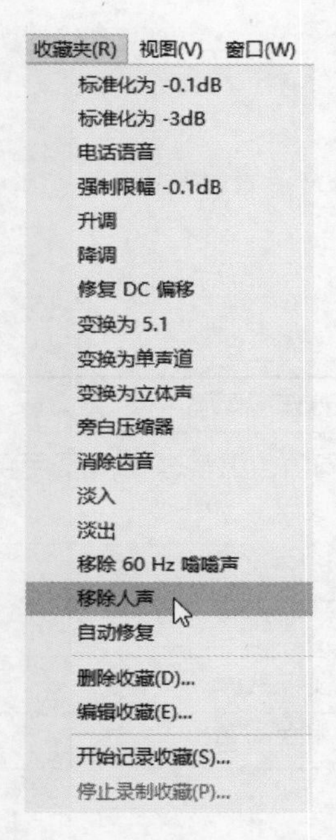

图 2-1-7　单击“移除人声”

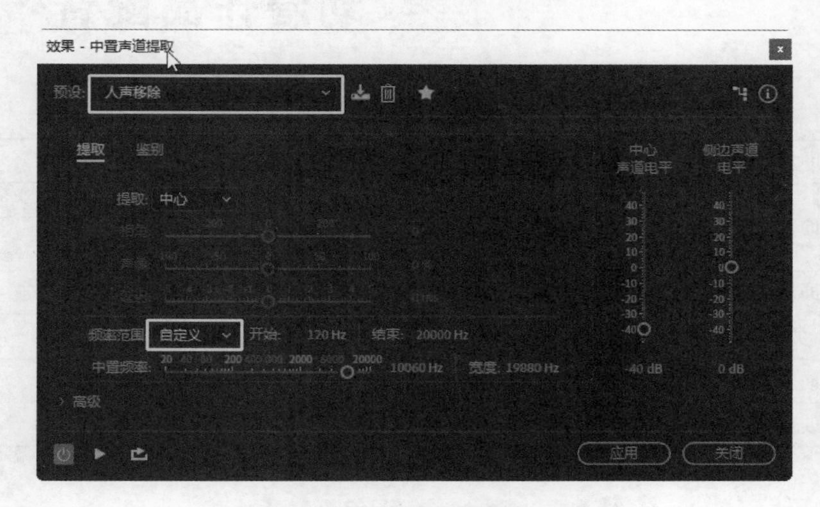

图 2-1-8　“效果-中置声道提取”对话框

【温馨提示】当用第一种方法不能很好地去除人声时，可采用第二种方法。在 5.1 环绕立体声中，中置声道播放的是人的声音，可以用“中置声道提取”功能提取人的声音。对于一些流行歌曲，可以在“预设”下拉菜单中选择“卡拉 OK”，同时频率范围的下拉列表也可以根据需要选择“男生”或“女生”等。如果还是听到人声，可以调低“中置频率”的值去除人声，但伴随而来的是音乐失真的代价。

(4) 有的歌曲转化成伴奏后音量变小了点，可以把音量调大点。选中整段音频，单击“效果”→“振幅和压限”→“标准化”菜单命令，在“标准化”对话框中的“标准化为”后面输入 100，单击“应用”按钮，如图 2-1-9 所示。标准化可以将声音电平按百分比进行放大和缩小。如果不合适，可以撤销刚做的标准化后重新设置参数。设置的数值不能太大，否则会出现破音，破音就会在电平线上的上下格子里显示红色。

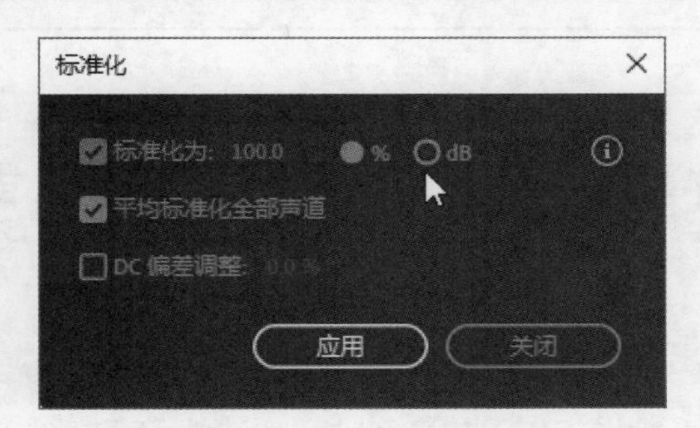

图 2-1-9　“标准化”对话框

(5) 再次播放预览音频，满意之后即可保存输出了。

【温馨提示】对于大多数音乐来说，使用上面的方法不可能完全消除人声，如果完全消除了人声，也会付出音乐失真的代价。如果有原声伴奏，可以建立两个音轨，一轨原版，一轨原版伴奏，将其中一轨相位翻转可以得到人声。

项目二
动漫作品配音

项目编号	No. P2-2	项目名称	动漫作品配音
项目简介	海州实验小学语文课需要一段小动画，然后需要在动画的基础上，针对不同角色配音，要求画面与声音同步，声音质量好，人物声音符合动漫作品的角色特点。		
项目环境	多媒体电脑、互联网、Audition 等多媒体软件		
关键词	动漫、Audition、配音		
项目类型	实践型	项目用途	课程教学
项目大类	职业教育	项目来源	海州实验小学
知识准备	(1) 了解配音的基本概念； (2) 熟悉 Windows 录音机的操作。		
项目目标	(1) 知识目标： ① 理解内录、外录的概念； ② 了解线路输入和麦克风录制的区别。 (2) 能力目标： ① 掌握录音的制作方法； ② 能根据不同的动画作品录制声音。 (3) 素质目标： ① 通过案例引导，感受音频给数字媒体作品带来的魅力，激发学生的学习兴趣； ② 通过小组合作完成配音项目，提高学生解决问题的能力，培养学生团队合作精神。		
重点难点	(1) 录制特殊音效； (2) 配音技巧。		

任务一　效果声录制——鸟声

一、任务描述

多媒体作品中添加了效果声，会增加作品的真实性和趣味性，在动漫作品或游戏中不可缺少这些效果声。效果声可以从网络下载，也可以购买所需的音频素材，最好的效果音应该是在现场录制的，当然也可以通过录音拾取的方法获得相应的效果音。

二、预备知识

(1) 电脑录制的声音有两种来源：麦克风和立体声混音。

(2) 默认的录音来源是麦克风。

录制音频之前首先要准备好麦克风，可以把麦克风插在声卡的 MIC 插孔里。

设置麦克风音量，具体如下：

右键单击任务栏上的小喇叭图标，在弹出的快捷菜单中选择“声音”菜单项，随后就会弹出“声音”对话框，在录制设备列表中选择“麦克风”，单击“属性”按钮，弹出“麦克风 属性”对话框，在“麦克风 属性”对话框中，修改“麦克风”音量百分比和“麦克风加强”的分贝值，单击“确定”按钮，如图 2-2-1 所示。

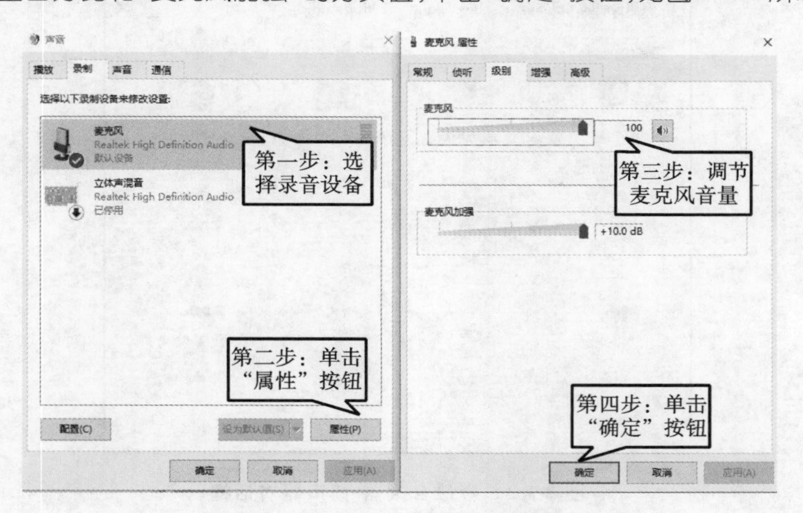

图 2-2-1 选择麦克风录音设备

【温馨提示】如果是从计算机播放的声源中录制（如录制电脑软件或游戏中的声音），则须勾选“立体声混音”选项。一般把这种方式的录制称为“内录”，而把“麦克风”录音称为“外录”。要使用音频线录制外部设备的声音，则需勾选“线路输入”选项。

（3）声音的来源是“立体声混音”。

右键单击任务栏上的小喇叭图标，在弹出的快捷菜单中选择“声音”菜单项，随后就会弹出“声音”对话框，在录制设备列表中选择“立体声混音”，单击“设为默认值”按钮，就将其设置为默认的录音设备，单击“属性”按钮，弹出“立体声混音 属性”对话框，在“立体声混音 属性”对话框中，修改“立体声混音”音量百分比，如图 2-2-2 所示。

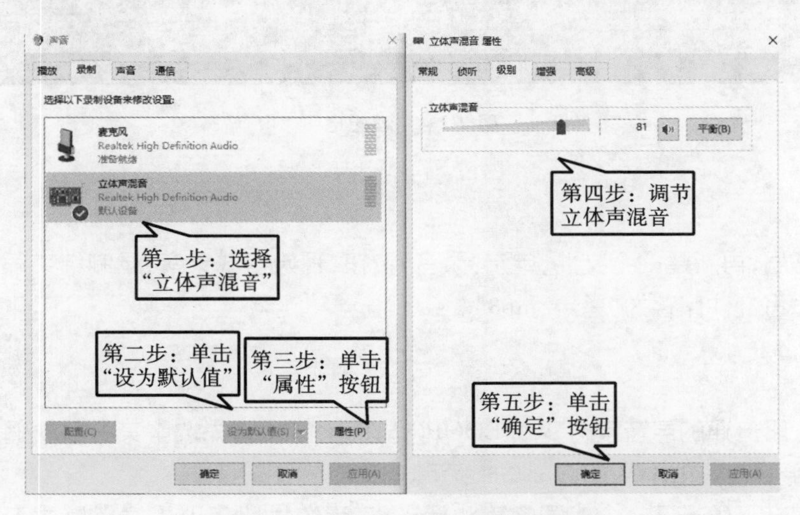

图 2-2-2 选择立体声混音录音设备

（4）用搜索引擎查找包含“鸟声”素材的网站，用 Windows Media Player 播放素材，同时用 Audition 软件把声音录制下来。本任务所用素材从 www. findsounds. com 中找到一个鸟声素材。

(5) 录音准备。在 Windows 小喇叭图标上单击鼠标右键，在弹出的快捷菜单中选择"打开音量合成器"，弹出音量合成器-扬声器对话框，可以看到调节各应用程序音量的大小滑块，如图 2-2-3 所示。

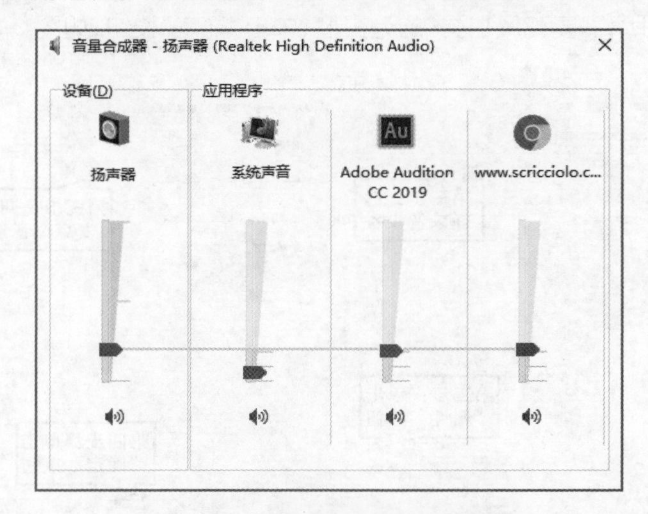

图 2-2-3　音量合成器-扬声器对话框

三、任务实现

1. 试录

录音时要特别掌握录音的电平高低，为了使声音的音量尽量大，而又不超过声卡的最高限度，不失真，就要先试录一下。执行"文件"→"新建"菜单命令，设置 44100 Hz 的采样频率、立体声和 32 位的量化位数。单击"录音"按钮，然后播放鸟声素材，观察波形的振幅和电平表的显示。如果电平过高，就将"录音控制"面板中的音量控制滑块向下滑动；否则，就将录音控制的音量控制滑块向上滑动，反复观察和调整之后，使电平处于恰当的状态。电平表中显示的电平比较理想，如图 2-2-4 所示。

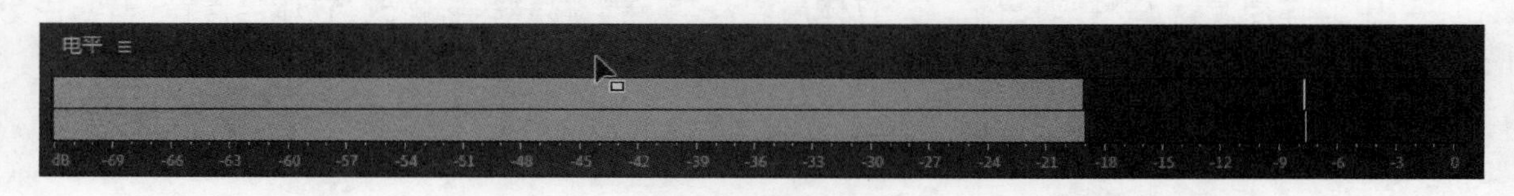

图 2-2-4　理想电平

2. 正式录音

录音电平调整好后，再新建一个文件，单击"录音"按钮，开始正式录音，录制结束后，裁剪多余的音频片段，聆听效果，满意后将文件保存为"鸟声. mp3"。

3. 制作循环

Audition 能将一段普通的声音素材变成 LOOP(循环)素材。首先选中某一条轨道中的一个声音素材，然后执行"剪辑"→"循环"菜单命令，如图 2-2-5 所示。

此时音频素材的左下角多了一个转圈的箭头标志，表示该片段正处于循环模式下，可以进行循环操作了，如图 2-2-6 所示。将鼠标移到素材波形的结尾处，向右拖曳，新的波形将会按原素材循环出现，每段循环之间会有一条白色虚线分隔开两段声音。可以将文件保存为扩展名为. cel 的"Audition 循环"文件类型。

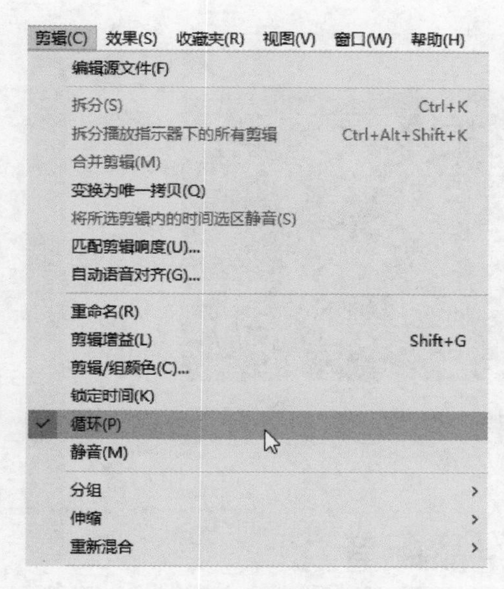

图 2-2-5　选择“循环”

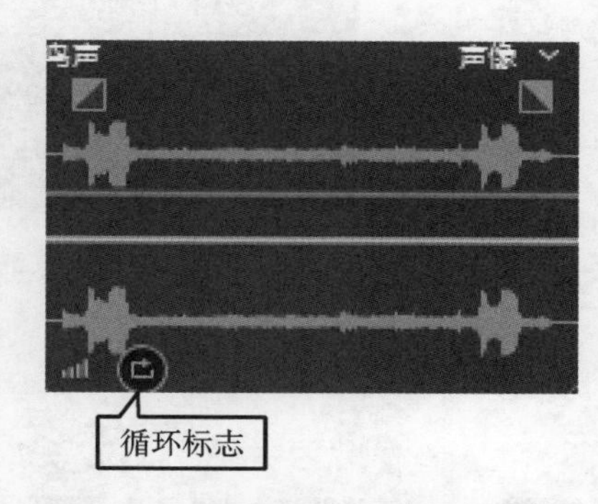

图 2-2-6　设置循环后波形图效果

4. 调整音量大小(恒量调整)

执行“效果”→“振幅和压限”→“增幅”菜单命令,弹出“效果-增幅”对话框,如图 2-2-7 所示。在左声道增益滚动条上进行适当的调整,返回多轨窗口后聆听合成效果。

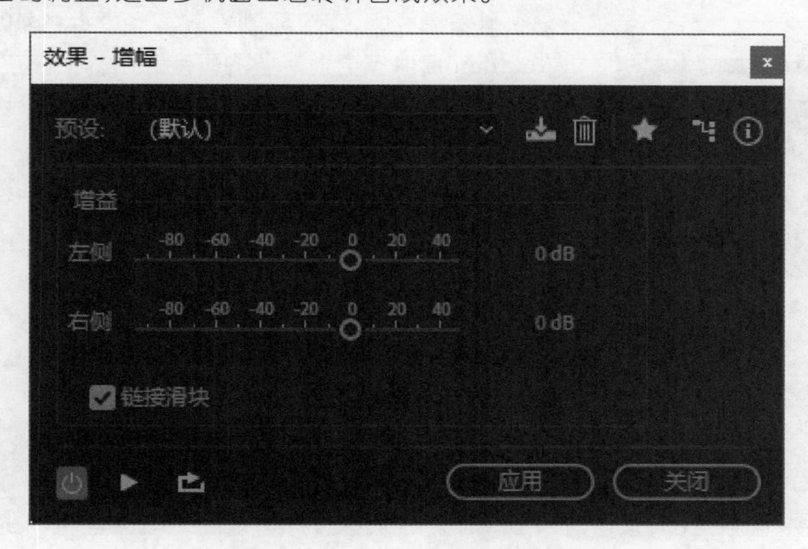

图 2-2-7　“效果-增幅”对话框

5. 设置淡入淡出效果

该特效可以为波形文件制造一种淡入(声音由小到大)或淡出(声音由大到小)的效果,主要是通过调整声波的振幅来实现的。

选择要进行淡入的波形,执行“效果”→“振幅和压限”→“淡化包络”菜单命令,弹出“效果-淡化包络”对话框,在“预设”中选择“平滑淡入”,其他采用默认参数即可,有特殊需要的可以自行调整,如图 2-2-8 所示。

同淡入的操作过程类似,只是选择最后的 1～3 秒的波形,在“预设”中选择“平滑淡出”。

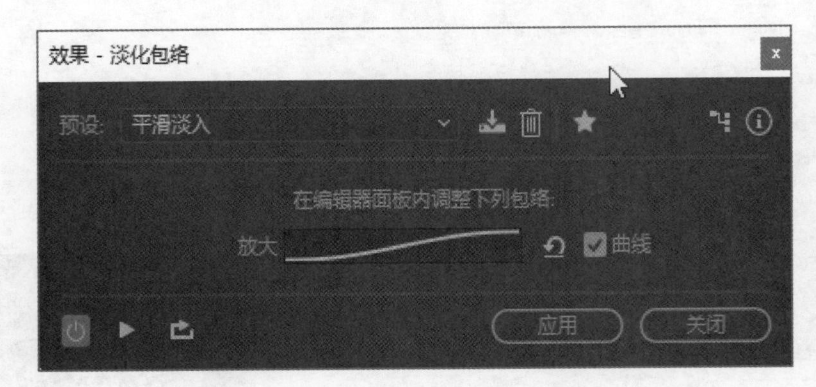

图 2-2-8 “效果-淡化包络”对话框

任务二 动漫作品配音

一、任务描述

Audition 不仅是一款制作音乐和声音的软件,也具备单独视频轨,能够为视频制作配乐和配音。Adobe Audition CC 2019 可以导入多种视频文件格式,其中包括 AVI、ASF、QuickTime、MPEG 和 WMV 文件。在多轨编辑模式中,可以分别看到视频文件的视频部分和音频部分。Audition 提供了更为专业的配音专用的工作空间。

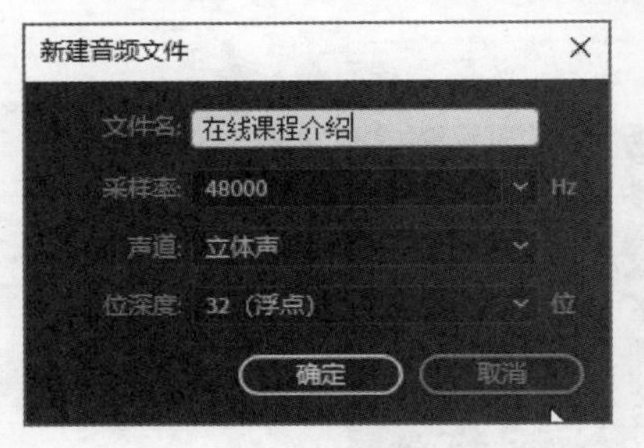

图 2-2-9 设置新建音频文件的参数

二、预备知识

(1) 启动 Audition,显示出单轨编辑界面。执行“文件→新建→音频文件”菜单命令,弹出“新建音频文件”对话框,选择适当的采样频率(采样率)、声道数和量化位数(位深度),如图 2-2-9 所示,新建一个文件。

【温馨提示】CD 音效的采样频率是 44.1 kHz,采样位数是 16 位;DVD 音效的采样频率是 48 kHz,采样位数是 16 位。

(2) 单击“传送器”面板上的“录音”按钮 ,开始录音。开始录制一段自荐材料的配音:“近年来多媒体技术在娱乐领域、人工智能、虚拟现实领域都得到了蓬勃的发展。‘多媒体技术基础’课程围绕培养学生的职业技能这条主线来设计,选取典型工作任务,让学生在完成工作任务的活动中学习多媒体基础知识,掌握多媒体常用软件的基本操作,培养学生的实际技能和创新能力。下面,就让我们一起来开启多媒体技术的神奇之旅吧!”完成后的单轨编辑界面如图 2-2-10 所示。单击“播放”按钮聆听效果。

【温馨提示】如果是多轨操作模式,选中要录音的那一轨,点亮“R”“S”“M”中的“R”,表示此轨是在录音范围之中。单击左下角走带按钮中的录音键(红色),就可以开始录音了。

(3) 降噪处理,具体步骤如下:

① 用鼠标拖曳的方法,选取无声处的噪声,作为噪声采样标本。

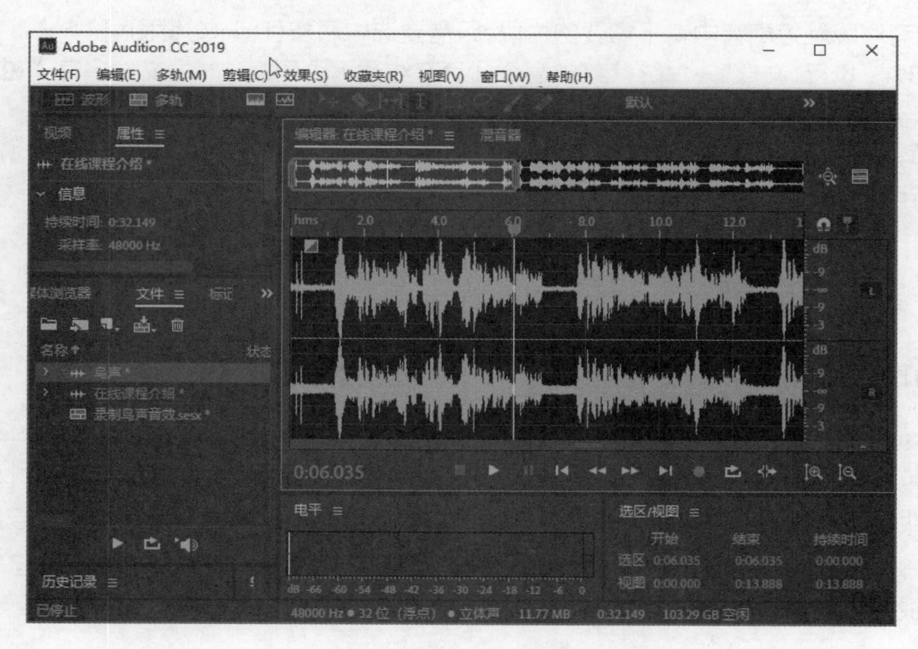

图 2-2-10 单轨编辑界面

② 执行“效果→降噪/恢复→捕捉噪声样本”菜单命令，弹出“捕捉噪声样本”信息框，单击“确定”按钮退出。

【温馨提示】这时只是在抽取噪声特性，全选后再进行降噪。

③ 用【Ctrl＋A】选取全部波形，执行“效果→降噪/恢复→降噪处理”菜单命令，然后再进入“效果-降噪”对话框，可以用“预览”按钮聆听处理结果，如满意，则单击“应用”按钮保存处理结果，如图 2-2-11 所示。

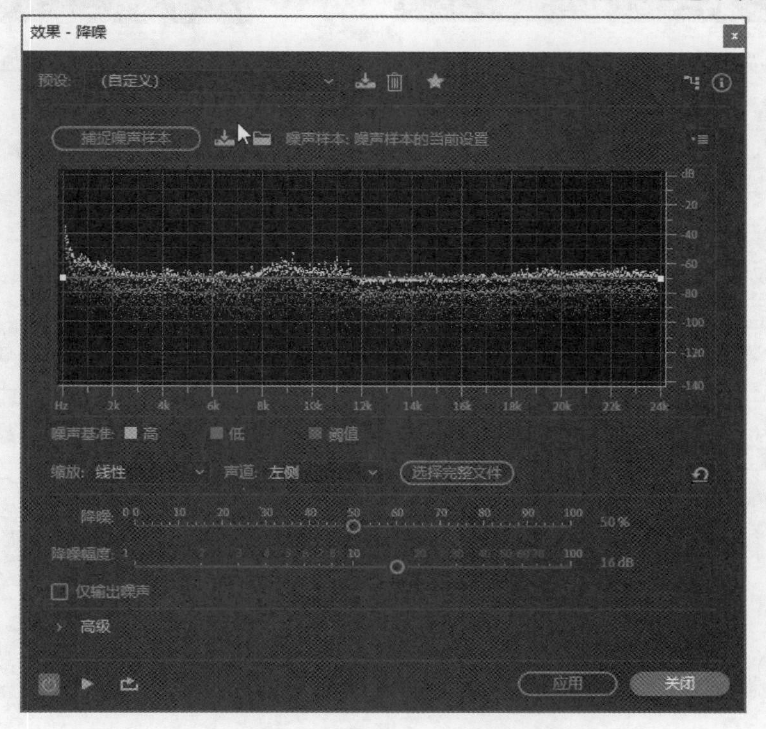

图 2-2-11 “效果-降噪”对话框

(4) 剪切声音片段。如声音中有不需要的片段,只需要选中后按【Delete】键即可。

(5) 保存文件。执行"文件"→"保存"菜单命令,以"在线课程介绍.mp3"为文件名存入磁盘。

【温馨提示】当以.mp3格式存储时,要关注对话框中"选项"的设置。如果用于网络发布或传送,建议保存为.mp3格式;如果用于刻录,则建议存为无损的.wav格式。

三、任务实现

1. 插入动画视频

(1) 启动Audition,切换到多轨视图下。执行"文件"→"新建"→"多轨会话"菜单命令,在弹出的"新建多轨会话"对话框中选择48000 Hz的采样率并单击"确定"按钮,创建新项目,如图2-2-12所示。

(2) 在"文件"面板中,单击"导入"按钮,或双击空白位置,调出"导入"对话框,在"查找范围"下拉列表中指定磁盘空间,并在文件类型中选择"MPEG影片"。在其中选择"寒号鸟.mpg",单击"打开"按钮,将其导入"文件"面板中,如图2-2-13所示。

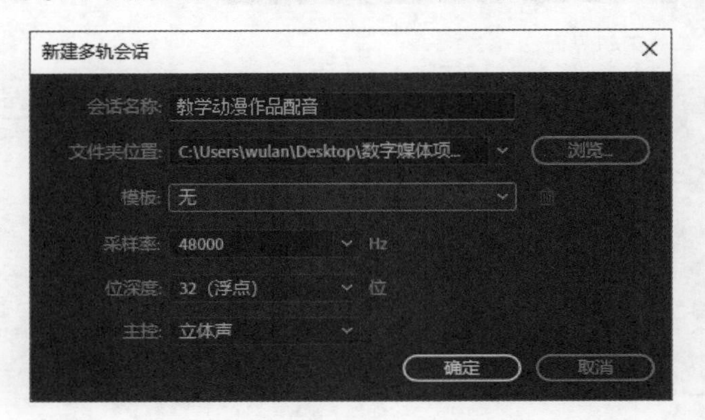

图2-2-12 "新建多轨会话"对话框

图2-2-13 添加到"文件"面板

【温馨提示】当导入视频文件时,如果视频中包含音频,在"文件"面板中会创建两个素材:一个与源文件名同名的视频文件和一个以"Audio for"为前缀加上文件名命名的音频文件。

(3) 在"文件"面板中,选中"寒号鸟.mpg",并单击"插入到多轨"按钮,将视频文件插入轨道中,并同时打开"视频"面板以显示视频,如图2-2-14所示。

界面上如果没有"视频"面板,可以通过执行"窗口"→"视频"菜单命令调入。拖曳"视频"面板的边角,可以放大显示视频文件。按空格键进行播放,并在"视频"面板中预览视频。视频素材近似3分10秒,并且其中不包含音频。播放完成时,再次按空格键停止播放。

【温馨提示】由于该视频文件为NTSC制式,应在"时间"面板上单击右键,在弹出的快捷菜单中选择"SMPTE29.97fps",使时码的显示与视频匹配。使用"缩放选择"按钮放大时间线,轨道中会显示更多的帧缩略图。

2. 插入背景音乐

(1) 在"文件"面板中,单击"导入"按钮或双击空白位置,调出"导入"对话框,将"背景音乐.cel"导入

图 2-2-14 “视频”面板内容

“文件”面板中。在“文件”面板中，单击选中“背景音乐. cel”，并将其拖放到轨道 1 上，或者在轨道上单击右键，在弹出的快捷菜单中选择“插入”→“音频”菜单命令，也可以将对应文件导入轨道中。

(2) 右键单击并拖曳“背景音乐. cel”素材，将其起始位置与轨道的起始位置对齐。

(3) 执行“剪辑”→“循环属性”菜单命令，在弹出的“音频片段循环”对话框中勾选“允许循环”复选框，将鼠标放在“背景音乐. cel”右边的柄上单击并向右拖曳，使其与视频素材片段的结尾对齐。

3. 配音开始，对配音儿化

(1) 在多轨界面下，单击音轨 3 的“录音”按钮 R，使其处于准备录音的状态，播放视频，配合动画中的文字出现，录制声音片段。当需要录制音乐时，单击“传送器”面板的“录音”按钮 ●，可以在音轨 3 中的对应位置录制声音。录制结束时，单击“传送器”面板的“结束”按钮 ■。

(2) 调整配音片段的音量。全选波形，进入单轨界面，执行“效果”→“振幅和压限”→“标准化”菜单命令，在“标准化”对话框中保持默认值，单击“确定”按钮。此时，声音波形振幅变大，声音的音量被增大到合适的数值。

(3) 改变音调，使配音更逼真。选中配音对应的波形，执行“效果”→“时间与变调”→“变调器”菜单命令，在弹出的对话框中选择“向上完整步长”选项，通过试听将音调调整到合适的位置，如图 2-2-15 所示。还可以在合适音轨的适当位置插入鸟叫声。

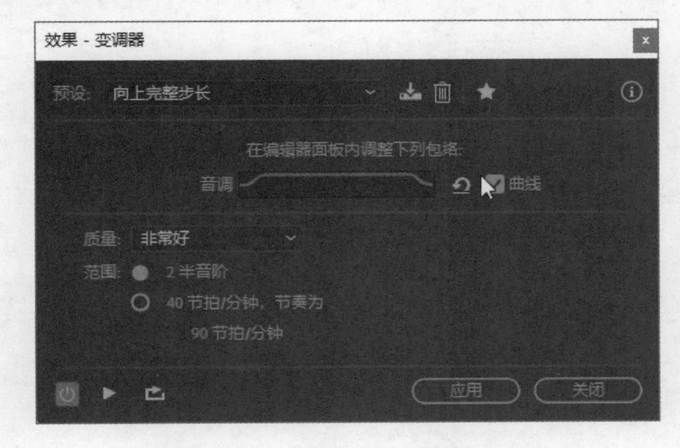

图 2-2-15 “效果-变调器”对话框

4. 调整背景音量大小(包络线调整)

(1) 在“查看”菜单中,选中“音量包络”和“开启包络编辑”两项,可以看到波形上面有一条绿色的包络线。

(2) 在包络线上单击就能添加控制点,然后将包络线调节成图 2-2-16 所示。

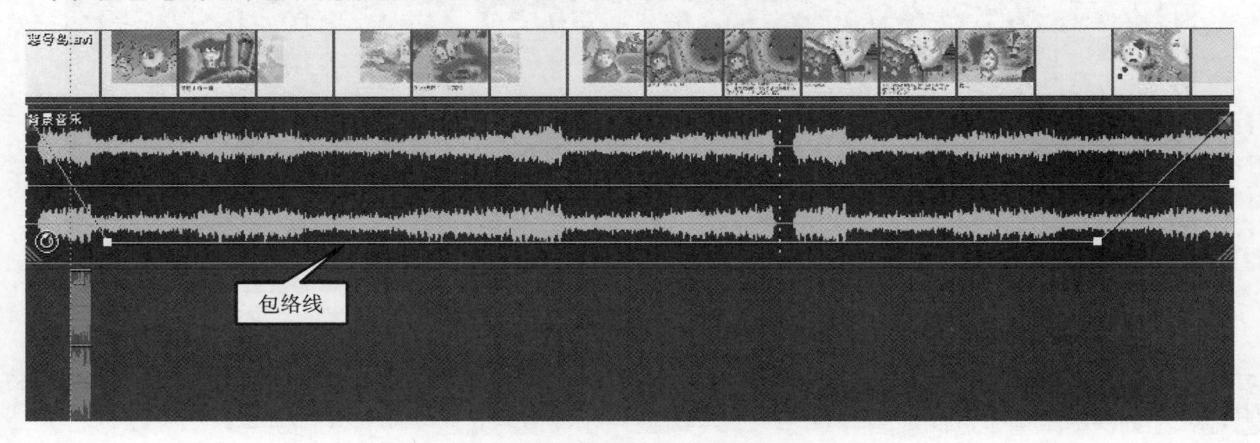

图 2-2-16　音量的包络线调整

【温馨提示】可以通过添加混响和回声效果来增加声音的空间感。选择“效果”标签,在“常用效果器”下有“混响”及“回声”两项效果,双击打开其调节对话框。假如对声音效果的调节不是很了解,可以选择“预置”表中的某一项,然后用“预览”聆听。设置完后,单击“确定”按钮退出。

5. 合成输出

转入多轨界面,执行“编辑”→“混缩到新文件”→“会话中的主控输出(立体声)”菜单命令,会自动生成一个新的“混缩 * ”文件,并自动转入此文件的波形编辑窗口,聆听后如果满意,可以用“另存为”命令,以“动漫作品配音. mp3”为文件名存入磁盘。

【温馨提示】也可以在多轨界面中执行“文件”→“混缩另存为”菜单命令直接存入磁盘。如果希望能保留多轨现状,便于以后能做进一步编辑,则在多轨界面中执行“文件”→“另存为”菜单命令,以“动漫作品配音. ses”为文件名保存此工程文件。

6. 音频格式的转换

WMA 音乐已进入主流文件格式之列,网络上有许多此格式的文件可以下载,可以将 MP3 文件转换为 WMA 文件。进入单轨模式,执行“文件”→“另存为”菜单命令,以“动漫作品配音. wma”为文件名存入磁盘。

【温馨提示】为了缩小文件容量,还可以尝试转换音频格式,对声音文件的采样频率、采样位数和声道数,都可以根据实际情况进行修改。在单轨模式下,执行“编辑”→“转换音频格式”菜单命令,将原来的“立体声”改为“单声道”,然后以“动漫配音_单声道. mp3”保存。

模块练习

1. 填空题

(1) 音频信号的数字化必须经过三个步骤:(　　　)、量化和编码。

(2) 采样是对模拟音频信号在时间上的离散化,而量化则是在(　　　)上的离散化。Audition 的多轨会话文件的扩展名是(　　　　)。

(3) 多轨编辑模式下,每个轨道控制区上的“s”表示(　　　　)。

(4) 语音(　　　)就是让计算机能够听懂人说话。

(5) 多媒体计算机常用的声音输入设备是(　　　　　)。

2. 操作题

(1) 使用 Audition 3 将 WAV 格式文件转换为 MP3 格式。保存类型为 MPEG 音频(*.mp3),音质属性为“Layer-3,44100 Hz,128kbps,立体声”。

(2) 使用 Audition 3 录制一段 50 秒左右的语音后做降噪处理,并保存为 WAV 格式文件。然后使用 Windows Media Player 播放这个文件,检查一下录音效果。

3. 实训题

一首优秀的配乐诗朗诵是音乐与文学的完美结合,富有情感的诗句在音乐的烘托下能够创造出更加完美的意境,帮助读者理解诗词的内涵。制作一段配乐诗朗诵,并完成下列实训报告(自行设计 Word 表格)。

<table>
<tr><td>班级</td><td></td><td>专业</td><td></td><td>姓名</td><td></td></tr>
<tr><td>学号</td><td></td><td>机房</td><td></td><td>计算机号</td><td></td></tr>
<tr><td>实训项目</td><td colspan="3"></td><td>成绩评定</td><td></td></tr>
<tr><td>实训目的</td><td colspan="5"></td></tr>
<tr><td>实训步骤</td><td colspan="5"></td></tr>
<tr><td>实训反思</td><td colspan="5"></td></tr>
</table>

Shuzi Meiti Kaifa Xiangmuhua Jiaocheng

模块 3

数字图形图像编辑技术

图形图像能形象直观地表达出数字媒体信息。图形图像包含的信息具有直观、易于理解、信息量大的特点。在数字媒体制作中图形图像是常用的数字媒体，它不仅能使用户赏心悦目，也用于数字媒体作品内容的表达。因此，合理有效地使用图形图像是制作多媒体作品的关键。

本模块主要讨论如何运用 Photoshop 来处理图形图像及其在数字媒体作品中的一些典型应用。本模块采用 Photoshop 最新版本 Photoshop CC 2019 中文版来做介绍。

【参考课时】

12 课时

【学习目标】

- 了解 Photoshop 的基本功能
- 熟悉 Photoshop 工具及相关属性的设置
- 熟悉图像处理的相关知识
- 能独立设计常见的标志
- 掌握图形的简单设计
- 熟悉图文的融合应用
- 了解图层混合模式的基本操作
- 掌握常见图层样式的应用

【学习项目】

- 项目一　人物图像的修饰
- 项目二　新星培训机构宣传单设计

项目一
人物图像的修饰

项目编号	No. P3-1	项目名称	人物图像修饰
项目简介	Photoshop 可以处理各种格式的图像文件。Photoshop 具有强大的图像修饰功能，可以通过图像处理的自动化功能和图像插件来提高图像的处理效率。在很多场合都需要修饰人物图像。		
项目环境	多媒体电脑、Photoshop、Delicious Retouch 插件等多媒体软件		
关键词	图像、Photoshop、Delicious Retouch		
项目类型	实践型	项目用途	课程教学
项目大类	职业教育	项目来源	课内实训
知识准备	(1) 会安装多媒体软件； (2) 掌握图像修饰的基本操作； (3) 学会下载 Photoshop 插件。		

续表

项目目标	（1）知识目标： ① 熟悉 Photoshop CC 2019 工作界面及基本操作； ② 了解 Photoshop 插件的使用。 （2）能力目标： ① 掌握画笔的参数设置； ② 掌握 Photoshop 蒙版、滤镜的操作方法； ③ 掌握图像亮度的修改。 （3）素质目标： ① 通过具体任务的实现，体会完成人物图像修饰后的成就感，培养学生的自主学习能力和审美意识； ② 通过小组合作完成项目，提高学生分析问题、解决问题的能力，培养学生团队合作精神和学以致用的意识。
重点难点	（1）蒙版的操作； （2）插件的使用； （3）曲线命令的使用和调节。

任务一　Photoshop CC 2019 介绍

一、任务描述

Photoshop 作为平面设计界影响力最大的主流软件，是一个功能强大的图形、图像编辑的软件，可以很方便地制作数字图形图像作品。平面设计师可以利用 Photoshop 完成广告、电商产品宣传、网页前端、数字媒体界面设计。学好该软件，可以为后续的软件开发提供一定的帮助。掌握 Photoshop 的操作环境、工具、工作流程等知识，对后面任务的学习会有很大的帮助，可以避免制作过程中因为某个操作的生疏而出现束手无策的现象。

Photoshop 可以方便地将设计者想象的内容制作出来。从海报到包装，从普通的横幅到绚丽的网站，从令人难忘的徽标到吸引眼球的图标，Photoshop 在不断推动创意世界向前发展。利用直观的工具和易用的模板，即使是初学者也能创作出令人惊叹的作品。调整、裁切、移除对象，润饰和修复旧照片，玩转颜色、效果等，让平凡变非凡。

二、预备知识

1. 目前常用的图形图像软件

1）AI(Adobe Illustrator)

作为一款非常好的矢量图形处理工具，该软件主要应用于印刷出版、海报书籍排版、专业插画、多媒体图像处理和互联网页面的制作等，也可以为线稿提供较高的精度，适合生产任何小型设计到大型的复杂项目。它是一款专业图形设计工具，提供丰富的像素描绘功能以及顺畅灵活的矢量图编辑功能，能够快速创建设计工作流程。

2）FreeHand

FreeHand 是 Adobe 公司软件中的一员，简称 FH，是一款功能强大的平面矢量图形设计软件，无论要做广告创意、书籍海报、机械制图，还是要绘制建筑蓝图，FreeHand 都是一件强大、实用而又灵活的利器。

3）InDesign

InDesign 是一款定位于专业排版领域的设计软件，是面向公司专业出版方案的新平台，由 Adobe 公司于 1999 年发布。它基于一个新的开放的面向对象体系，可实现高度的扩展性，还建立了一个由第三方开发者和系统集成者可以提供的自定义杂志、广告设计、目录、零售商设计工作室和报纸出版方案的核心，可支持插件功能。

4）CorelDRAW

CorelDRAW 是加拿大 Corel 公司的平面设计软件。该软件是 Corel 公司出品的矢量图形制作工具软件，这个图形工具给设计师提供了矢量动画、页面设计、网站制作、位图编辑和网页动画等多种功能。

该软件套装更为专业设计师及绘图爱好者提供简报、彩页、手册、产品包装、标识、网页及其他；该软件提供的智慧型绘图工具以及新的动态向导可以充分降低用户的操控难度，允许用户更加容易精确地创建物体的尺寸和位置，减少单击步骤，节省设计时间。

2. Photoshop CC 2019 增加的主要新功能

1）对称模式

利用全新的模式定义轴，并从预设图案（圆形、射线、螺旋和曼陀罗）中进行选择，绘制完美对称的画面。

2）全新的内容识别填充体验

可通过专用工作区精确地选择填充时所用的像素，还可实现像素的轻松旋转、缩放和镜像。

3）图框工具

创建形状或文本帧，用作画布上的占位符。拖放图像填充图框，图像会缩放以适应图框的大小。

4）提升用户体验

最新的增强功能包括多步撤销、默认按比例转换像素和文字图层，以及使用自动提交更快地裁切、转换并输入文本。

三、任务实现

Photoshop 可以创建和增强照片、设计插图和 3D 图稿，还能设计网站和移动应用程序等。程序启动后显示软件主屏幕，选择确认后进入软件工作界面。

1. 软件主屏幕

启动 Photoshop CC 2019 后可显示主页，如图 3-1-1 所示。它包含以下内容：

- 有关新功能的信息。
- 各种有助于快速学习和理解概念、工作流程、技巧和窍门的教程。
- 显示和访问最近打开的文档。如果需要，可以自定显示的最近打开的文件数。

2. 软件工作界面

单击“新建”按钮可以创建新文档，进入 Photoshop 的工作界面，如图 3-1-2 所示。工作区主要由菜单栏、工具选项栏、工具箱、图像编辑区、控制面板组成。

- 菜单栏：用于为大多数命令提供功能入口。菜单栏依次为“文件”菜单、“编辑”菜单、“图像”菜单、“图层”菜单、“文字”菜单、“选择”菜单、“滤镜”菜单、“3D”菜单、“视图”菜单、“窗口”菜单、“帮助”菜单。
- 工具选项栏：选中某个工具后，属性栏就会改变成相应工具的属性设置选项，可更改相应的选项。
- 工具箱：包含用于编辑图像和创建艺术品的工具。相似的工具被分组在一起。通过单击并按住面板中的工具，可以访问组中的相关工具。

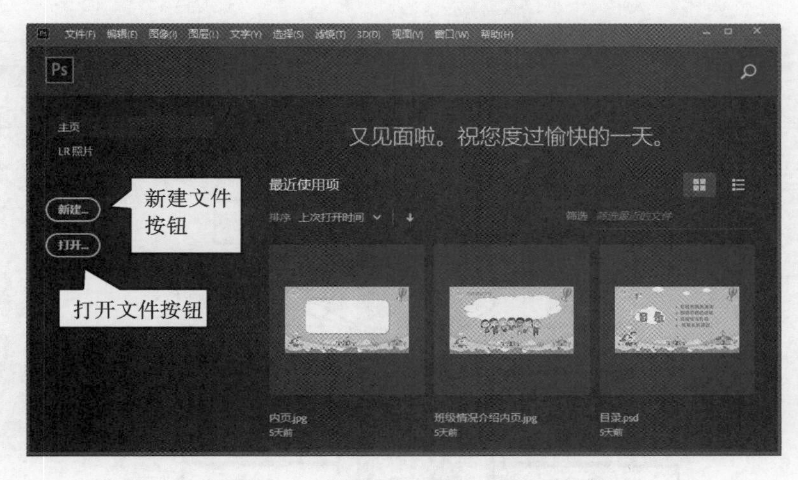

图 3-1-1 Photoshop CC 2019 主页效果

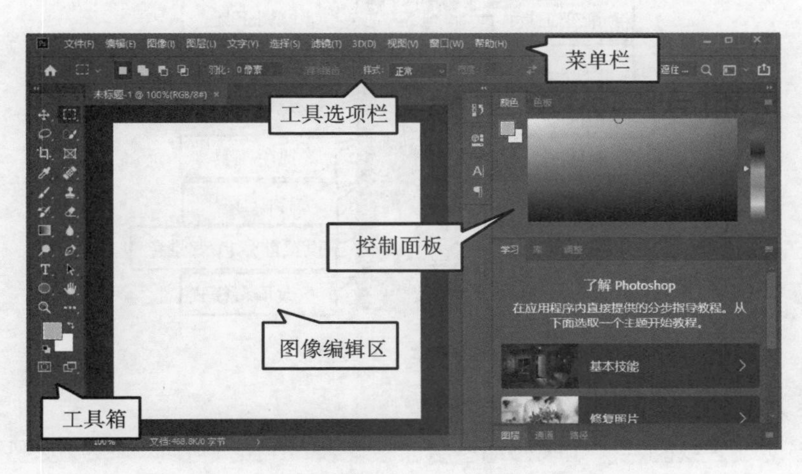

图 3-1-2 Photoshop CC 2019 工作界面

• 控制面板:包括颜色、图层、属性和其他面板,这些面板包含用于处理图像的各种控件。可以在窗口菜单下找到完整的面板列表,可以对面板进行编组、堆叠或停放。

• 图像编辑区:能显示当前正在处理的文件。选项标签显示了打开文件的基本信息,如文件名、缩放比例、颜色模式等。

1) 菜单栏

其中各菜单的具体说明如下:

- “文件”菜单:包含各种操作文件的命令。
- “编辑”菜单:包含各种编辑文件的操作命令。
- “图像”菜单:包含各种改变图像的大小、颜色等的操作命令。
- “图层”菜单:包含各种调整图像中图层的操作命令。
- “文字”菜单:包含各种对文字的编辑和调整功能。
- “选择”菜单:包含各种关于选区的操作命令。
- “滤镜”菜单:包含各种添加滤镜效果的操作命令。
- “3D”菜单:用于实现 3D 图层效果。
- “视图”菜单:包含各种对视图进行设置的操作命令。
- “窗口”菜单:包含各种显示或隐藏控制面板的命令。
- “帮助”菜单:包含各种帮助信息。

2）工具箱

工具箱中的工具可用来选择、绘画、编辑以及查看图像。拖动工具箱的标题栏，可移动工具箱；单击可选中工具，同时选项栏会显示该工具的选项；有些工具的右下角有一个小三角形符号，这表示在这个工具位置上存在一个工具组，其中包括若干个相关工具。工具箱的概览如图 3-1-3 所示。

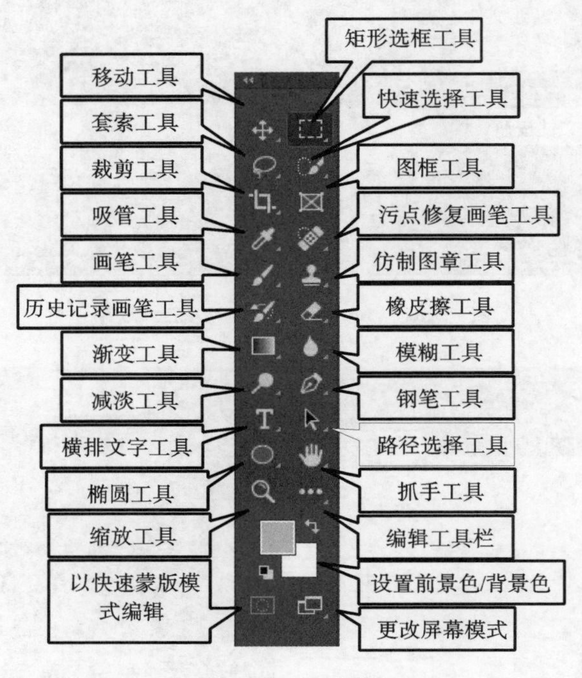

图 3-1-3　工具箱

常见的工具主要功能如下：

移动工具：移动选区或图层。如果移动图层时按住【Shift】键，可以将移动的图片对象移动到画布的中央。

矩形选框工具：创建矩形形状的选区。

套索工具：创建手绘选区。

快速选择工具：通过查找和追踪图像的边缘来创建选区。

裁剪工具：裁剪或扩展图像的边缘。

图框工具：为图像创建占位符图框。

吸管工具：从图像中取样颜色。

污点修复画笔工具：移去标记和污点。

画笔工具：绘制自定义画笔描边。

仿制图章工具：使用来自图像其他部分的像素绘画。

历史记录画笔工具：将图像的某些部分恢复到以前的状态。

橡皮擦工具：将像素更成背景色或使它透明。

渐变工具：创建颜色之间的渐变混合。

模糊工具：模糊图像中的区域。

减淡工具：调亮图像中的区域。

钢笔工具:通过锚点与手柄创建和更改路径或形状。

横排文字工具:添加横排文字。

路径选择工具:选择整个路径。

椭圆工具:绘制椭圆。

抓手工具:在图像的不同部分间平移。

在工具按钮上单击右键可以显示隐藏的相关工具组,各工具对应的隐藏工具组如表 3-1-1 所示。工具菜单选项右侧的字母是激活该工具项的快捷键。例如字母“V”是激活移动工具的快捷键。

表 3-1-1 各工具对应的隐藏工具组

工具箱显示的默认工具	隐藏的相关工具组	调出工具的快捷字母
移动工具	移动工具 V 画板工具 V	V
矩形选框工具	矩形选框工具 M 椭圆选框工具 M 单行选框工具 单列选框工具	M
套索工具	套索工具 L 多边形套索工具 L 磁性套索工具 L	L
快速选择工具	快速选择工具 W 魔棒工具 W	W
裁剪工具	裁剪工具 C 透视裁剪工具 C 切片工具 C 切片选择工具 C	C
吸管工具	吸管工具 I 3D 材质吸管工具 I 颜色取样器工具 I 标尺工具 I 注释工具 I 计数工具 I	I
污点修复画笔工具	污点修复画笔工具 J 修复画笔工具 J 修补工具 J 内容感知移动工具 J 红眼工具 J	J
画笔工具	画笔工具 B 铅笔工具 B 颜色替换工具 B 混合器画笔工具 B	B
仿制图章工具	仿制图章工具 S 图案图章工具 S	S
历史记录画笔工具	历史记录画笔工具 Y 历史记录艺术画笔工具 Y	Y

续表

工具箱显示的默认工具	隐藏的相关工具组	调出工具的快捷字母
橡皮擦工具	橡皮擦工具 E 背景橡皮擦工具 E 魔术橡皮擦工具 E	E
渐变工具	渐变工具 G 油漆桶工具 G 3D 材质拖放工具 G	G
模糊工具	模糊工具 锐化工具 涂抹工具	
减淡工具	减淡工具 O 加深工具 O 海绵工具 O	O
钢笔工具	钢笔工具 P 自由钢笔工具 P 弯度钢笔工具 P 添加锚点工具 删除锚点工具 转换点工具	P
横排文字工具	横排文字工具 T 直排文字工具 T 直排文字蒙版工具 T 横排文字蒙版工具 T	T
路径选择工具	路径选择工具 A 直接选择工具 A	A
抓手工具	抓手工具 H 旋转视图工具 R	H 和 R

3）强大的辅助学习能力

Photoshop CC 2019 有强大的辅助学习工具，当把鼠标移动到工具箱的某个工具上时，在工具箱的右侧将会演示该工具使用的介绍视频，如图 3-1-4 所示。

在程序界面的右侧添加了学习面板，用户可以单击跟随提示学习制作实例，如图 3-1-5 所示。

图 3-1-4　显示工具使用的教学小视频

图 3-1-5　学习面板

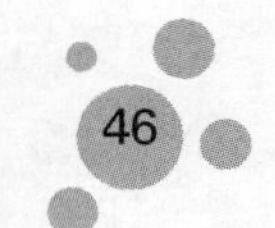

任务二　使用工具和滤镜修饰图像

一、任务描述

利用 Photoshop 对图像进行处理与编辑时，需要使用专业的修饰工具。通过简单的修饰工具就可以实现图像质量的明显提升。

二、预备知识

1. 图像修饰要以画笔工具为基础

画笔工具 类似于传统的毛笔，它使用前景色绘制带有艺术效果的笔触或线条。画笔工具不仅能够绘制图画，还可以修改通道和蒙版。画笔工具的选项栏如图 3-1-6 所示。

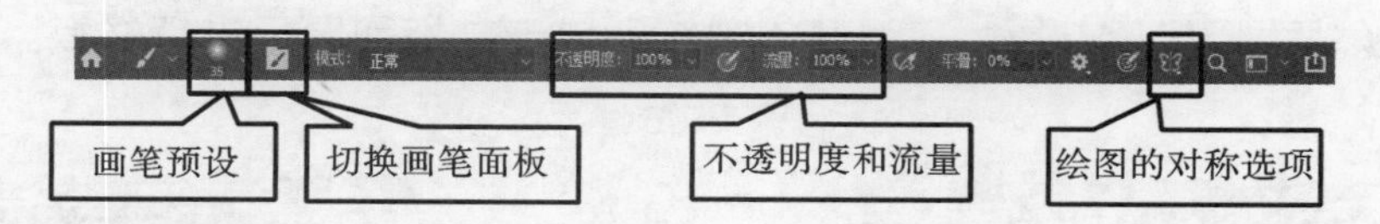

图 3-1-6　画笔工具选项栏

（1）“画笔预设”选取器：单击该按钮，可打开画笔预设面板，在面板中可选择笔尖，以及设置画笔的大小和硬度，如图 3-1-7 所示。

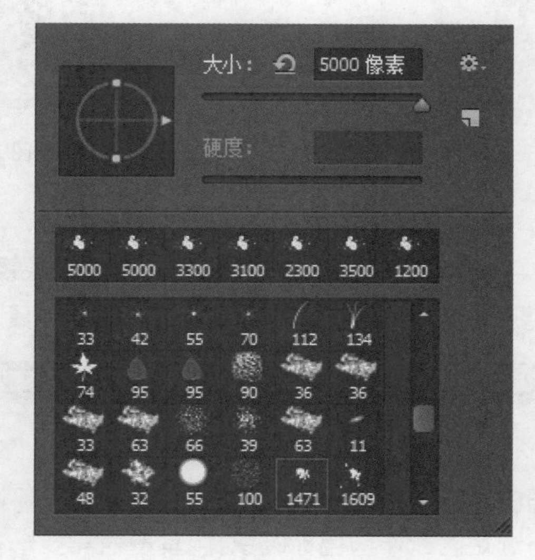

图 3-1-7　画笔预设面板

（2）切换画笔面板：单击可调出画笔面板和画笔预设面板。

（3）模式：在下拉列表中可以选择画笔笔尖颜色与下面像素的混合模式。

（4）不透明度：用来设置画笔的不透明度，该值越低，画笔的透明度越高。

（5）流量：用于设置当光标移动到某个区域上方时应用颜色的速率。流量越大，应用颜色的速率越快。

（6）启用喷枪模式：单击该按钮即可启用喷枪模式，可根据鼠标左键单击程度来确定画笔线条的填充数量。

2. 污点修复画笔工具组介绍

1）污点修复画笔工具

选择污点修复画笔工具直接在需要去除的标记或污点上单击。Photoshop 根据标记或污点周围像素的值来计算替代当前的标记或污点的像素值。

2）修复画笔工具

修复画笔工具通过从图像中取样，达到修复图像的目的。与污点修复画笔工具不同的是，使用修复画笔工具时需要按住【Alt】键进行取样从而控制取样来源。修复画笔工具选项栏如图 3-1-8 所示。

图 3-1-8　修复画笔工具选项栏

例如修复皱纹的原图像如图 3-1-9 所示，选择修复画笔工具，在选项栏中选择一个柔和的笔尖，其他选项保持默认设置。将光标放在眼角附近没有皱纹的皮肤上，按住【Alt】键，光标将变为圆形十字图标，此时，单击进行取样。然后，释放【Alt】键，在眼角的皱纹处单击并拖动鼠标进行修复。修复好的图像如图 3-1-10所示。

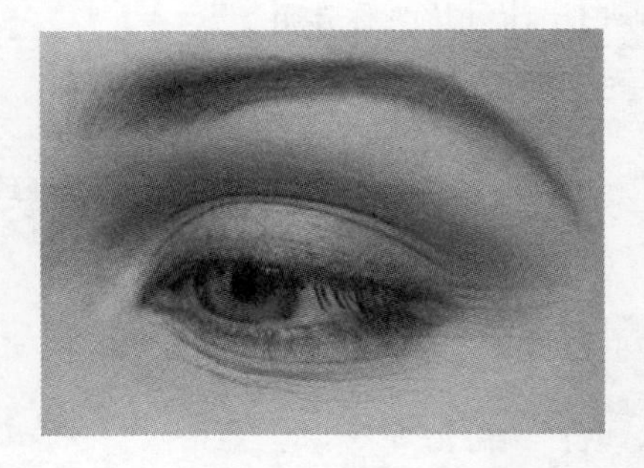

图 3-1-9　原图像

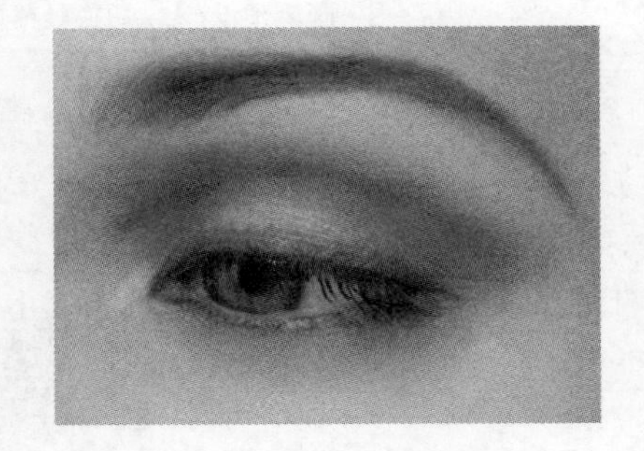

图 3-1-10　修改后图像

3）修补工具

修补工具使用其他区域中的像素来修复选中的区域，并将样本像素的纹理、光照和阴影与源像素进行匹配。该工具的特别之处是需要用选区来定位修补范围。选择修补工具，其选项栏如图 3-1-11 所示。

图 3-1-11　修补工具选项栏

- 源：选中该按钮，如果将源图像选区拖至目标区域，则源区域图像将被目标区域的图像覆盖。
- 目标：选中该按钮，表示将选定区域作为目标区域，用其覆盖需要修补的区域。
- 透明：选中该复选框，可以将图像中差异较大的形状图像或颜色修补到目标区域中。
- 使用图案：创建选区后该按钮将被激活，单击其右侧的下拉按钮，可以在打开的图案列表中选择一种图案，以对选区图像进行图案修复。

例如删除背景的人物，原图像如图 3-1-12 所示，选择修补工具，并在选项栏中选中“目标”按钮，其他选项保持默认设置。在图像中单击并拖动鼠标绘制选区。然后，将光标放在选区内，单击并向右拖动鼠标即可复制图像。按【Ctrl＋D】组合键取消选区。修复后的图像如图 3-1-13 所示。

4）内容感知移动工具

内容感知移动工具可以在移动图片中选中的某个区域时，智能填充原来的位置。使用内容感知移

图 3-1-12　原图像

图 3-1-13　修补完成

动工具时，要先为需要移动的区域创建选区，然后将其拖动到所需位置即可。选择内容感知移动工具，其选项栏如图 3-1-14 所示。

图 3-1-14　内容感知移动工具选项栏

• 模式：在该下拉列表中，可以选择“移动”和“扩展”两种模式。其中，“移动”选项是将选取的区域内容移动到其他位置，并自动填充原来的区域；“扩展”选项是将选取的区域内容复制到其他位置，并自动填充原来的区域。

• 适应：单击 按钮，弹出下拉列表，该列表中包含“结构”和“颜色”两个部分。其中“结构”部分用于设置选择区域保留的严格程度，可以设置 1～5 的整数值；“颜色”部分用于设置允许的颜色适应量。

例如原图像如图 3-1-15 所示，选择内容感知移动工具，在选项栏中将“模式”设置为“移动”，其他选项保持默认设置。在图像中需要移动的区域创建选区。然后，将光标放在选区内，单击并向画面左侧拖动鼠标，如图 3-1-16 所示。释放鼠标后，选区内的图像将会被移动到新的位置，如图 3-1-17 所示。

图 3-1-15　原图像

5）红眼工具

利用红眼工具可以去除拍摄照片时产生的红眼。选择红眼工具 ，在选项栏中可以设置瞳孔的大小和瞳孔的暗度。红眼工具的使用方法非常简单。选择红眼工具，然后在图像中有红眼的位置单击，即可去除红眼。红眼工具选项栏如图 3-1-18 所示。

图 3-1-16　拖动过程

图 3-1-17　完成后

瞳孔大小：50%　变暗量：50%

图 3-1-18　红眼工具选项栏

3. 蒙版

“蒙版”可以理解为“蒙在上面的板子”，通过这个“板子”可以保护图层对象中未被选中的区域，使其不被编辑。

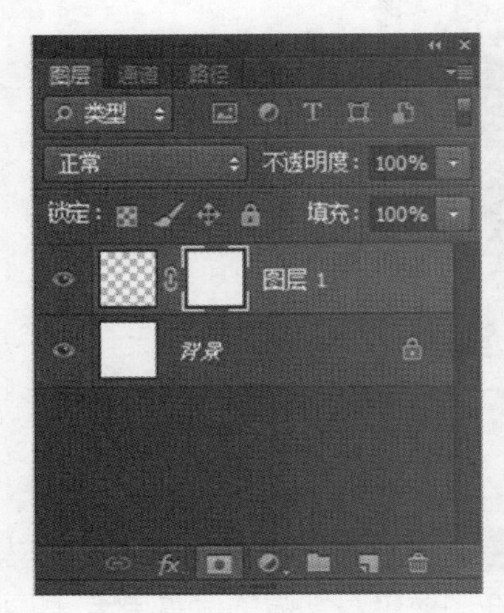

图 3-1-19　添加图层蒙版

不需要显示的部分可以通过蒙版隐藏。当取消蒙版时，对象整体将作为可编辑区域，全部显示在画布中。

在蒙版中，黑色为蒙版的保护区域，可隐藏不被编辑的图像；白色为蒙版的编辑区域，用于显示需要编辑的图像部分；灰色为蒙版的部分显示区域，在此区域的图像会显示半透明状态。在 Photoshop CC 中，主要的蒙版类型有图层蒙版、剪贴蒙版、快速蒙版和矢量蒙版。

1) 图层蒙版

“图层蒙版”就是在图层上直接建立的蒙版，通过对蒙版进行编辑、隐藏、链接、删除等操作完成图层对象的编辑。

- 添加图层蒙版。

在“图层”面板中单击“添加图层蒙版”按钮 ，即可为选中的图层添加一个图层蒙版，如图 3-1-19 所示。

• 显示和隐藏图层蒙版。

按住【Alt】键不放，单击"图层"面板中的图层蒙版缩览图，画布中的图像将被隐藏，只显示蒙版图像。按住【Alt】键不放，再次单击图层蒙版缩览图，将恢复画布中的图像效果。

• 图层蒙版的链接。

在"图层"面板中，图层缩览图和图层蒙版缩览图之间存在链接图标，用来关联图像和蒙版，当移动图像时，蒙版会同步移动。单击链接图标时，将不再显示此图标，此时可以分别对图像与蒙版进行操作。

• 停用和恢复图层蒙版。

执行"图层→图层蒙版→停用"命令（或按住【Shift】键不放，单击图层蒙版缩览图），可停用被选中的图层蒙版，此时图像将全部显示。再次单击图层蒙版缩览图，将恢复图层蒙版效果。

• 删除图层蒙版。

执行"图层→图层蒙版→删除"命令（或在图层蒙版缩览图上右击，在弹出的快捷菜单中选择"删除图层蒙版"命令），即可删除被选中的图层蒙版。

【温馨提示】执行"图层→图层蒙版→隐藏全部"命令（或按住【Alt】键不放单击"添加图层蒙版"按钮），可创建一个遮盖图层全部的蒙版。

此时图层中的图像将会被蒙版全部隐藏，设置前景色为白色，选择画笔工具，在画布中涂抹，即可显示涂抹区域中的图像。

2）剪贴蒙版

剪贴蒙版是通过下方图层的形状来限制上方图层的显示范围，达到一种剪贴画效果的蒙版。剪贴蒙版的最大优点是可以通过一个图层来控制多个图层的可见内容，而图层蒙版和矢量蒙版都只能控制一个图层。

在 Photoshop 中，至少需要两个图层才能创建剪贴蒙版，通常把位于下面的图层叫基底图层，位于上面的图层叫剪贴层，如图 3-1-20 所示。

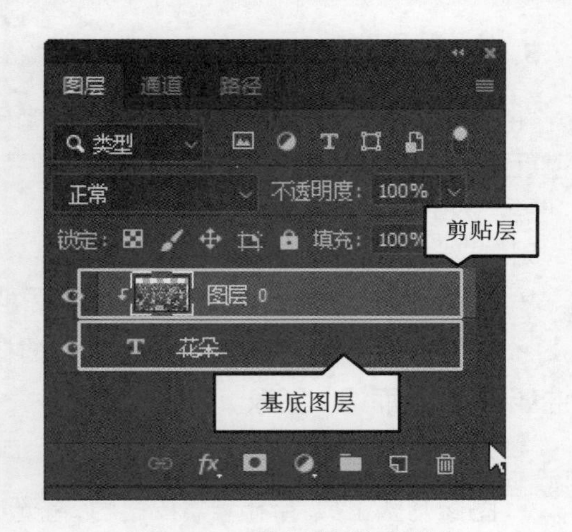

图 3-1-20 基底图层和剪贴层

选中要作为剪贴层的图层，执行"图层→创建剪贴蒙版"命令（或按【Ctrl＋Alt＋G】组合键），即可用下方相邻图层作为基底图层，创建一个剪贴蒙版。基底图层的图层名称下会带一条下划线。

此外，按住【Alt】键不放，将鼠标指针移动到剪贴层和基底图层之间单击，也可以创建剪贴蒙版。

对于不需要的剪贴蒙版可以将其释放掉。选择基底图层上方的剪贴层，执行"图层→释放剪贴蒙版"命令（或按【Ctrl＋Alt＋G】组合键）即可释放剪贴蒙版。

4. 滤镜

在 Photoshop 中，滤镜像一位神奇的魔术师，利用它就能轻松实现图像中的各种特殊效果，比如云彩、马赛克、素描、模糊、光照、扭曲等。

模糊滤镜组中包含 14 种滤镜，它们可以柔化图像、降低相邻像素之间的对比度，使图像产生柔和、平滑的过渡效果。下面介绍常用的 3 个模糊滤镜。

1）高斯模糊滤镜

高斯模糊滤镜可以使图像产生朦胧的雾化效果。执行“滤镜→模糊→高斯模糊”命令，将弹出“高斯模糊”对话框。

“半径”用于设置模糊的范围，数值越大，模糊效果越强烈。

2）动感模糊滤镜

动感模糊滤镜可以使图像产生速度感效果，类似于给一个移动的对象拍照。执行“滤镜→模糊→动感模糊”命令，弹出“动感模糊”对话框。

“角度”用于设置模糊的方向，可拖动指针进行调整；“距离”用于设置像素移动的距离。

3）径向模糊

径向模糊滤镜可以模拟缩放或旋转的相机所产生的效果。执行“滤镜→模糊→径向模糊”命令，弹出“径向模糊”对话框。

“数量”用于设置模糊的强度，数值越大，模糊效果越强烈。模糊方法有“旋转”和“缩放”两种。其中，“旋转”是围绕一个中心形成旋转的模糊效果，“缩放”是以模糊中心向四周发射的模糊效果。

4）表面模糊

表面模糊滤镜在保留边缘的同时模糊图像。此滤镜用于创建特殊效果并消除杂色或粒度。“半径”选项指定模糊取样区域的大小。“阈值”选项控制相邻像素色调值与中心像素值相差多大时才能成为模糊的一部分。色调值差小于阈值的像素被排除在模糊之外。

5. 曲线

“曲线”命令用来调节图像的整个色调范围，它和“色阶”命令相似，但比“色阶”命令对图像的调节更加精密，因为曲线中的任意一点都可以进行调节。执行“图像→调整→曲线”命令（或按【Ctrl＋M】组合键），弹出“曲线”对话框。

对“曲线”对话框中各选项的解释如下：

- 预设：包含了 Photoshop 中提供的各种预设调整文件，可用于调整图像。
- 编辑点以修改曲线：打开“曲线”对话框时，按钮默认为按下状态。在曲线中添加控制点可以改变曲线形状，从而调节图像。
- 使用铅笔绘制曲线：按下按钮后，可以通过手绘效果的自由曲线来调节图像。
- 图像调整工具：单击按钮后，将光标放在图像上，曲线上会出现一个空的图形，它代表了光标处的色调在曲线上的位置，单击并拖动鼠标可添加控制点并调整相应的色调。
- 自动按钮：单击该按钮，可以对图像应用“自动颜色”“自动对比度”或“自动色调”校正。
- 选项按钮：单击该按钮，可以打开“自动颜色校正选项”对话框。

三、任务实现

（1）打开文件。单击“主页”的“打开”按钮（见图 3-1-21），弹出“打开”对话框，如图 3-1-22 所示，选择素材中的“模特 1.jpg”，单击“打开”按钮，打开素材文件。

（2）复制图层。按下【Ctrl＋J】快捷键，得到图层“背景 拷贝”，双击图层名，输入新的图层名为“前期处理”，如图 3-1-23 所示。

（3）处理大的瑕疵。圈住部分就是前期需要修复的部分，包括大的痘痘、斑点、伤疤等，如图 3-1-24 所示。

（4）修复脑门上的伤疤。在工具箱中选择污点修复画笔工具，调整好污点修复画笔工具的笔端大

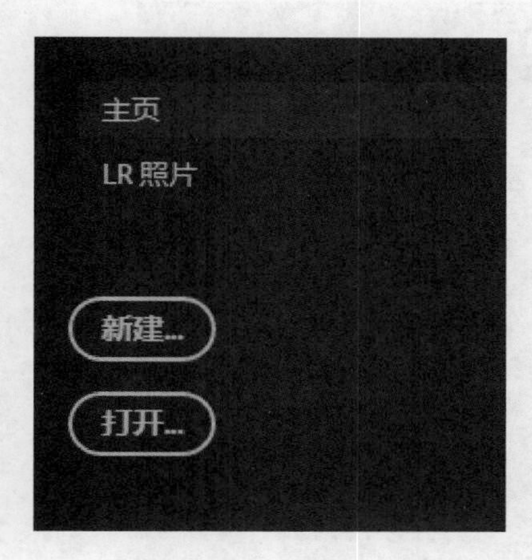

图 3-1-21 主页的按钮

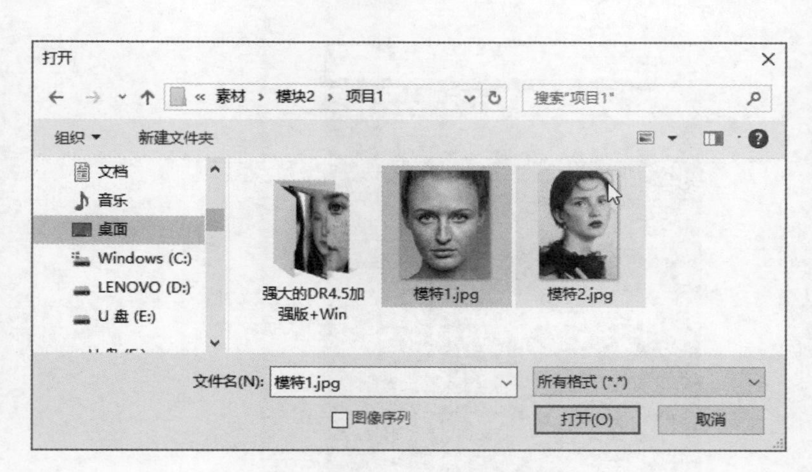

图 3-1-22 "打开"对话框

图 3-1-23 复制图层并重命名

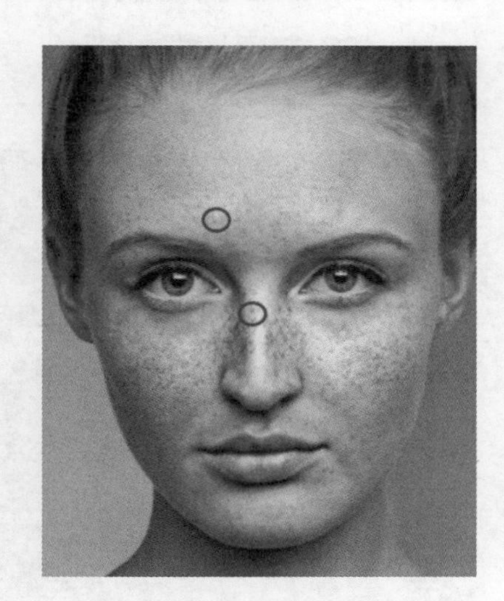

图 3-1-24 前期大的瑕疵的修复

小,在疤痕上单击,完成修复。

【温馨提示】可以使用"["键增加笔触的大小值或使用"]"键减小笔触的大小值。

(5) 修复鼻梁上的斑点。可以在工具箱中选择修复画笔工具，模式"正常",源:取样。把修复画笔工具调到合适大小。按住【Alt】键+鼠标左键单击在鼻梁光洁处附近皮肤取样,然后松开【Alt】键,把鼠标移到大的斑点上,单击鼠标左键完成修复。

(6) 按下【Ctrl+J】快捷键得到图层"前期处理 拷贝",单击"滤镜→模糊→表面模糊"菜单命令。在弹出的"表面模糊"对话框中设置表面模糊参数,半径设置为 9 像素,阈值为 22 色阶,如图 3-1-25 所示。

(7) 按住【Alt】键不放单击"添加图层蒙版"按钮,给当前图层创建一个全黑色填充的蒙版,把前景色设置为白色,选择画笔工具,画笔不透明度设置为 60%,用画笔把五官以外的区域涂抹出来,如图 3-1-26 所示。

(8) 按下【Ctrl+Alt+Shift+E】快捷键盖印可见图层,得到"图层 1"。单击"滤镜→模糊→高斯模糊"菜单命令,在弹出的对话框中设置半径为 3 像素,如图 3-1-27 所示。

(9) 给当前图层添加黑色图层蒙版,选择画笔工具,保持之前的参数设置不变,然后用画笔把脸部区域有杂色的区域涂抹一下,如图 3-1-28 所示。

(10) 美白图像。在"图层"面板下方单击"创建新的填充或调整图层"，在弹出的菜单中单击"曲线"

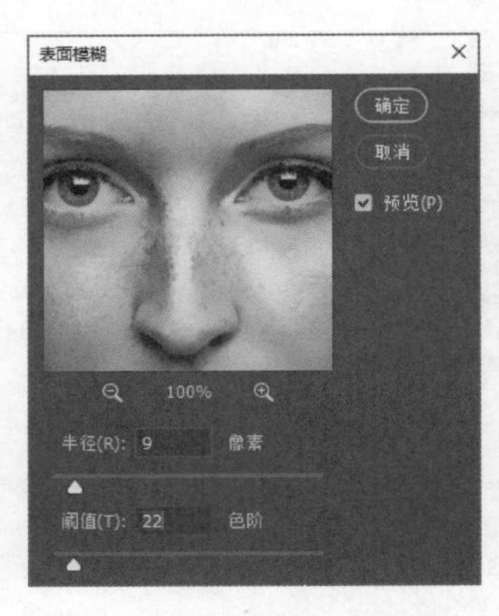

图 3-1-25 “表面模糊”对话框

图 3-1-26 添加图层蒙版

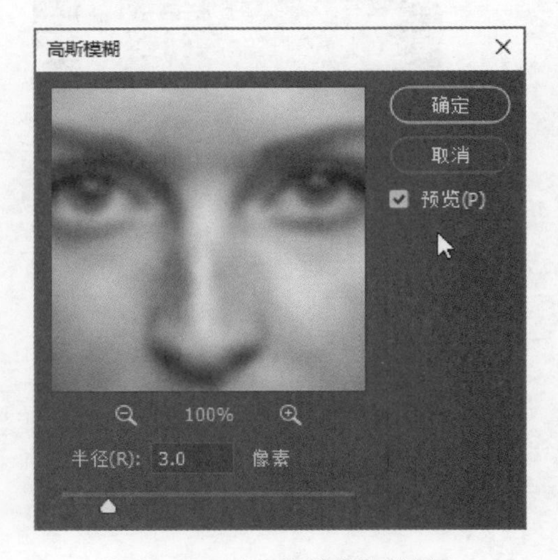

图 3-1-27 “高斯模糊”对话框

图 3-1-28 给高斯模糊后的图层加蒙版

菜单项。弹出“属性”面板，在曲线上单击添加控制点，拖动控制点调节曲线的形状，可以实时看到图像色调及颜色的调节变化，如图 3-1-29 所示。最终美化效果如图 3-1-30 所示。

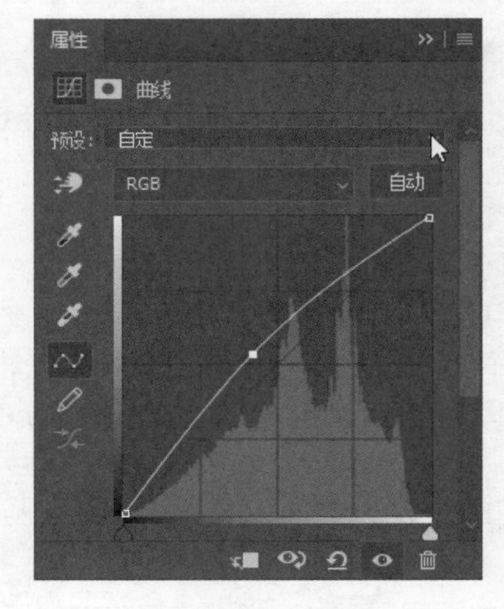

图 3-1-29 曲线调节

图 3-1-30 修饰后效果

【温馨提示】在 RGB 模式下，曲线向上弯曲，可以将图像的色调调亮，反之色调变暗。

任务三　PS 磨皮插件 Delicious Retouch 介绍

一、任务描述

Delicious Retouch 是目前 Photoshop 软件中顶级的人像妆容滤镜，俗称美容磨皮修图工具，拥有完美磨皮、低频模糊、低频绘画、汗毛去除、增强眼睛和牙齿、图像锐化等功能，能够轻松精修人物头像，完美肌肤，是摄影师和修图师最喜欢的修图软件。

二、预备知识

Photoshop 除了提供前面讲解的自带内部滤镜效果之外，还支持外挂滤镜。与 Photoshop 内部滤镜不同的是，外挂滤镜需要用户自己手动安装。外挂滤镜安装后，会出现在“滤镜”菜单的底部。

下面讲解如何安装外挂滤镜 Delicious Retouch。

(1) 打开 Photoshop，单击“文件→脚本→浏览”菜单命令，导入插件脚本。

(2) 弹出“载入”对话框，选择“素材\项目 2\ DeliciousRetouch4”文件夹中的 Installer. jsx 文件，单击“载入”按钮，如图 3-1-31 所示。

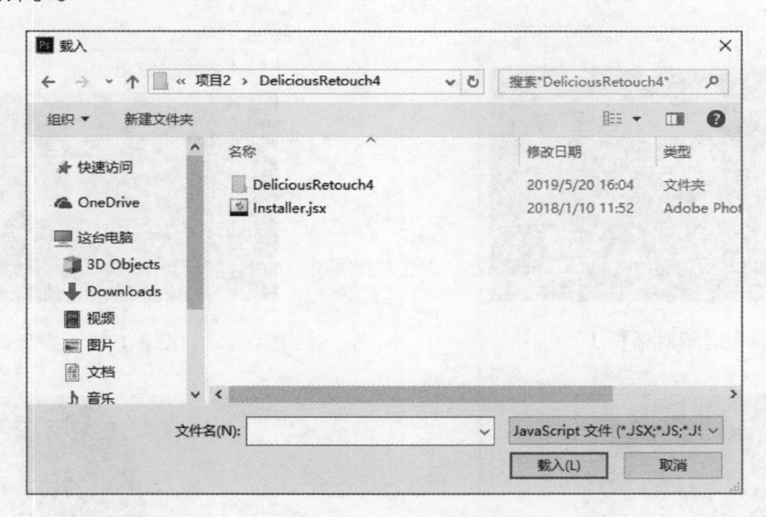

图 3-1-31　载入脚本文件

(3) 弹出“完成！”信息框，提示重新启动 Photoshop 和插件的使用方法，如图 3-1-32 所示。

图 3-1-32　“完成！”信息框

图 3-1-33　DR4 插件面板

(4) 关闭 Photoshop 软件，复制与 Installer. jsx 同目录的 DeliciousRetouch4 文件夹，将其粘贴到“C:\Program Files (x86)\Common Files\Adobe\Required\CEP\extensions”。

(5) 重新启动 Photoshop 软件，完成插件的安装。

三、任务实现

(1) 导入需要美化的模特素材。单击主页的“打开”按钮，在“打开”对话框中选择“模特 1. jpg”图片，打开一位需要磨皮的模特素材。

(2) 单击“窗口→扩展功能→Delicious Retouch4”菜单命令，调出 DR4 插件面板，如图 3-1-33 所示。

(3) 在 DR4 面板上单击“智能快修 V5. 0”按钮，弹出“DR4:完美肌肤(OH 汉化)”的操作过程提示对话框，如图 3-1-34 和图 3-1-35 所示。

(4) 单击“好吧，让我们做吧！”，开始美化肌肤操作。在需要美肤的图片上出现椭圆形的调节框，将框调整到基本包含脸部后，在框里双击下鼠标，如图3-1-36 所示。

(5) 在弹出的对话框中，推荐了磨皮的推荐画笔，可以把“将画笔参数设置为推荐值”的复选框去掉，这样在美图时能更灵活。

(6) 在画笔的选项栏中设置画笔为：柔边圆画笔，硬度 0%、不透明度 100% 和流量 42%。在图片上涂抹。按住鼠标在有雀斑的地方进行拖动，雀斑就神奇地消失了，尽量精确、多次涂抹效果会更好，涂抹后的人物图像如图 3-1-37 所示。

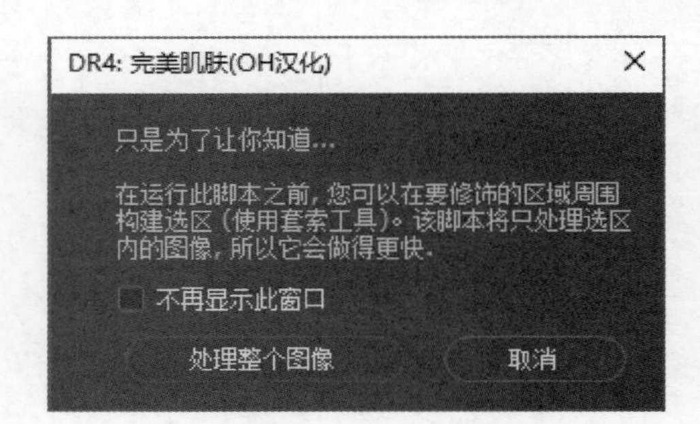

图 3-1-34　提示对话框 1

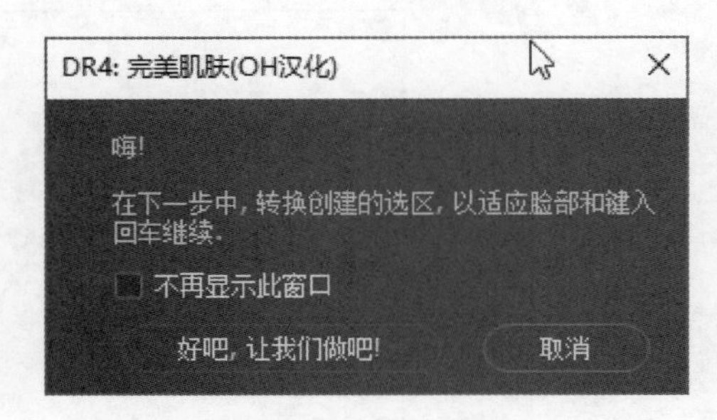

图 3-1-35　提示对话框 2

图 3-1-36　选择磨皮范围

图 3-1-37　磨皮后效果

项目二
新星培训机构宣传单设计

<table>
<tr><td>项目编号</td><td>No. P3-2</td><td>项目名称</td><td>新星培训机构宣传单设计</td></tr>
<tr><td>项目简介</td><td colspan="3">新星教育专注于青少年培训辅导，是集托管、辅导和培优于一体的高端中小学培训机构。省特级教师带队，拥有先进的教学理念，成熟的教学体系，舒适的午休环境，健康饮食，小班教学，是广大家长的理想选择。现需要给新星教育培训机构设置 Logo 标识，并制作宣传单，介绍新星教育培训的优势。</td></tr>
<tr><td>项目环境</td><td colspan="3">多媒体电脑、互联网、Photoshop</td></tr>
<tr><td>关键词</td><td colspan="3">Logo、新星教育、图形设计、图像设计</td></tr>
<tr><td>项目类型</td><td>实践型</td><td>项目用途</td><td>课程教学</td></tr>
<tr><td>项目大类</td><td>职业教育</td><td>项目来源</td><td>某广告设计公司</td></tr>
<tr><td>知识准备</td><td colspan="3">（1）Photoshop 的基本操作；
（2）Photoshop 中规则图形的绘制工具；
（3）Photoshop 中不规则图形的绘制工具。</td></tr>
<tr><td>项目目标</td><td colspan="3">（1）知识目标：
① 理解布尔运算的概念；
② 掌握不规则图形的基本绘制原理；
③ 理解图层蒙版的应用原理。
（2）能力目标：
① 掌握规则图形工具的基本操作，能在实际工作项目中灵活运用图形运算；
② 掌握文字工具的基本操作；
③ 掌握渐变工具的使用；
④ 了解图层混合模式的基本操作；
⑤ 掌握图形间布尔运算的操作方法；
⑥ 掌握钢笔工具的使用。
（3）素质目标：
① 通过案例引导，感受 Photoshop 设计图形的魅力，激发学生的学习兴趣；
② 通过具体任务的实现，体会完成作品后的成就感，培养学生的自主学习能力和审美意识；
③ 通过小组合作完成项目，提高学生分析问题、解决问题的能力，培养学生团队合作精神和学以致用的意识。</td></tr>
<tr><td>重点难点</td><td colspan="3">（1）规则图形的布尔运算；
（2）钢笔工具的灵活运用；
（3）常见图层样式的应用。</td></tr>
</table>

任务一　标志设计

一、任务描述

标志设计(或称 Logo 设计)是通过图形、文字、颜色等元素的搭配运用,直观地反映企业形象、品牌和文化特质的载体。Logo 拥有识别和推广公司的作用,通过形象的 Logo 可以让消费者记住公司主体和品牌文化。

二、预备知识

1. 相关知识点

1) CI

CI(corporate identity)设计在 20 世纪 60 年代由美国首先提出,70 年代在日本得以广泛推广和应用,它是现代企业走向整体化、形象化和系统管理的一种全新的概念。其定义是:将企业经营理念与精神文化,运用整体传达系统(特别是视觉传达系统),传达给企业内部与大众,并使其对企业产生一致的认同感或价值观,从而形成良好的企业形象和促销产品的设计系统。在 CI 设计中,视觉识别设计最具传播力和感染力,也最容易被公众接受。

2) VI

VI 全称 visual identity,即企业 VI 视觉设计,是企业 CI 形象设计的重要组成部分。VI 设计以标志、标准色和标准字为核心展开完整的系统的视觉传达体系。它将企业理念、企业文化、服务内容和企业规范等抽象概念转换为具体符号,塑造出独特的企业形象。

2. Logo 的设计技巧

(1) 保持视觉平衡,讲究线条的流畅,使整体形状美观。

(2) 用反差、对比或边框等强调主题。

(3) 选择恰当的字体。

(4) 注意留白,给人想象空间。

(5) 运用色彩。因为人们对色彩的反应比对形状的反应更为敏锐和直接,故色彩更能激发情感。颜色在 Logo 中的常见寓意如表 3-2-1 所示。

表 3-2-1　颜色在 Logo 中的常见寓意

颜色	传达的信息
黑色系	专业、创意、执着
黄色系	信心、聪明、希望
紫色系	浪漫、优雅、神秘
橙色系	亲切、活力、开朗
蓝色系	科技、安定、沉稳
红色系	热情、自信、美丽
咖啡色系	安定、沉稳、平和
绿色系	新鲜、知性、环保

3. 图形的绘制

1）利用钢笔工具绘制不规则路径

Photoshop CC 2019 中不规则图形的绘制可以使用钢笔工具，并且可以结合直接选择工具、添加锚点、减去锚点、转换点工具等相关工具修改路径。

例如绘制一个爱心图形，用钢笔工具单击四个顶点，钢笔工具绘制的点称为锚点。锚点的类型分为直线锚点和曲线锚点，可以用转换点工具修改锚点的类型。钢笔工具绘制图形时，单击绘制的锚点，该锚点的类型默认是直线锚点。通过单击左键绘制的四个直线锚点，如图 3-2-1 所示。利用直接选择工具，选择该路径，再利用转换点工具，单击右上方锚点，可以将该处的直线锚点改成曲线锚点，按住左键调整手柄的方向和长度，如图 3-2-2 所示。

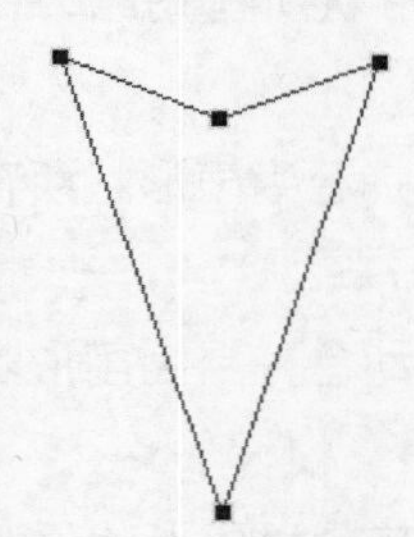

图 3-2-1　钢笔工具单击后形成的形状

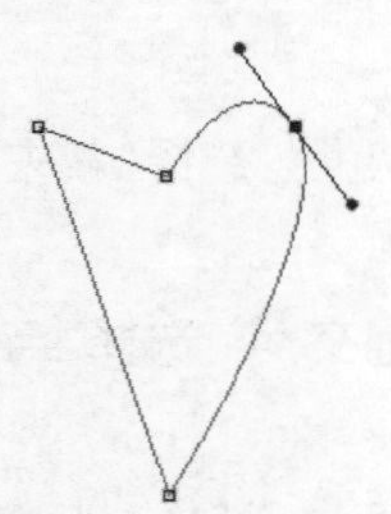

图 3-2-2　右上角的锚点改为曲线锚点

选择钢笔工具后单击鼠标左键可以创建锚点，如果在锚点上按住鼠标左键拖曳，会拖曳出锚点的调节手柄。

绘制出路径形状后，可以给路径填充颜色、描边路径、沿路径添加文字等。给爱心路径增加了渐变填充效果，沿着路径输入文字后的效果，如图 3-2-3 所示。

2）利用绘制工具绘制各类规则形状

Photoshop CC 2019 自带的绘制工具有矩形工具、圆角矩形工具、椭圆工具、多边形工具、直线工具、自定形状工具。

用这些工具可以拼出一些特殊的形状，例如用各种规则图形拼出的小熊卡通模型，如图 3-2-4 所示。

图 3-2-3　填充路径、给路径添加文字后效果

图 3-2-4　用规则图形拼构出的卡通小熊

3）弯度钢笔工具

弯度钢笔工具是 Photoshop CC 2018 开始出现的一个新增工具，非常适合初学者。用弯度钢笔工具单击鼠标左键可以绘制一个锚点，按住鼠标左键无法拖曳出手柄。如果想在两锚点间绘制曲线，可以在两点间增加一点，并移动该点，调节两点之间曲线的弧度，如图 3-2-5 所示。

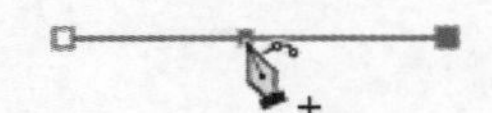

图 3-2-5　在两点之间增加一点调节弧度

4. 图形的布尔运算

布尔运算最早是指逻辑数学中包括联合、相交、相减的计算方法。类似这样的运算在形状中也存在，我们形象地称之为形状的布尔运算。形状的布尔运算是在画布中存在形状的前提下，再创建形状时，新形状与现形状产生的关系。通过形状的布尔运算，形状与形状之间进行相加、相减或相交，从而形成新的形状。

新建图层 ：所有形状工具的默认编辑状态。选择“新建图层”后，绘制形状时都会自动创建一个新图层。

合并形状 ：选择“合并形状”后，将要绘制的形状会自动合并至当前形状所在图层，并与其合并成为一个整体。

减去顶层形状 ：选择“减去顶层形状”后，将要绘制的形状会自动合并至当前形状所在图层，并减去后绘制的形状部分。

与形状区域相交 ：选择“与形状区域相交”后，将要绘制的形状会自动合并至当前形状所在图层，并保留形状重叠部分。

排除重叠形状 ：选择“排除重叠形状”后，将要绘制的形状会自动合并至当前形状所在图层，并减去形状重叠部分。

合并形状组件 ：用于合并进行布尔运算的图形。合并后将形成一个整体路径。

三、任务实现

1. 新建文档

启动 Photoshop，在出现的主界面中单击“新建”按钮，弹出“新建文档”对话框，设置新文档“未标题-1”的宽度为 400 像素，高度为 400 像素，分辨率为 300 像素 /英寸，如图 3-2-6 所示。

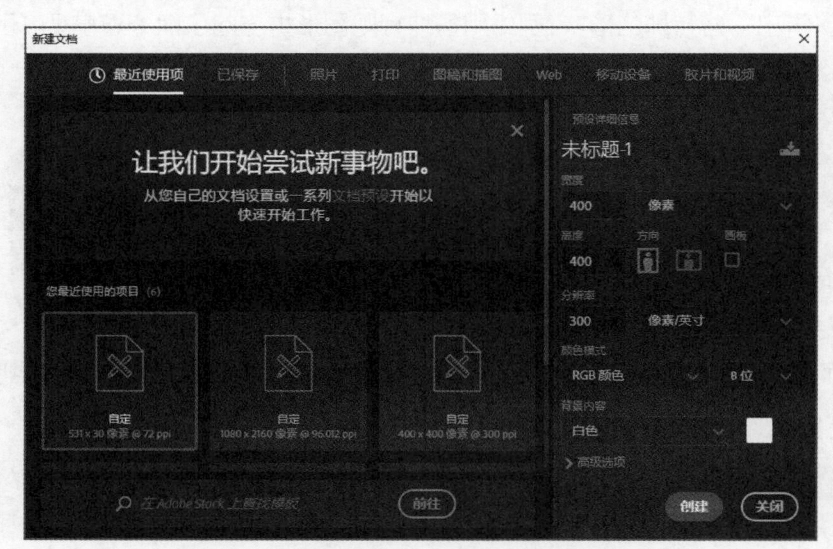

图 3-2-6　“新建文档”对话框

2. 添加标尺,确定文档中心

选择菜单"视图→标尺"(或按下【Ctrl+R】快捷键),在文件编辑区显示标尺。选择菜单"视图→新建参考线",弹出"新建参考线"对话框,选择参考线的方向和具体位置值,如在水平方向200像素的位置设置参考线,如图3-2-7所示。在水平和垂直方向200像素的位置分别创建参考线,两参考线相交的点为文件的中心点。

3. 绘制红色五角星

单击工具箱中的多边形工具 ,前景色选择红色(R:255,G:0,B:0),选项栏中的"边"设置为5,选中"星形"复选框,按住【Shift】键,可以使绘制的五角星上顶点在垂直的参考线上,在画布上绘制一个正的红五角星,如图3-2-8和图3-2-9所示。如果对五角星的大小不满意,可以按下【Ctrl+T】快捷键,对红色五角星进行自由变换,调整五角星的大小和位置。

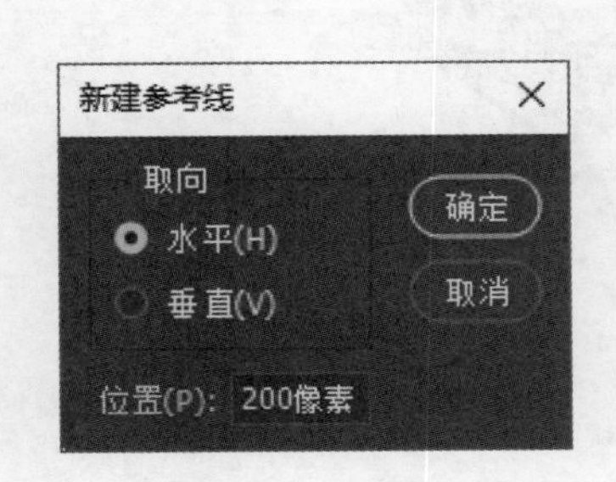

图3-2-7　新建参考线

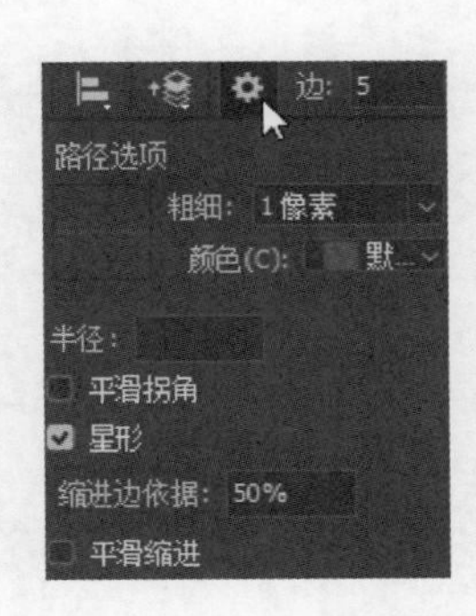

图3-2-8　设置星形图形

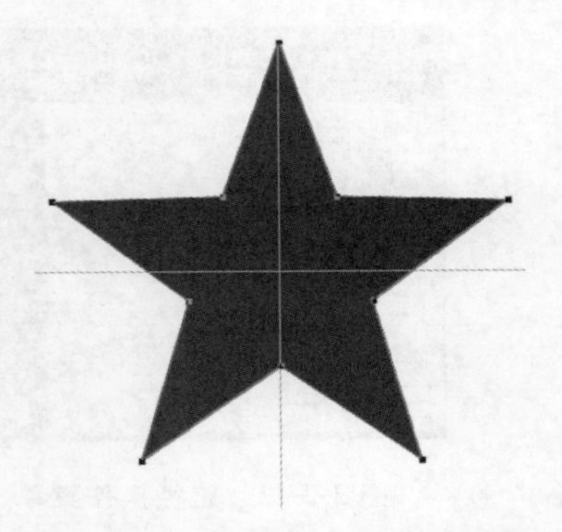
图3-2-9　绘制红色五角星

【温馨提示】使用移动工具时,每按一下键盘中的方向键→、←、↑、↓,便可以将对象移动1像素的距离;如果按住【Shift】键,再按方向键,则图像每次可以移动10像素的距离。

4. 绘制椭圆

在五角星的上面绘制一个椭圆形,椭圆形的图形大小要能保证和五角星的右下部分相切,如图3-2-10所示。

5. 对图形进行布尔运算

(1) 拼合五角星和椭圆所在图层。选择五角星所在的"多边形1"图层,按住【Shift】键,连续选择"椭圆1"图层,如图3-2-11所示。按住【Ctrl+E】快捷键,合并图层。

(2) 在工具箱中选择路径选择工具 ,单击选项栏中的"路径操作"按钮 ,在弹出的菜单中选择"减去顶层形状",如图3-2-12所示。得到的结果图形如图3-2-13所示。

【温馨提示】执行"路径操作"时,会将需要进行操作的形状合并到同一图层。如若每个形状的"填充"和"描边"的颜色不同,则所有合并形状以图层顺序最顶层的形状的"填充"和"描边"为准。

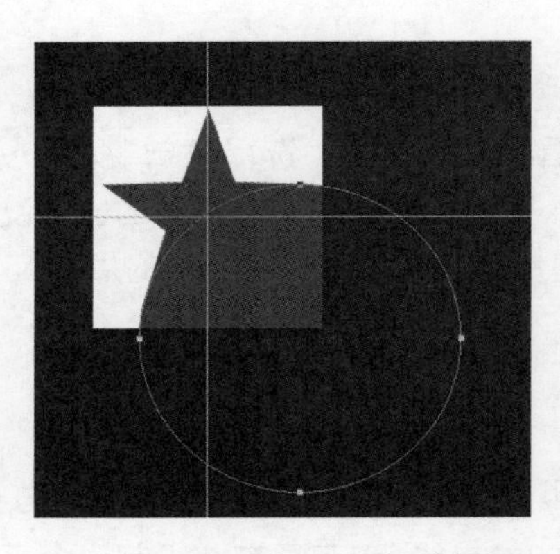

图 3-2-10　在五角形上绘制椭圆形

图 3-2-11　选择两个图层

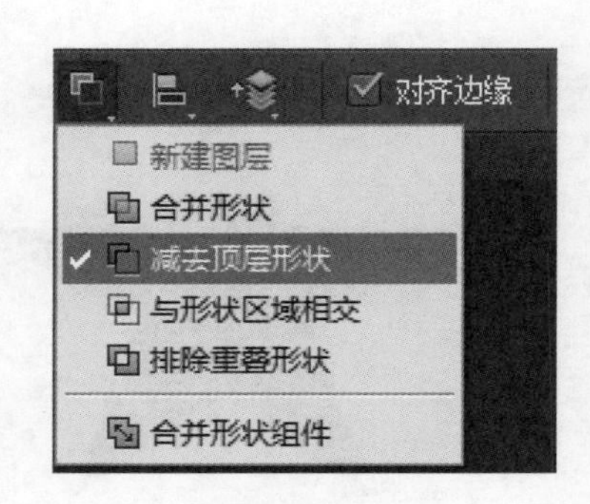

图 3-2-12　路径操作菜单

图 3-2-13　路径操作后效果图

6. 绘制云朵图形

在五角星的右侧顶点和下顶点处添加参考线，如图 3-2-14 所示。选择工具箱中的钢笔工具，在选项栏中设置绘图方式为形状绘图方式。单击形成一个锚点，第三个点是曲线锚点，与调节手柄同时调节。如果希望调节手柄分开调节，可按住【Alt】键，如图 3-2-15 所示。

最后的锚点和第一个锚点重合，钢笔工具的右下角有个圈，单击形成闭合的路径，如图 3-2-16 所示。在钢笔工具的选项栏中，将填充的颜色改为黄色，如图 3-2-17 所示。按下【Ctrl＋H】快捷键，隐藏参考线，完成标志作品设计，作品效果如图 3-2-18 所示。

图 3-2-14　添加参考线

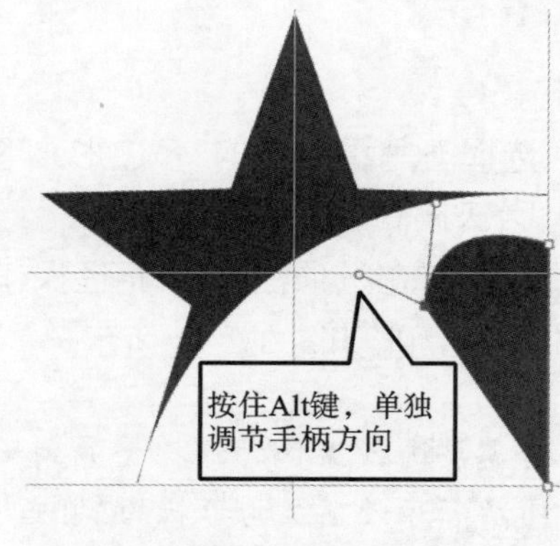

图 3-2-15　单独调节手柄

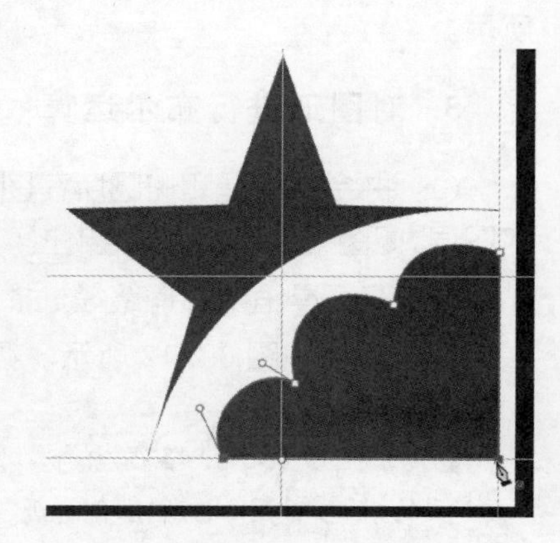

图 3-2-16　闭合路径

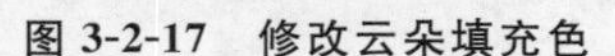

图 3-2-17 修改云朵填充色

图 3-2-18 完成效果

任务二　制作封面封底

一、任务描述

封面的颜色主要采用蓝色，用渐变的矩形条来装饰封面封底，使之不单调；封面上主标题的字体采用方正汉真广标简体，广标字体看起来较粗，让人一目了然，副标题采用华文行楷字体，行楷字体看起来比广标字体略细一点，虽没有主标题那么显眼，但衬托着主标题不那么单调；封面标题后面用一道亮光来点亮主题。

二、预备知识

1. 线下平面作品的规格尺寸

1）名片的规格尺寸

名片通常分为横版和竖版两类。其中横版标准尺寸为 90 mm×54 mm、90 mm×50 mm、90 mm×45 mm；竖版标准尺寸为 50 mm×90 mm、45 mm×90 mm。

2）直邮广告(DM)的规格尺寸

DM 是英文 direct mail 的缩写，直译为直接邮寄广告，通常由 8 开或 16 开广告纸正反面彩色印刷而成。DM 一般采取邮寄、定点派发、选择性派送的形式直接传送到消费者手中，是超市、卖场、厂家、地产商等最常采用的促销方式。

DM 的常见形式主要包括广告单页和集纳型广告宣传画册两种。其中，广告单页如商场超市散布的传单、折页，肯德基、麦当劳的优惠券等。集纳型广告宣传画册的页数在 8 页至 200 页不等。

开本指的就是版面的大小，以全张纸为计算单位，全张纸裁切和折叠多少小张就称多少开本。通常会用几何开切法裁切纸张，它是以 2,4,8,16,32,…来开切的，如图 3-2-19 所示。

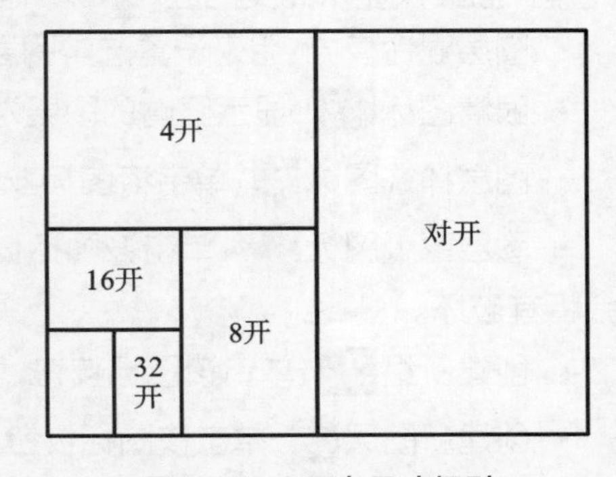

图 3-2-19　开本尺寸规则

标准彩色 16 开设计尺寸为 291×216 mm，而成品尺寸为 285×210 mm。这是因为设计印刷出来时需要裁切，所以设计者应在页面的上下左右各留出 3 mm 的出血。制图时印刷商为了

方便裁切，会要求设计师比规范尺寸多出几毫米，多出来的尺寸就是“出血尺寸”。通常“出血尺寸”的标准是 3 mm，在印刷完成后会被裁切掉。

2. 线下作品的装订方式

(1) 胶订：用胶粘合书芯，从出书到完成装订的印刷工艺。

(2) 平订：将配好的书页相叠后在订口一侧的边沿处用线或铁丝订牢的装订方法。

(3) 骑马订：也称“骑订”，是将封面与正文的书帖在订书机上成“骑势”套叠后，用铁丝在左右两页相连的书帖居中折缝处穿过，将封面连同正文书帖一起订牢。

(4) 锁线订：一种用线将配好的书册按顺序逐页排列，并在最后一折缝上将书册订联锁紧的装订方法。

3. “图层”面板

“图层”面板用于创建、编辑和管理图层，面板中包含了所有的图层、组和图层效果，如图 3-2-20 所示。

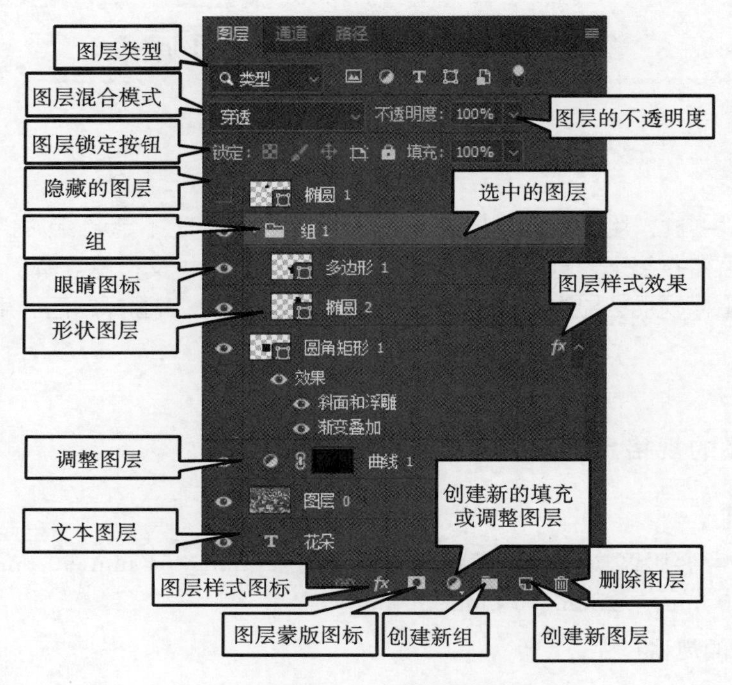

图 3-2-20 “图层”面板

- 图层类型：通过该下拉面板可选择一种图层类型，如名称、效果、模式、属性、颜色，通过类型的筛选，使“图层”面板只显示此类图层，隐藏其他类型的图层。
- 图层混合模式：用来设置选中图层与下面图像产生混合的模式，默认为“正常”模式。
- 眼睛图标：显示眼睛的图层为可见图层，单击眼睛图标即可隐藏图层。
- 图层样式图标 fx：单击该图标按钮，在打开的下拉列表中选择一个图层效果，进行图层样式的添加。
- 图层蒙版图标：单击该图标按钮，可为当前图层或组添加图层蒙版。图层蒙版用于遮盖图像，但不会将其破坏。
- 创建新组：单击该图标按钮，可以创建一个新的图层组。
- 创建新图层：单击该图标按钮，可以创建一个新的普通图层。
- 删除图层：单击该按钮，可以删除选中的图层或图层组。
- 图层不透明度：用于设置当前图层的不透明度(范围为 0%～100%)，使当前图层呈现透明状态，以显示下面图层的图像内容。

• 填充不透明度：用于设置当前图层填充的不透明度（范围为 0%～100%），该按钮与图层不透明度类似，但不会影响图层效果。

4. 图层的概念和分类

1）“背景”图层

当创建一个新的不透明图像文档时，会自动生成“背景”图层。默认情况下，“背景”图层位于所有图层之下，为锁定状态，不可调节图层顺序和设置图层样式。双击“背景”图层时，可将其转换为普通图层。

2）普通图层

用户可以通过现有图层或者创建新图层来得到普通图层。在普通图层中可以进行任何与图层相关的操作。

3）文字图层

使用文字工具可以创建文字图层，文字图层不可直接运用滤镜效果。

4）形状图层

使用形状工具或钢笔工具可以创建形状图层。

5）图层组

图层组类似于 Windows 的文件夹，用来管理图层，便于进行分类、查找和编辑的操作。单击组左边的三角图标，可以折叠或重新展开图层组。如果要将多个图层创建在一个图层组内，可以同时选中这些图层，执行“图层→图层编组”（或按【Ctrl＋G】组合键）命令即可。图层组可以像普通图层一样，调整排列顺序、复制、链接、对齐和分布、建立蒙版和添加图层样式。

5. 图层的基本操作

1）创建普通图层

用户在创建和编辑图像时，新建的图层都是普通图层。常用的创建方法有以下两种：

• 单击“图层”面板底部的“创建新图层”按钮，可创建一个普通图层。

• 按下快捷键【Ctrl＋Shift＋Alt＋N】可在当前图层的上方创建一个新图层。

2）删除图层

为了尽可能地减小图像文件的大小，对于一些不需要的图层可以将其删除，具体方法如下：

• 选择需要删除的图层，将其拖动到“图层”面板下方的“删除图层”按钮上，即可完成图层的删除。

• 按【Delete】键可删除被选择的图层。

3）选择图层

制作图像时，如果想要对图层进行编辑，就必须选择相应的图层。在 Photoshop CC 中，选择图层的方法有多种。

• 选择一个图层：在“图层”面板中单击需要选择的图层。

• 选择多个连续图层：单击第一个图层，然后按住【Shift】键的同时单击最后一个图层。

• 选择多个不连续图层：按住【Ctrl】键的同时依次单击需要选择的图层。

• 取消某个被选择的图层：按住【Ctrl】键的同时单击已经选择的图层。

• 取消所有被选择的图层：在“图层”面板最下方的空白处单击或单击其他未被选择的图层，即可取消所有被选择的图层。

三、任务实现

1. 新建文档，设置好参考线

新建文档“宣传册封面封底. psd”，宽 426 毫米，高 300 毫米，分辨率 300 像素/英寸，新建的文稿如图3-2-21所示。分别在水平方向 3 毫米、297 毫米，垂直方向 3 毫米、420 毫米、213 毫米处新建五条参考线。

2. 新建封面的绿色背景

单击“图层”面板下的新建图层按钮，双击图层的名称，输入新图层的名称“绿色背景”，如图 3-2-22 所示。设置“前景色”为(RGB:172,220,229)，按下【Alt+Delete】快捷键，填充绿色背景。

图 3-2-21 新建文档

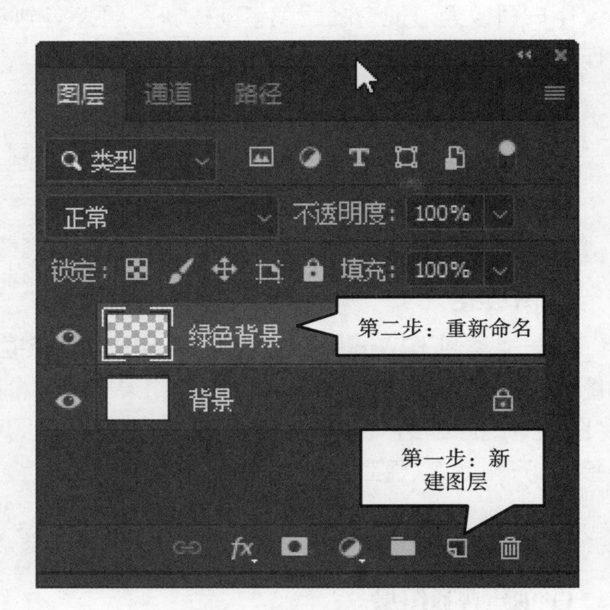

图 3-2-22 新建图层

3. 在背景上添加渐变条纹

(1) 绘制横向的白黄渐变矩形。在封面靠左侧中间位置绘制一个白色(RGB:255,255,255)到黄色(RGB:242,212,61)渐变的矩形。矩形的宽为 730 像素，高为 150 像素。绘制时矩形工具的选项栏如图3-2-23所示。矩形的渐变方向为 90，单击选项栏中填充的渐变色，修改渐变方向为 0，渐变色从左侧过渡到右侧，如图 3-2-24 所示。

图 3-2-23 白黄渐变矩形选项设置

重新命名该图层为“白黄渐变矩形”，并将图层的不透明度改为 58%，如图 3-2-25 所示。

(2) 在白黄渐变矩形的上面绘制一个竖向的渐变矩形，矩形的宽为 150 像素，高为 1930 像素。矩形的渐变色是白色(RGB:255,255,255)到蓝色(RGB:41,159,163)。渐变的角度是−90。重命名该图层为“白蓝渐变矩形上”，将该图层的不透明度改为 58%。

(3) 在白黄渐变矩形的下面绘制一个竖向的渐变矩形，矩形的宽为 150 像素，高为 1930 像素。矩形的渐变色是白色(RGB:255,255,255)到蓝色(RGB:41,159,163)。渐变的角度是−90。重命名该图层为“白蓝渐变矩形下”，将该图层的不透明度改为 58%。

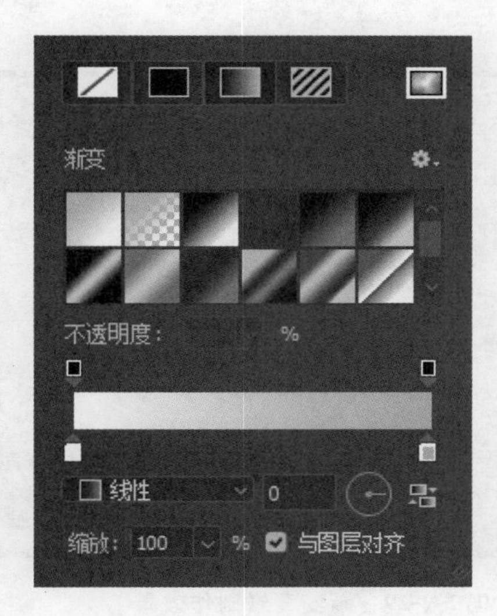

图 3-2-24　渐变角度为 0

图 3-2-25　修改白黄渐变矩形的名称和不透明度

(4) 用工具箱中的矩形选择工具，在封底的左上部绘制一个矩形，新建图层，用渐变填充工具填充选区，如图 3-2-26 所示。将前景色设置为较深的蓝色(RGB:39,159,163)，背景色设置为较浅的蓝色(RGB:167,217,227)，渐变条模式默认从前景色到背景色渐变，单击渐变色条，会弹出"渐变编辑器"对话框，如图 3-2-27 所示。

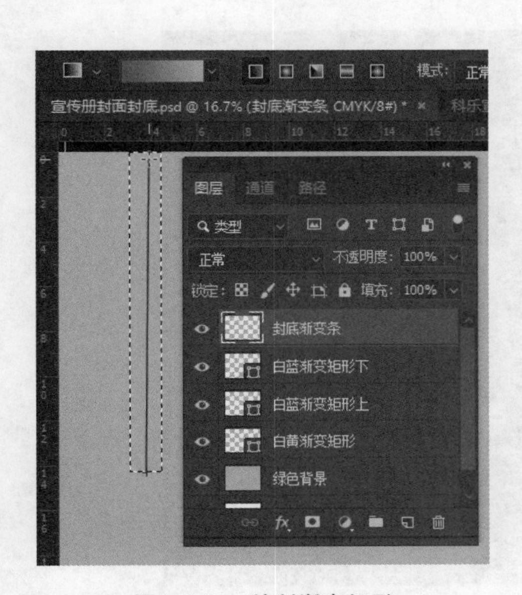

图 3-2-26　绘制渐变矩形

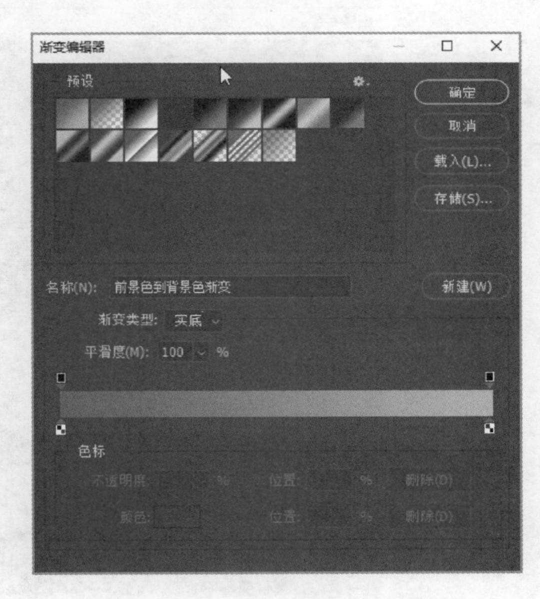

图 3-2-27　"渐变编辑器"对话框

(5) 按下【Ctrl+D】快捷键，取消矩形选区，选中图层"封底渐变条"，按下【Ctrl+J】快捷键，复制图层。按下【Ctrl+T】快捷键，对刚复制的图层进行自由变换，在变换区域单击右键，在出现的快捷菜单中选择"垂直翻转"，如图 3-2-28 所示。按【回车】键，完成自由变换。将复制的渐变条移动到左下方，完成封底渐变条的制作，如图 3-2-29 所示。

4. 给封面封底加入图片

(1) 打开素材图片，复制到文件。单击"文件→打开"菜单，在弹出的"打开"对话框中，选择素材中的"封面素材 1.jpg"。按下【Ctrl+A】快捷键，全选图片，按下【Ctrl+C】快捷键，复制图片。返回"宣传册封面封底.psd"文件，按下【Ctrl+V】快捷键，粘贴图片，生成新图层"图层 1"。

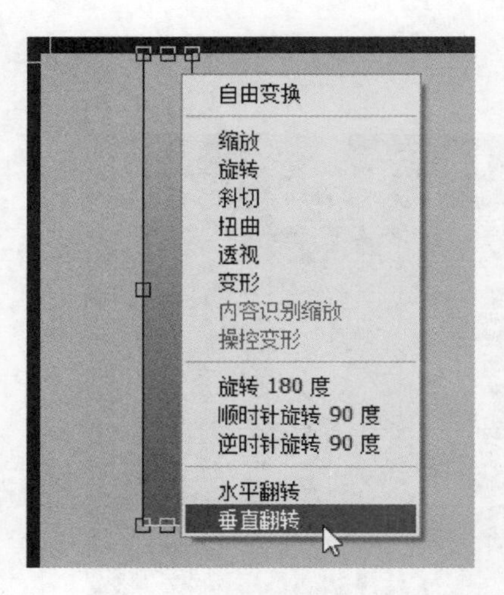

图 3-2-28　设置垂直翻转

图 3-2-29　渐变背景制作效果

（2）添加图层样式。单击“图层”面板下方的“添加图层样式”按钮 fx，在弹出的菜单中选择“斜面和浮雕”，弹出“图层样式”对话框。在右侧的具体参数设置中，将大小改为 20 像素，将阴影的角度改为 120 度，如图 3-2-30 所示。在左侧的样式中单击“投影”项，继续给“图层 1”设置投影样式，投影距离为 20 像素，大小为 6 像素，如图 3-2-31 所示。

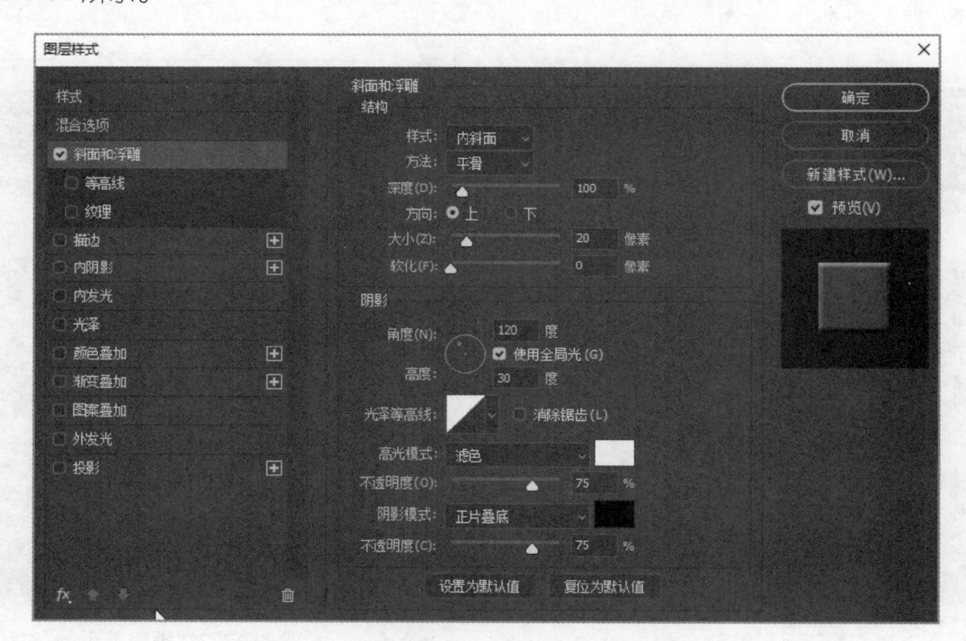

图 3-2-30　修改斜面和浮雕参数

（3）复制图层样式。单击“文件→打开”菜单，在弹出的“打开”对话框中，选择“封面素材 2.jpg”。按下【Ctrl＋A】快捷键，全选图片，按下【Ctrl＋C】快捷键，复制图片。返回“宣传册封面封底.psd”文件，按下【Ctrl＋V】快捷键，粘贴图片，生成新图层“图层 2”。在“图层”面板的“图层 1”上单击右键，在弹出的菜单中选择“拷贝图层样式”，如图 3-2-32 所示。在“图层 2”上单击右键，在弹出的菜单中选择“粘贴图层样式”，如图 3-2-33 所示。

（4）按住鼠标左键，将“图层 1”移动到“白黄渐变矩形”图层的下方；按住鼠标左键，将“图层 2”移动到“白蓝渐变矩形上”图层的下方，如图 3-2-34 所示。

（5）添加图层蒙版。单击“文件→打开”菜单，在弹出的“打开”对话框中，选择“封面素材 3.jpg”。按下

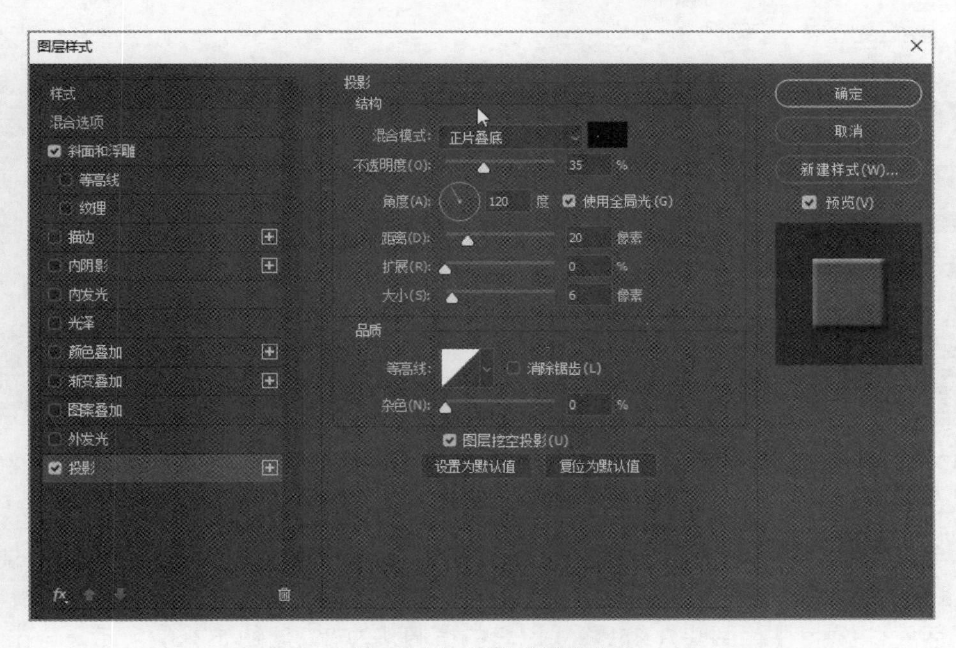

图 3-2-31 修改投影参数

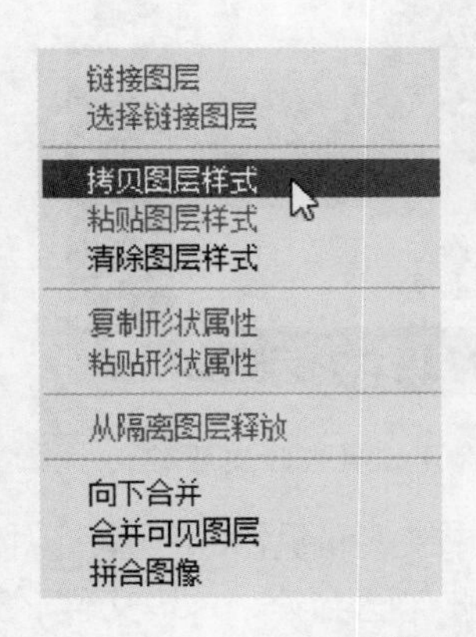

图 3-2-32 拷贝图层样式

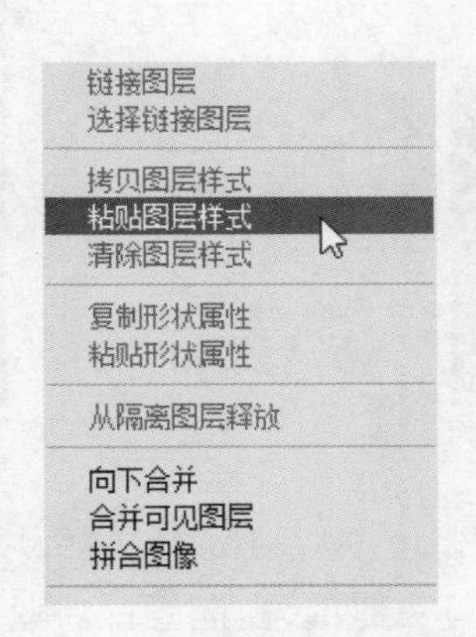

图 3-2-33 粘贴图层样式

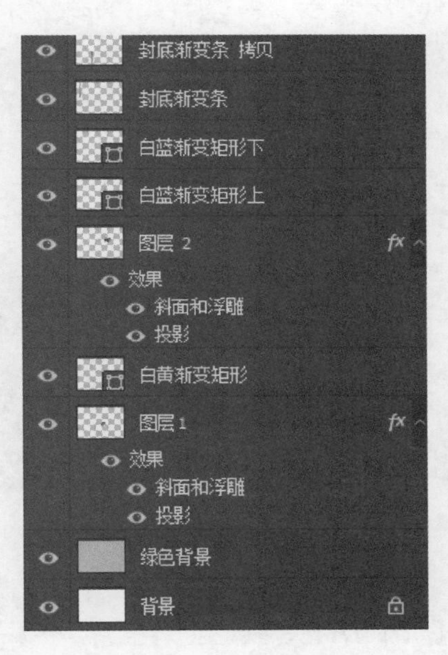

图 3-2-34 移动图层的顺序

【Ctrl＋A】快捷键，全选图片，按下【Ctrl＋C】快捷键，复制图片。返回“宣传册封面封底. psd”文件，按下【Ctrl＋V】快捷键，粘贴图片，生成新图层“图层 3”。单击“图层”面板下方的“添加图层蒙版”按钮，给“图层 3”添加图层蒙版，“图层 3”缩览图的右边将显示图层蒙版的缩览图，如图 3-2-35 所示。

【温馨提示】

• 图层蒙版是一个二维图像，它的特点可以总结为“弃暗投明”，黑色部分完全不显示，白色部分完全显示，灰色部分部分显示。新建的图层蒙版缩览图默认是白色，说明该图层的所有内容都是可见的。

• 按住【Alt】键的同时单击图层蒙版缩览图，可以在文档窗口看到图层蒙版的效果。

(6) 修改图层蒙版。选中图层蒙版缩览图，用黑色的柔边缘画笔，涂抹图像的顶部和右侧，使图像的顶部和右侧部分显示，如图 3-2-36 所示。

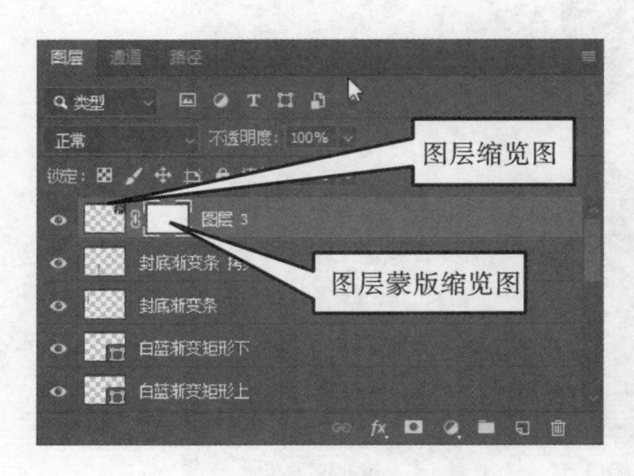

图 3-2-35　新建图层蒙版

图 3-2-36　应用图层蒙版柔化图像边缘

(7) 美化图片。单击“文件→打开”菜单，在弹出的“打开”对话框中，选择“封面素材 4. jpg”。按下【Ctrl＋A】快捷键，全选图片，按下【Ctrl＋C】快捷键，复制图片。返回“宣传册封面封底. psd”文件，按下【Ctrl＋V】快捷键，粘贴图片，生成新图层“图层 4”。该图片色调偏暗，单击“图像→调整→亮度/对比度”，弹出“亮度/对比度”对话框，将亮度的值调整为 85，将对比度的值调整为 20，如图 3-2-37 所示。单击工具箱中的污点修复画笔工具，在“图层 4”小朋友耳朵上的痣上单击，消除痣点，如图 3-2-38 所示。把图片放到封面的右上部。

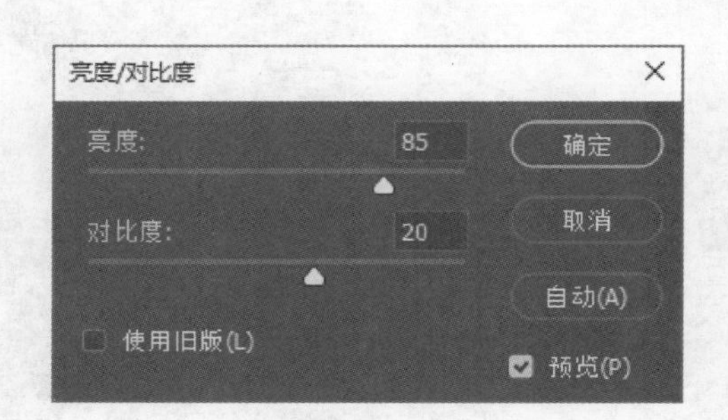

图 3-2-37　调整图片亮度和对比度

图 3-2-38　用工具去除皮肤斑点

(8) 插入封底照片。单击“文件→打开”菜单，在弹出的“打开”对话框中，选择“欢迎机器人. png”。按下【Ctrl＋A】快捷键，全选图片，按下【Ctrl＋C】快捷键，复制图片。返回“宣传册封面封底. psd”文件，按下【Ctrl＋V】快捷键，粘贴图片，会在选中图层的上方，生成新图层“图层 5”。

5. 群组图层

单击“图层 5”，按住【Shift】键，再单击“图层 1”，可以连续地选择从“图层 5”到“图层 1”之间的所有图层，如图 3-2-39 所示。按下【Ctrl＋G】快捷键，可以将选中的图层合并到一个文件夹“组 1”里。在“组 1”的名字上双击左键，激活组名，输入新组名“封面图片”。

【温馨提示】

- 按住【Ctrl】键在不连续的图层上单击，可以选择不连续的图层。
- 除了用快捷键合并选中的图层，也可单击面板右上方的“面板菜单”按钮，弹出相关菜单，完成操作。

6. 给封面封底加上文字

(1) 在封面的左上部插入 Logo 标识。单击“文件→打开”菜单,在弹出的“打开”对话框中,选择“新星 Logo. png”。按下【Ctrl+A】快捷键,全选图片,按下【Ctrl+C】快捷键,复制图片。返回“宣传册封面封底. psd”文件,按下【Ctrl+V】快捷键,粘贴图片,会在选中图层的上方,生成新图层“图层6”。

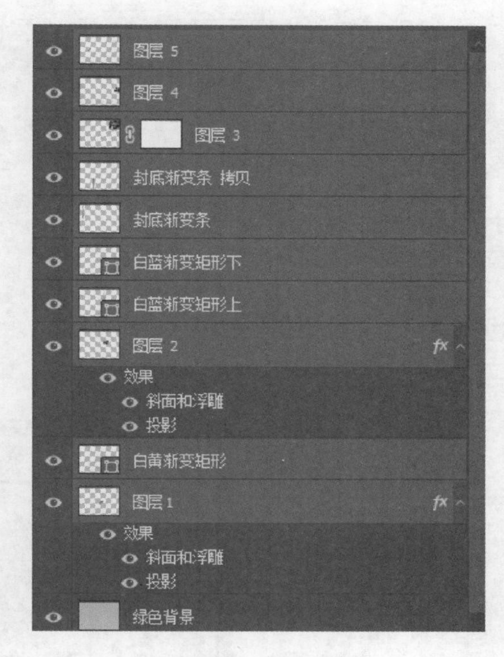

图 3-2-39 选择图层

(2) 在 Logo 标识的右侧输入两行文字。单击工具箱中的横排文字工具 T,在其选项栏中设置字体为“方正姚体”,字体大小 18 点,在 Logo 标识的右侧单击,输入“新星教育培训”,按【Ctrl+回车】键或在选项栏中单击“√”确认,如图 3-2-40所示。

(3) 选中输入的文字,按下【Alt+→】快捷键可以增大字符的间距,按下【Alt+←】快捷键可以减小字符的间距。单击工具箱中的横排文字工具 T,在其选项栏中设置字体为“Time New Roman”,字体大小 22 点,输入“NEW STAR”。

图 3-2-40 文字工具选项栏

(4) 在 Logo 标识的下方输入一行文字。单击工具箱中的横排文字工具 T,在其选项栏中设置字体为“华文新魏”,字体大小 16 点,在 Logo 标识和文字的下方单击,输入“为了孩子更出色”。

(5) 绘制直线。单击工具箱中的直线工具 ,在选项栏中设置填充色为“黑色”,粗细为 1 像素,如图 3-2-41 所示。在“为了孩子更出色”文本的左右两侧绘制直线,绘制直线时按住【Shift】键,可以绘制水平、垂直或 45 度角倍数反向的直线,最后绘制效果,如图 3-2-42 所示。

图 3-2-41 直线工具选项栏

图 3-2-42 在 Logo 周围添加文字

【温馨提示】姚体是由 20 世纪 50 年代《解放日报》的高级技工姚志良先生设计的。这款字体一面世就好评如潮,至今经久不衰。姚体的横竖笔画呈黑体形态,简洁有力,斜笔画则是在宋体笔形的基础上变化而来。整体字形瘦长,端庄隽秀,尤其在钩笔画末端呈鹅头形,具有鲜明的“美术字”风格。方正姚体是数字化后的电脑字体,字身瘦长,原始字距较大,有着明显的时代特征。

(6) 输入宣传册主标题和副标题，力求醒目、一目了然。单击工具箱中的横排文字工具 T，在选项栏中设置字体为方正汉真广标简体，字体大小 48 点，在封面中间位置单击，输入主标题"新星教育培训"。继续用横排文字工具 T，在主标题的下方输入副标题，内容为"中国校外教育培训领导品牌"，修改字体为华文行楷，字体大小 30 点。

7. 标题后增加亮光

单击图层"绿色背景"，选中该图层，单击"滤镜→渲染→镜头光晕"菜单项，弹出"镜头光晕"对话框，给"绿色背景"图层添加亮光，如图 3-2-43 所示。

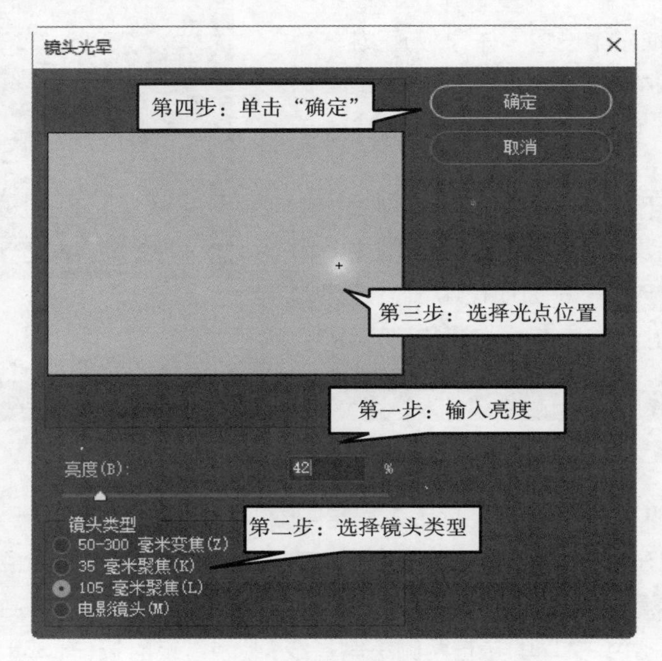

图 3-2-43　设置镜头光晕滤镜

8. 给封底加上文字

(1) 选择"亮光"图层，单击工具箱中的横排文字工具 T，在封底的机器人图形下单击，输入文本"新星欢迎您"。

(2) 在选项栏中修改字体为"黑体"，字体大小 24 点，字体颜色为蓝色(RGB:15,132,199)。

(3) 单击选项栏中的"创建文字变形"按钮 ，弹出"变形文字"对话框，设置样式为"拱形"样式，弯曲为 −43%，垂直扭曲为 +8%，具体参数设置如图 3-2-44 所示。变形后的文字效果如图 3-2-45 所示。

9. 给封底加上二维码和网址

(1) 打开素材"二维码. png"，选择移动工具 ，将其拖至"宣传册封面封底. psd"画布中，移到图3-2-46 所示的位置，得到"图层 7"。

(2) 单击工具箱中的横排文字工具 T，在选项栏中设置字体为"黑体"，字体大小为 20 点，在二维码图片下方输入"官网:WWW. NEWSTARS. COM"，按【Ctrl＋回车】键或在选项栏中单击"√"确认，最终完成效果，如图 3-2-47 所示。

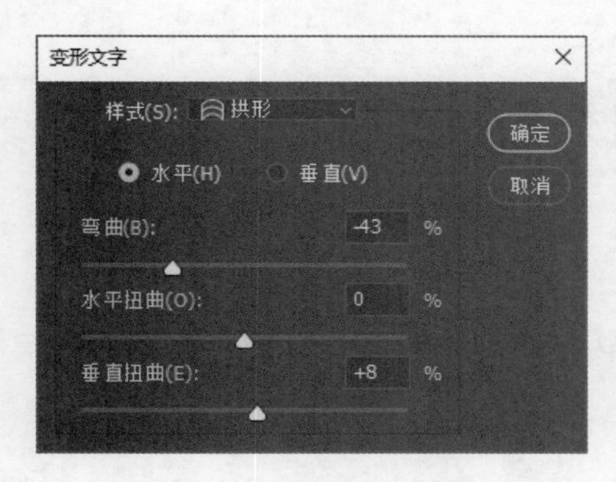

图 3-2-44 “变形文字”对话框

图 3-2-45 文字变形效果

图 3-2-46 移动二维码

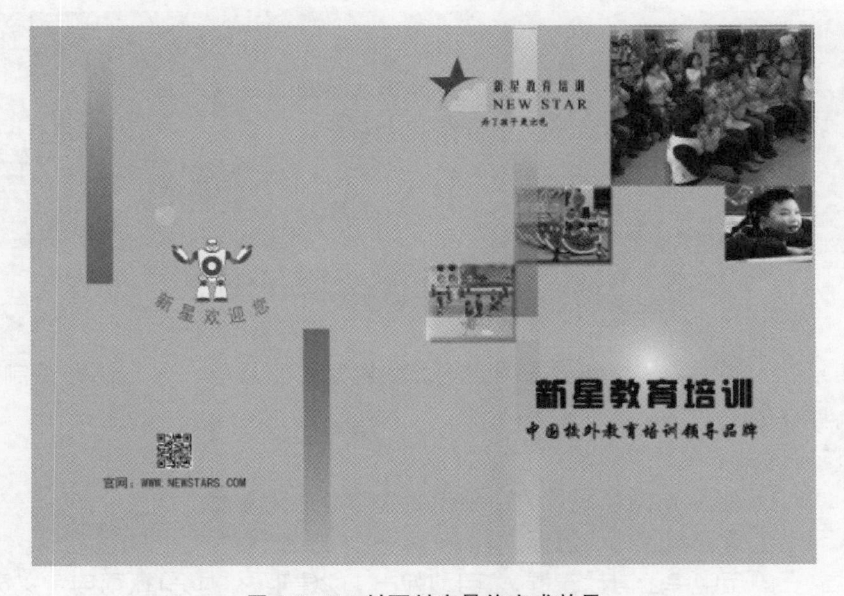

图 3-2-47 封面封底最终完成效果

任务三　图片组效果制作

一、任务描述

宣传单中的图片往往一个主题对应一组图片，图片简单地罗列出来效果不尽如人意，可以采用多种框架，实现图片的特殊展示，更好地突出宣传单主题。

二、预备知识

1. 移动工具

移动工具(快捷键【V】)主要用于实现图像的选择、移动等基本操作，是用于调整图像位置的重要工具。选中目标图层后，选择移动工具，按住鼠标左键不放在画布上拖动，即可将该图层移动到画布中的任何位置。

使用移动工具时，有一些实用的小技巧，具体如下：

- 按住【Shift】键的同时拖动，可使图像沿水平、竖直或45°的方向移动。
- 按住【Alt】键的同时移动图像，可对图像所在的图层进行移动复制。
- 按住【Ctrl】键不放，在画布中单击某个图像，可快速选中该图像所在的图层。在编辑复杂的图像时，经常用此方法快速选择图像所在的图层。

选择移动工具后，可通过其选项栏中的对齐选项及分布选项，快速对多个选中的图层执行对齐或分布操作，如图3-2-48所示。

图 3-2-48　对齐与分布选项

【温馨提示】

- 若想选择图层中的部分进行移动操作，可先建立选区再使用移动工具。
- 在“背景”图层建立选区并移动，选区将被背景色自动填充。
- 使用移动工具时，每按一下键盘上的方向键→、←、↑、↓，便可以将对象移动1像素的距离；如果按住【Shift】键，再按方向键，则图像每次可以移动10像素的距离。

2. 矩形工具

矩形工具是形状工具组中最基础的工具之一。使用矩形工具可以很方便地绘制矩形或正方形，有一些实用的小技巧，具体如下：

按住【Shift】键的同时拖动鼠标，可创建一个正方形。

按住【Alt】键的同时拖动鼠标，可创建一个以单击点为中心的矩形。

按住【Shift+Alt】组合键的同时拖动鼠标，可以创建一个以单击点为中心的正方形。

选中矩形工具后，在画布中单击鼠标左键，会自动弹出“创建矩形”对话框，可自定义宽度和高度的具体数值。

矩形工具选项栏中一些常用选项的讲解如下：

形状 ：单击“形状”右侧的按钮，会弹出一个下拉列表，其中包含形状、路径和像素 3 个选项，如图 3-2-49 所示。

填充： ：单击该图标，在弹出的下拉面板中，可以设置填充颜色。其中，下拉面板顶部的按钮可分别将所绘制的形状设置为无颜色、纯色、渐变、图案的状态，如图 3-2-50 所示。

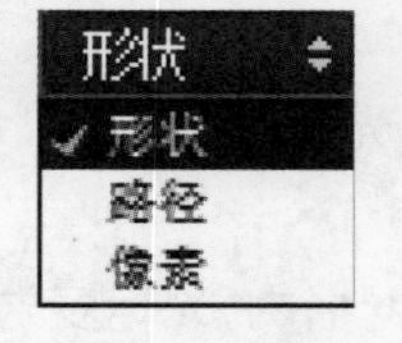

图 3-2-49 绘制模式

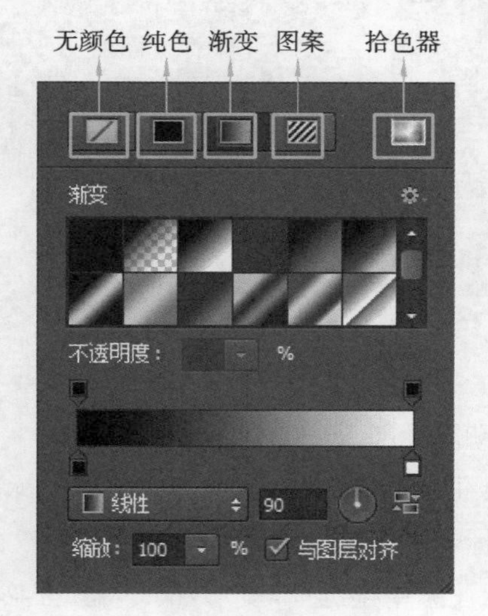

图 3-2-50 填充下拉面板

描边： ：单击该图标，在弹出的下拉面板中，可以设置描边颜色，具体选项和设置与填充面板类似。

3点 ：用于设置描边的宽度。

：单击该图标，在弹出的下拉面板中可以设置描边样式、端点及角点的类型。其中利用“更多选项”按钮，可以更详细地设置虚线并可储存预设。

W: ：用于设置矩形的宽度或椭圆的水平直径。

：保持长宽比，启用此按钮，可按当前形状的比例进行缩放。

H: ：用于设置矩形的高度或椭圆的垂直直径。

：路径操作选择按钮，单击该按钮，弹出路径的布尔运算下拉列表，可进行路径的布尔运算操作。

：单击该按钮，弹出路径对齐方式列表。

：单击该按钮，弹出路径排列方式列表。

3. 自由变换的基本操作

“自由变换”是集合了移动、旋转、缩放、扭曲、变形、翻转等一系列变换的命令。选中需要变换的图层对象，执行“编辑→自由变换”命令（或按【Ctrl＋T】组合键），图层对象的四周会出现带有角点的框（一般称之为“定界框”），如图 3-2-51 所示。

在定界框上右击，弹出自由变换菜单列表，如图 3-2-52 所示。通过列表可以看出，自由变换十分强大。除了“缩放”“旋转”等基本功能以外，还可以对图像进行“斜切”“扭曲”“透视”与“变形”等操作。一般情况下，称“缩放”与“旋转”为变换操作，称“斜切”“扭曲”“透视”与“变形”为变形操作。

斜切：按【Ctrl＋T】组合键调出图像定界框并右击，在弹出的菜单中选择“斜切”命令，将鼠标指针置于定界框外侧，光标会变为 或 状，按住左键不放并拖动鼠标可以沿水平或垂直方向斜切对象。

扭曲：在菜单中选择“扭曲”命令，将鼠标指针放在定界框的角点或边点上，光标会变为 状，按住左键

图 3-2-51　定界框角点与边点

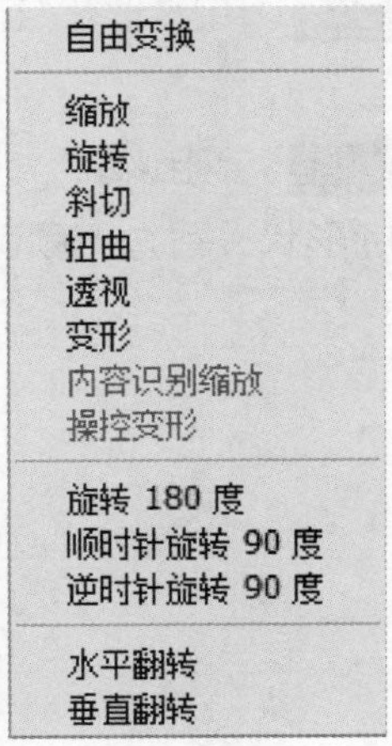

自由变换

缩放
旋转
斜切
扭曲
透视
变形
内容识别缩放
操控变形

旋转 180 度
顺时针旋转 90 度
逆时针旋转 90 度

水平翻转
垂直翻转

图 3-2-52　自由变换菜单列表

不放并拖动鼠标可以扭曲对象。

透视：在菜单中选择“透视”命令，将光标放在定界框的角点或边点上，光标会变为▷状，按住左键不放并拖动鼠标可进行透视变换。

变形：在菜单中选择“变形”命令，画面中将显示网格，将鼠标指针放在网格内，光标变为▷状，拖动控制杆或网格可进行变形变换。

除了变换操作和变形操作以外，在自由变换菜单列表中还提供了“水平翻转”和“垂直翻转”命令。这两个命令常用于制作镜像和倒影效果。

当执行“自由变换”命令时，选项栏会切换到该命令的选项设置，如图 3-2-53 所示。

X: 327.50 像素　Y: 285.00 像素　W: 100.00%　H: 100.00%　△ 0.00 度　H: 0.00 度　V: 0.00 度　插值: 两次立方

图 3-2-53　自由变换选项设置

对其中一些常用选项的解释如下：

W: 100.00%：设置水平缩放，可按输入的百分比水平缩放图层对象。

：保持长宽比，单击此按钮，可按当前对象的比例等比缩放。

H: 100.00%：设置垂直缩放，可按输入的百分比垂直缩放图层对象。

△ 0.00 度：输入需要旋转的角度值，图层对象将按照该角度值进行旋转，可输入的数值范围为 −180.00～180.00。

：自由变换和变形模式切换的快捷按钮。

：单击此按钮，可取消变换，或按快捷键【Esc】键。

：单击此按钮，可提交变换，或按快捷键【Enter】键。

4. 椭圆工具

椭圆工具作为形状工具组的基础工具之一，常用来绘制正圆或椭圆。右击矩形工具，会弹出形状工具组，选择椭圆工具。选中椭圆工具后，按住鼠标左键在画布中拖动，即可创建一个椭圆。

使用椭圆工具创建图形时，有一些实用的小技巧，具体如下：

按住【Shift】键的同时拖动，可创建一个正圆。

按住【Alt】键的同时拖动，可创建一个以单击点为中心的椭圆。

按住【Alt＋Shift】组合键的同时拖动，可以创建一个以单击点为中心的正圆。

使用【Shift＋U】组合键可以快速切换形状工具组里的工具。

选中椭圆工具后，在画布中单击鼠标左键，会自动弹出“创建椭圆”对话框，可自定义宽度和高度的具体数值。

三、任务实现

1. 新建文档

新建文档“图片组圆形展示.psd”，宽 330 像素，高 500 像素，分辨率 300 像素/英寸，新建文档的部分参数如图 3-2-54 所示。

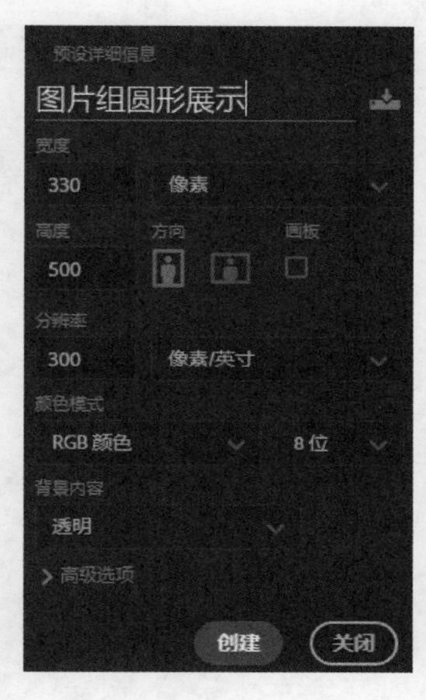

图 3-2-54 新建文档

2. 绘制正圆形

选择椭圆工具，在选项栏中设置绘制方式为形状，填充色为白色(RGB:255,255,255)，描边颜色为黄色(RGB:255,241,0)，描边粗细 5 像素，如图 3-2-55 所示。按住【Shift】键，在文档的上部绘制一个正圆形，得到“椭圆 1”图层，绘制后效果如图 3-2-56 所示。

图 3-2-55 设置椭圆工具选项栏

图 3-2-56 绘制圆形效果

3. 复制出另外四个圆形，调整填充色和描边色

(1) 按下【Ctrl＋J】快捷键可以复制当前选中的图层，得到图层“椭圆 1 拷贝”。在选项栏中修改描边颜色为淡紫色(RGB:223,19,110)。

(2) 按下【Ctrl＋T】快捷键可以对当前图层进行自由变换，在选项栏中将宽高的缩放比分别调整为 W 80%，H 80%，按【回车】键完成变换，如图 3-2-57 所示。最后调整后的效果如图 3-2-58 所示。

(3) 重复之前的操作，复制出另外的三个圆形，图层名分别为“椭圆 1 拷贝 2”“椭圆 1 拷贝 3”“椭圆 1 拷贝 4”，排列好这些圆形，效果如图 3-2-59 所示。

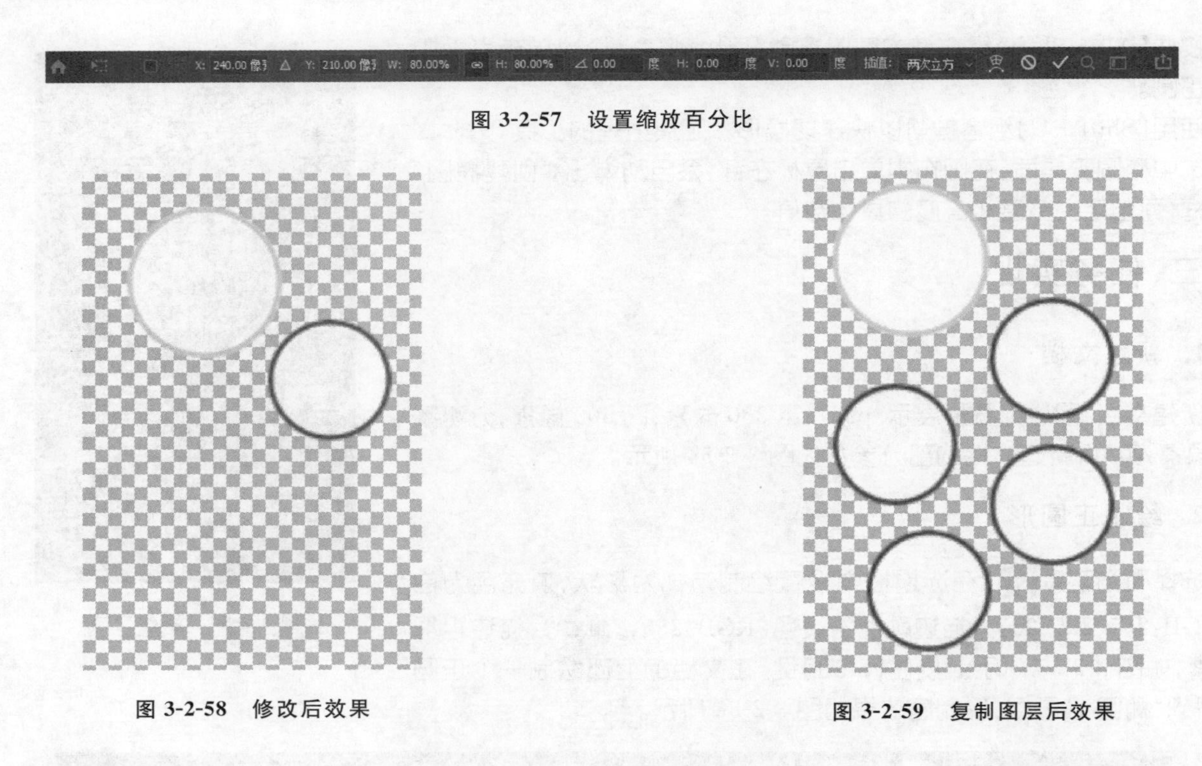

图 3-2-57　设置缩放百分比

图 3-2-58　修改后效果

图 3-2-59　复制图层后效果

4. 导入图片

打开素材“新星. png”，选择移动工具 ，将其拖至“图片组圆形展示. psd”画布中，移到图 3-2-60 所示的位置，得到“图层 1”。

5. 创建剪贴蒙版

(1) 打开素材“活动. jpg”，选择移动工具 ，将其拖至“图片组圆形展示. psd”画布中，移到从上往下数第 2 个圆的上面，得到“图层 2”，如图 3-2-61 所示。

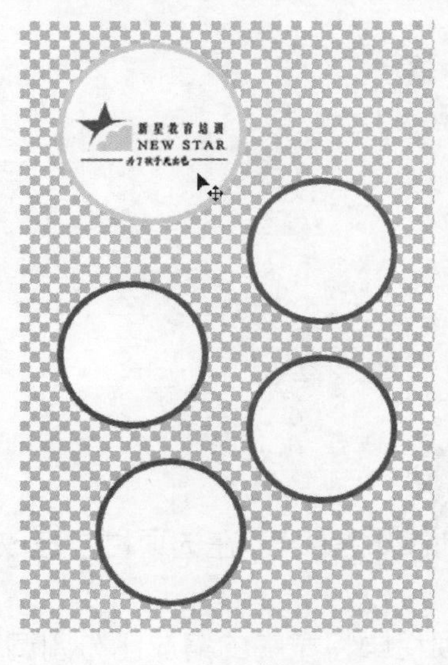

图 3-2-60　导入“新星. png”

图 3-2-61　导入“活动. jpg”

(2) 用鼠标左键点住“图层 2”，将其拖动到图层“椭圆 1 拷贝”的上方，按住【Alt】键，用鼠标左键在两图层之间单击，可以把“图层 2”创建为剪贴蒙版图层，如图 3-2-62 所示。

图 3-2-62　创建剪贴蒙版

【温馨提示】创建剪贴蒙版的另外两种方法：

- 可以通过选择菜单“图层→创建剪贴蒙版”菜单项，给选定的图层创建剪贴蒙版。
- 利用快捷键【Alt＋Ctrl＋G】。

(3) 打开素材“吃蛋挞.jpg”，选择移动工具，将其拖至“图片组圆形展示.psd”画布中，移到从上往下数第 3 个圆的上面，得到“图层 3”。将该图层移动到图层“椭圆 1 拷贝 2”的上方，给“图层 3”创建剪贴蒙版。

(4) 打开素材“学习.jpg”，选择移动工具，将其拖至“图片组圆形展示.psd”画布中，移到从上往下数第 4 个圆的上面，得到“图层 4”。将该图层移动到图层“椭圆 1 拷贝 3”的上方，给“图层 4”创建剪贴蒙版。

(5) 打开素材“获奖.jpg”，选择移动工具，将其拖至“图片组圆形展示.psd”画布中，移到从上往下数第 5 个圆的上面，得到“图层 5”。将该图层移动到图层“椭圆 1 拷贝 4”的上方，给“图层 5”创建剪贴蒙版。图层面板如图 3-2-63 所示，最后图像效果如图 3-2-64 所示。

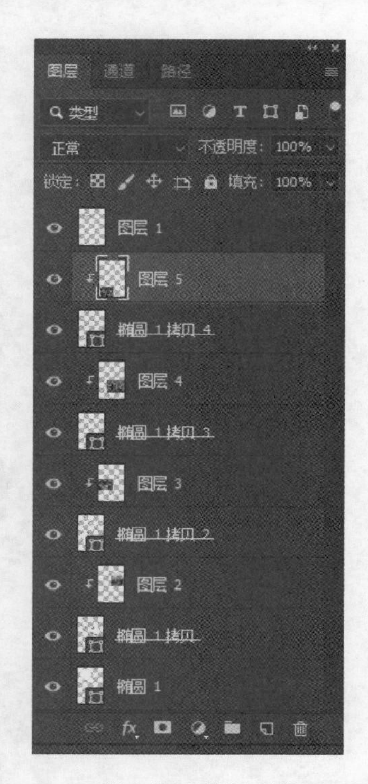

图 3-2-63　创建剪贴蒙版后的图层面板

6. 创建圆形之间的连线

选择直线工具，在选项栏中设置描边为红色(RGB:250,23,35)，粗细为“1 像素”，选项栏如图 3-2-65 所示。在两个相邻圆形之间绘制直线，最终效果如图 3-2-66 所示。

图 3-2-64　创建剪贴蒙版效果图

图 3-2-65　直线工具选项栏

图 3-2-66　最终效果

任务四　按钮元素制作

一、任务描述

按钮被频繁地应用于网页和各种软件界面中，主要用来指示和引导用户完成相应的操作。按钮图案的设计：首先用圆形工具画一个正圆，填充颜色，然后用圆形工具画一个椭圆形，使用白色到透明的径向渐变并且降低其透明度，就形成了按钮上方的高光，最后按钮下方的高光是用钢笔工具勾勒出形状，同样使用白色到透明的径向渐变并且降低其透明度形成。

二、预备知识

1. 添加图层样式

图层样式可以为图层中的图形添加诸如投影、发光、浮雕等效果，从而创建真实质感的特效。为图形添加图层样式，需要先选中这个图层，然后单击“图层”面板下方的“添加图层样式”按钮 fx 。在弹出的菜单中，选择一个效果选项。此时，将弹出“图层样式”对话框。

在“图层样式”对话框的左侧有 10 项效果可以选择，分别是斜面和浮雕、描边、内阴影、内发光、光泽、颜色叠加、渐变叠加、图案叠加、外发光和投影。单击左侧的一个效果名称，可以选中该效果，对话框的中间则会显示与之对应的样式设置。

效果名称前面复选框有标记的，表示在图层中添加了该效果。单击效果名称前方的标记，可停用该效果，但保留效果参数，如图 3-2-67 所示。

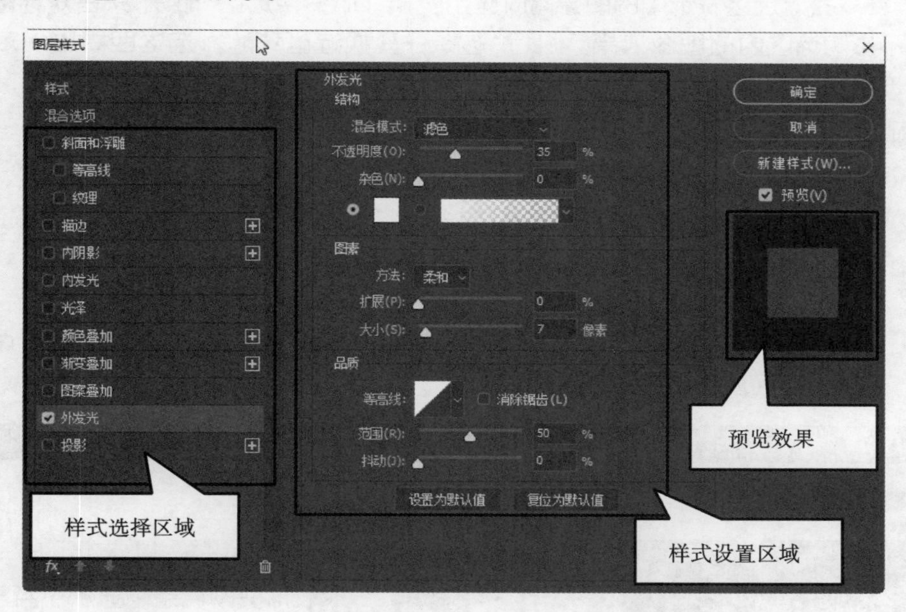

图 3-2-67　“图层样式”对话框

2. 选区的基本操作

在 Photoshop 中处理局部图像时，需要指定编辑操作的有效区域，即创建选区。如果没有创建选区，则会对整张图像进行处理。

1）全选与反选

执行“选择→全部”命令（或按【Ctrl＋A】组合键），可以选择当前文档边界内的全部图像。

如果需要复制整个图像，可以执行该命令，再按【Ctrl＋C】组合键。如果文档中包含多个图层，则可按【Ctrl＋Shift＋C】组合键（合并拷贝）。

创建选区之后，执行“选择→反向”命令（或按【Ctrl＋Shift＋I】组合键），可以反转选区。如果需要选择的对象的背景色比较简单，则可以先用魔棒工具等选择背景，再按【Ctrl＋Shift＋I】组合键反转选区，将对象选中。

2）取消选区

执行“选择→取消选择” 命令（或按【Ctrl＋D】组合键），可以取消当前选区（适用于所有选区工具创建的选区）。

3）移动选区

选区在创建时和创建后都可以进行移动，其具体方法如下：

创建选区时移动选区：使用选框工具创建选区时，在释放鼠标左键前，按住【Space】键拖动鼠标，即可移动选区。

创建选区后移动选区：创建选区后，在选项栏中“新选区”为选中状态下，使用选框、套索和魔棒工具时，只要指针在选区内，单击拖动鼠标即可移动选区，也可以按下键盘上的方向键进行移动。

4）载入选区

按住【Ctrl】键的同时，单击“图层”面板中的图层缩览图，即可将选区载入图像中。此外，执行“选择→载入选区”命令，可以弹出“载入选区”对话框，单击“确定”按钮，也可将图层载入选区。

5）变换选区

“自由变换”命令会对选区及选中的图像同时应用变换，而“变换选区”命令，只会对选区进行旋转、缩放等变换操作，而不影响选区内的图像效果。执行“选择→变换选区”命令，选区四周出现定界框，拖动控制点，即可对选区进行变换操作，其操作方法与“自由变换”类似。

6）隐藏与显示选区

在 Photoshop 的图像处理中，选区虽然很重要，但像蚂蚁爬行一样动态的形式，有时会影响对图像处理效果的判断。这时，执行“视图→显示→选区边缘”命令（或按【Ctrl＋H】组合键），即可隐藏选区。

3. 渐变工具和渐变编辑器

选择渐变工具（或按【G】键）后，需要先在其选项栏中选择一种渐变类型，并设置渐变颜色等选项，然后再来创建渐变。渐变工具选项栏如图 3-2-68 所示。

图 3-2-68　渐变工具选项栏

图 3-2-69　预设的渐变

接下来对渐变选项进行讲解，具体如下：

- ：渐变颜色条中显示了当前的渐变颜色，单击它右侧的下三角按钮，可以在打开的下拉面板中选择一个预设的渐变，如图 3-2-69 所示。 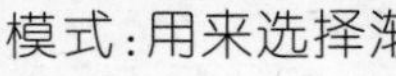
- ：用于设置渐变类型，从左到右依次为线性渐变、径向渐变、角度渐变、对称渐变和菱形渐变。
- 模式：用来选择渐变时的混合模式。

- 不透明度：用来设置渐变效果的不透明度。
- 反向：勾选此项，可转换渐变中的颜色顺序，得到反方向的渐变效果。
- 仿色：勾选此项，可以使渐变效果更加平滑。主要用于防止打印时出现条带化现象，在屏幕上不能明显地体现出作用。默认为勾选状态。
- 透明区域：勾选此项，即可启用编辑渐变时设置的透明效果，创建包含透明像素的渐变。默认为勾选状态。

除了使用系统预设的渐变选项外，用户还可以通过"渐变编辑器"自定义各种渐变效果，具体方法如下：在渐变工具选项栏中单击渐变颜色条，弹出"渐变编辑器"对话框，如图 3-2-70 所示。

- 将鼠标指针移至渐变颜色条的下方，当指针变为小手形状后单击即可增加色标。
- 如果想删除某个色标，只需将该色标拖出对话框，或单击该色标，然后单击"渐变编辑器"对话框下方的"删除"按钮即可。
- 在渐变颜色条的上方单击可以添加不透明度色标，通过"色标"栏中的"不透明度"和"位置"可以设置不透明度和不透明色标的位置。
- 拖动两个渐变色标之间的菱形中点，可以调整该色标两侧颜色的混合位置。

三、任务实现

1. 新建文档，设置好参考线

新建文档"水晶按钮.psd"，宽 500 像素，高 500 像素，分辨率 300 像素/英寸，新建文档的部分参数如图 3-2-71 所示。分别在水平方向 250 像素、垂直方向 250 像素新建两条参考线。两条参考线相交的点为文档的中心点。

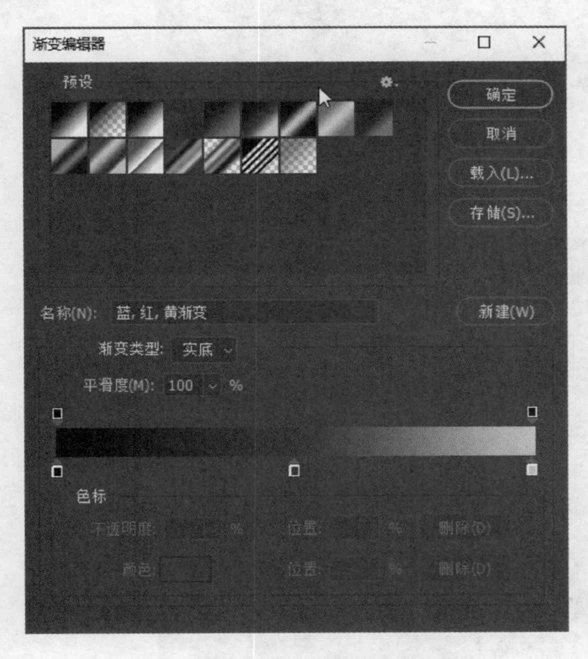

图 3-2-70 "渐变编辑器"对话框

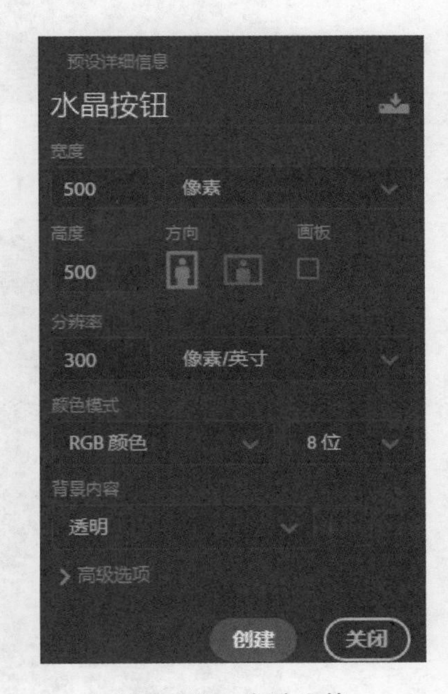

图 3-2-71 新建文档

2. 绘制圆形

选择椭圆工具，在选项栏中设置绘制模式为形状，填充为白色(RGB:255,255,255)。在中心点单击，弹出"创建椭圆"对话框，设置宽度和高度均为 360 像素，勾选"从中心"，如图 3-2-72 所示，在画布中心处绘制一个圆形。

3. 设置图层样式

(1) 在“图层”面板中双击“椭圆 1”图层，弹出“图层样式”对话框。

(2) 设置“渐变叠加”图层样式，由深红色(RGB:159,31,36)渐变至浅红色(231,31,25)，如图 3-2-73 所示。

(3) 设置“描边”图层样式，描边大小为 1 像素，描边颜色为渐变色，由深红色(RGB:159,31,36)渐变至浅红色(231,31,25)，如图 3-2-74 所示。

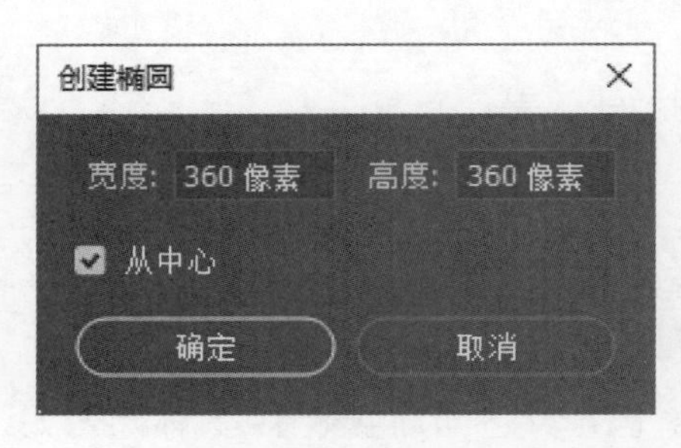

图 3-2-72 “创建椭圆”对话框

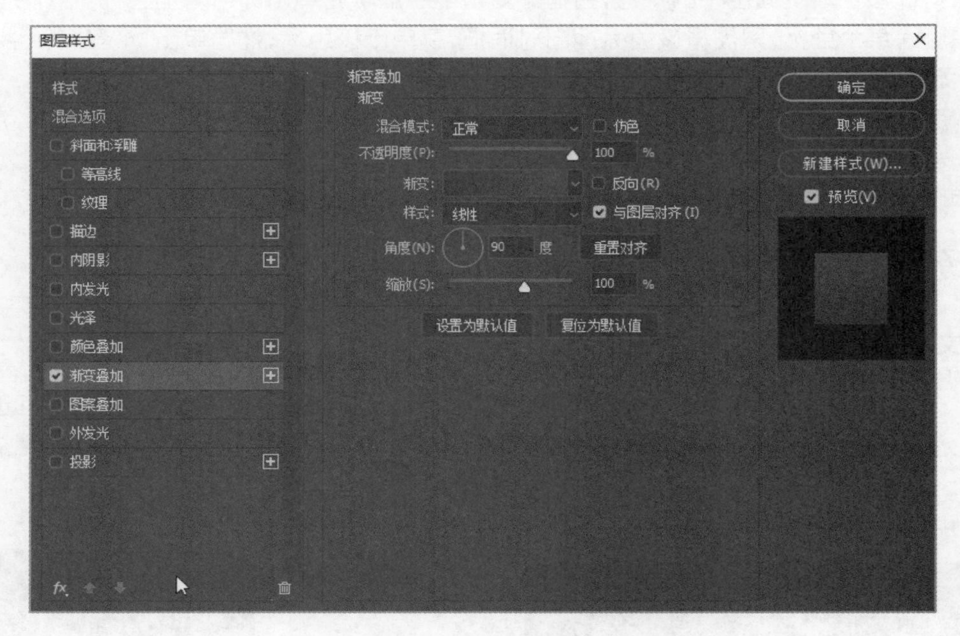

图 3-2-73 设置渐变叠加样式

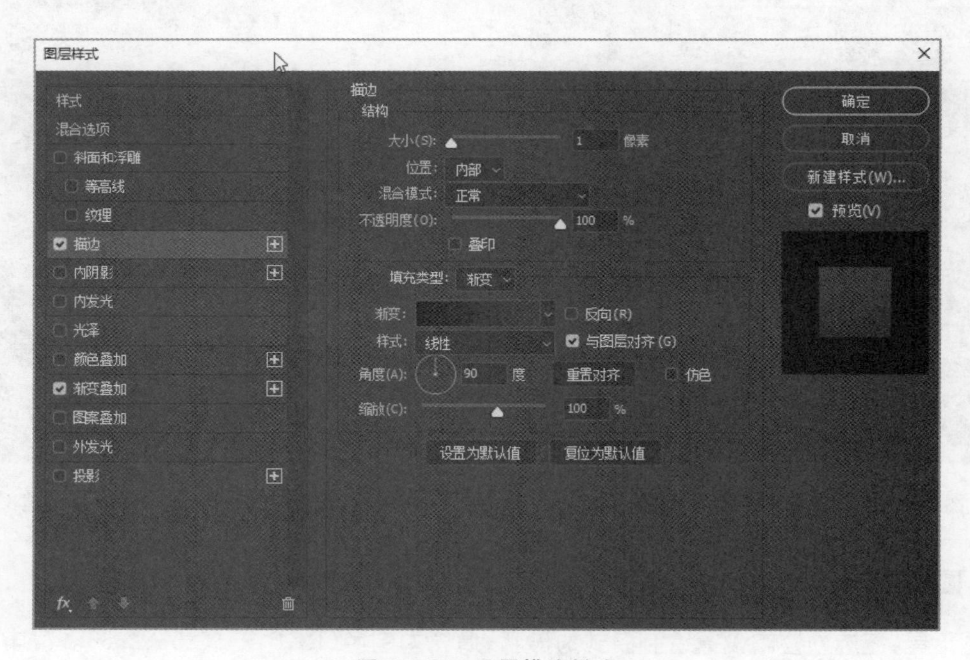

图 3-2-74 设置描边样式

(4) 设置“投影”图层样式，不透明度调整为 26%，距离为 1 像素，大小为 3 像素，如图 3-2-75 所示。

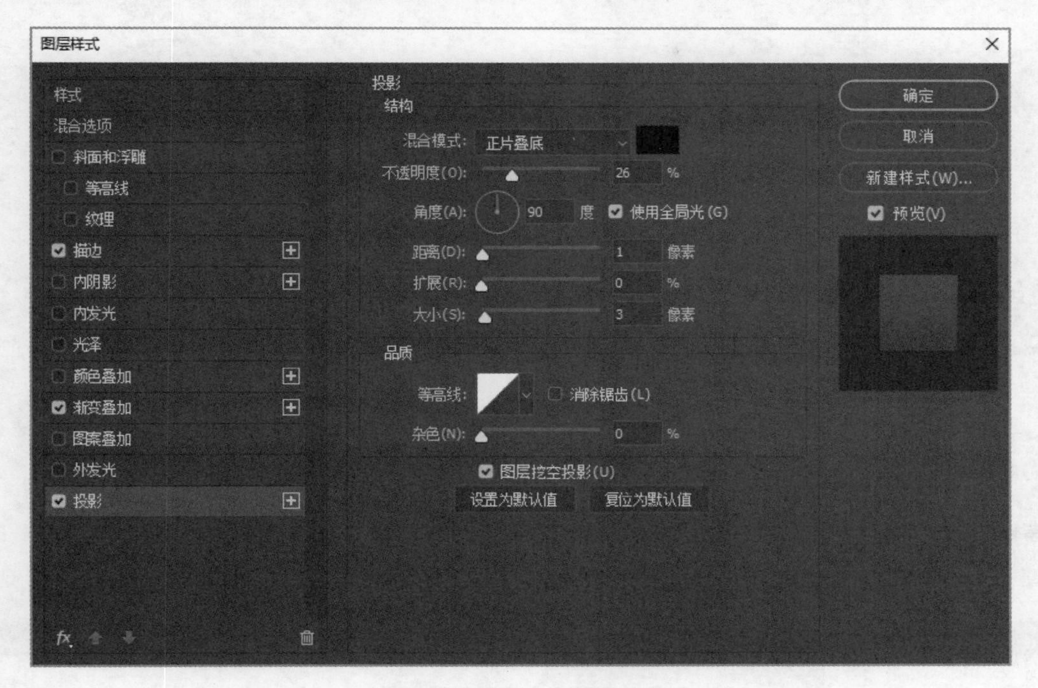

图 3-2-75　设置投影样式

4. 设置圆形按钮底部淡红色透明效果

(1) 按住【Ctrl】键，在“椭圆 1”图层的缩览图上单击，导入圆形选区。

(2) 前景色设置为红色(RGB:230,26,21)，选择渐变工具 ，选择渐变模式为“从前景色到透明渐变”，不透明度设置为 80%，如图 3-2-76 所示。

图 3-2-76　设置渐变

(3) 单击【Ctrl+Shift+Alt+N】快捷键，新建图层“图层 2”，从圆形选区底部向圆心渐变，给按钮下部添加透明效果。

5. 设置圆形按钮高光区

(1) 按下【Ctrl+Shift+Alt+N】快捷键，新建图层“图层 3”。

(2) 将前景色改为白色(RGB:255,255,255)，选择椭圆选框工具 ，在圆形按钮上部绘制一个椭圆形。

(3) 选择渐变工具 ，设置渐变模式为“从前景色到透明渐变”，不透明度设置为 80%。从椭圆形选区顶部向椭圆形底部渐变，给按钮上部添加透明效果。将“图层 3”的不透明度改为 66%。顶部高光效果，如图 3-2-77 所示。

(4) 单击椭圆选框工具 ，按下【Alt+Shift】快捷键，以中心点为圆心绘制一个正圆形选区。在椭圆形选框工具的选项栏中单击点亮“从选区中减去”按钮 ，以画布中心为圆心绘制另一个圆形选区，单击【Space】键，可以调整第二个圆形选区的位置，得到两圆形相减后的效果，如图 3-2-78 所示。

(5) 按下【Ctrl+Shift+Alt+N】快捷键，新建图层“图层 4”。按下【Alt+Delete】快捷键，用白色前景色(RGB:255,255,255)填充选区。修改“图层 4”的不透明度为 48%。按下【Ctrl+D】快捷键取消选区。

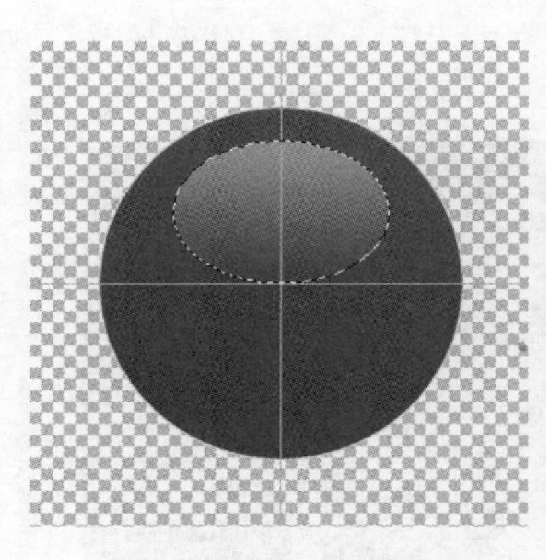

图 3-2-77　制作顶部高光

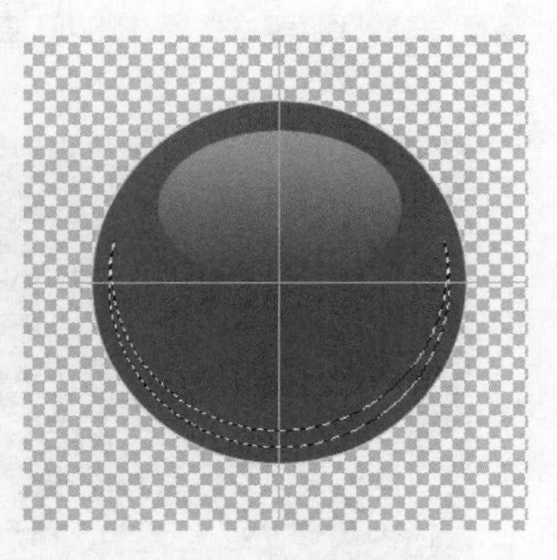

图 3-2-78　两选区相减后效果

6. 添加按钮文字

选择横排文字工具，在选项栏中设置字体为黑体，字号为 20 点，字体颜色为黑色（RGB:0,0,0），如图 3-2-79 所示。在按钮上输入文本“动手能力”。

图 3-2-79　文字工具选项栏

7. 对齐按钮文字

按住【Ctrl】键，单击图层“椭圆 1”，选中不连续的文字图层和“椭圆 1”图层，选择移动工具，在选项栏中单击“水平居中”按钮和“垂直居中”按钮，将文字放到按钮中心位置，完成水晶按钮制作，如图 3-2-80所示。

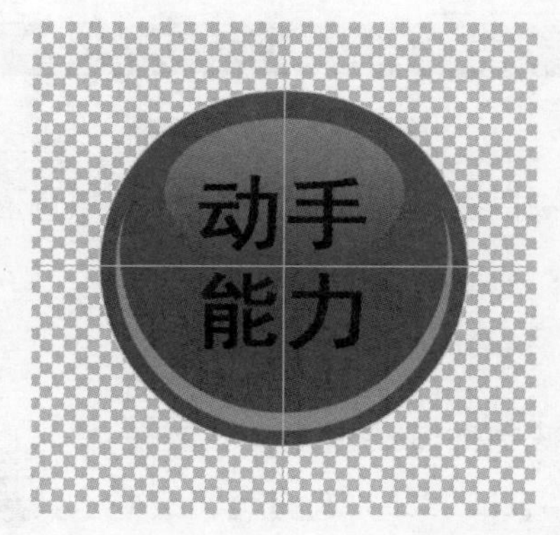

图 3-2-80　水晶按钮制作效果

任务五　内页的制作

一、任务描述

在内页不同的色块上写上不同的小标题，让阅读者一下就能知道这页主要讲的是什么内容，小标题的字体采用的是方正粗倩简体，字体填充为白色，简洁明了。宣传册中色块的设计，主要是用来填充整个版面的空白，使版面看起来不那么空，这些色块一般填充较浅的颜色，因为这些色块相当于整个版面的配角，所以浅色不会那么显眼，这样，整个版面会显得明亮又温和。

二、预备知识

1. 文字工具

文字是设计作品的重要组成部分，它不仅可以直观传递大量信息，也能起到美化版面、强化主题的作用。文字可以单独成为画面主题，也可以与图像进行搭配，还可以与图像形成同构关系，产生强大的感染力。Photoshop CC 提供了 4 种输入文字的工具，分别是横排文字工具、直排文字工具、横排文字蒙版工具和直排文字蒙版工具。

其中横排文字工具和直排文字工具用于创建点文字、段落文字和路径文字。横排文字蒙版工具和直排文字蒙版工具用于创建文字形状的选区。

选择横排文字工具创建横排文字，选择直排文字工具创建直排文字。横排文字工具选项栏如图 3-2-81 所示。在该选项栏中，可以设置文字的字体、字号及颜色等。

图 3-2-81 横排文字工具选项栏

其中，各选项说明如下：

- “切换文本取向”按钮：可将输入好的文字在水平方向和垂直方向间切换。
- “设置字体系列”宋体：单击下拉按钮，可以进行文字字体的选择。
- “设置字体大小”12点：单击下拉按钮，可选择文字字体大小，也可直接输入数值。
- “设置消除锯齿的方式”锐利：用来设置是否消除文字的锯齿边缘，以及用什么方式消除文字的锯齿边缘。
- “设置文本对齐”按钮：用来设置文字的对齐方式。
- “设置文本颜色”按钮：单击即可调出“拾色器(文本颜色)”对话框，用来设置文字的颜色。
- “创建文字变形”按钮：单击即可调出“变形文字”对话框。
- “切换字符和段落面板”按钮：单击即可隐藏或显示“字符”和“段落”面板。

【温馨提示】Photoshop CC 自带了常用的基本字体，但在实际的设计应用中，需要更多的字体来满足不同的设计需求。这时，就需要自己来安装字库。安装字库的方法如下：将准备好的字库复制到 C 盘 Windows 文件夹下的 Fonts 文件夹内，即可安装字库，重启 Photoshop CC 后即可应用字体。

2. 使用横排文字工具或直排文字工具可以在图像中输入文本

下面将通过使用横排文字工具创建点文本和段落文本来学习文字工具组的基本操作。

1) 输入点文本

选择横排文字工具，在选项栏中设置各项参数。在图像窗口中单击，会出现一个闪烁的光标。此时，进入文本编辑状态，在窗口中输入文字。单击选项栏上的“提交当前所有编辑”按钮（或按【Ctrl＋Enter】组合键），完成文字的输入。

2）输入段落文本

选择横排文字工具，在选项栏中设置各项参数。在画布上，按住鼠标左键并拖动，将创建一个定界框，其中会出现一个闪烁的光标。在定界框内输入文字。按【Ctrl+Enter】组合键，完成段落文本的创建。

三、任务实现

1. 新建文档，设置好参考线

新建文档“宣传册内页.psd”，宽 423 毫米，高 300 毫米，分辨率 300 像素/英寸。分别在水平方向 3 毫米、297 毫米，垂直方向 3 毫米、420 毫米、213 毫米处新建五条参考线。

2. 制作内页背景

（1）选择矩形工具，在封底顶部绘制一个淡紫色（RGB：250，222，234）矩形，宽为 1480 像素，高为 500 像素，得到形状图层“矩形 1”。选项栏如图 3-2-82 所示。

图 3-2-82　设置矩形大小和颜色

（2）选择“删除锚点”工具，在淡紫色矩形的左下角单击，出现提示，如图 3-2-83 所示。单击“是”按钮，将矩形改为三角形，如图 3-2-84 所示。

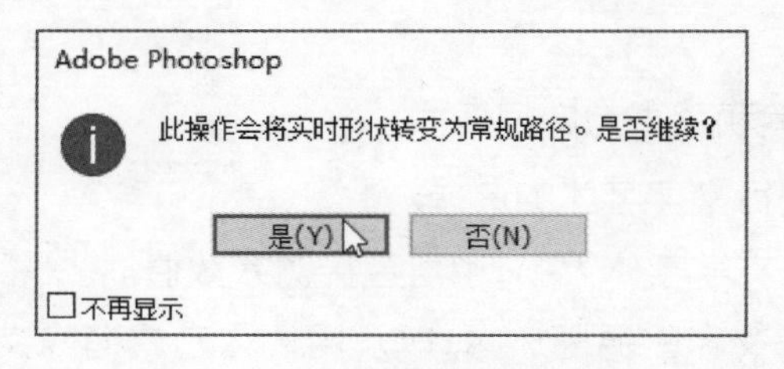

图 3-2-83　转变提示信息框

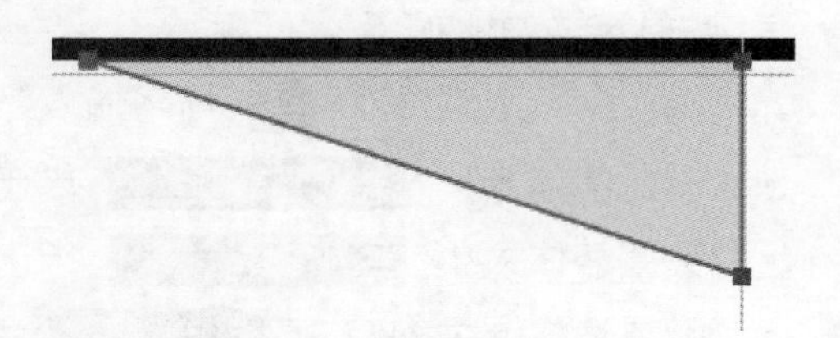

图 3-2-84　将矩形改为三角形

【温馨提示】实时形状转变为常规路径后，属性面板中将不再出现该形状的修改项。

（3）按下【Ctrl+J】快捷键，复制“矩形 1”图层，得到“矩形 1 拷贝”图层。

（4）按下【Ctrl+T】快捷键，对“矩形 1 拷贝”图层进行自由变换，在变化区单击右键，在弹出的快捷菜单中选择“水平翻转”。按住【Shift】键，用移动工具将“矩形 1 拷贝”移动至右侧内页。

（5）单击矩形工具，在选项栏中，单击“填充”颜色，弹出填充颜色面板，默认是纯色填充，如图3-2-85 所示。在面板中单击“拾色器”按钮，弹出“拾色器（填充颜色）”对话框，在“拾色器（填充颜色）”对话框中将颜色设置为淡蓝色（RGB：233，245，252），如图 3-2-86 所示。

（6）单击“文件→置入嵌入对象”菜单命令，弹出“置入嵌入的对象”对话框，置入“蓝色圆拱形.png”，如图 3-2-87 所示，得到图层“蓝色圆拱形”。将图片拖动到右侧内页下部，如图 3-2-88 所示。

【温馨提示】通过菜单置入的对象是智能图层，如果要应用擦除、滤镜操作，需要先栅格化图层。

3. 设计页眉内容

（1）选择矩形工具，在封底顶部绘制一个橙色（RGB：240，131，0）矩形，宽为 400 像素，高为 560 像素，得

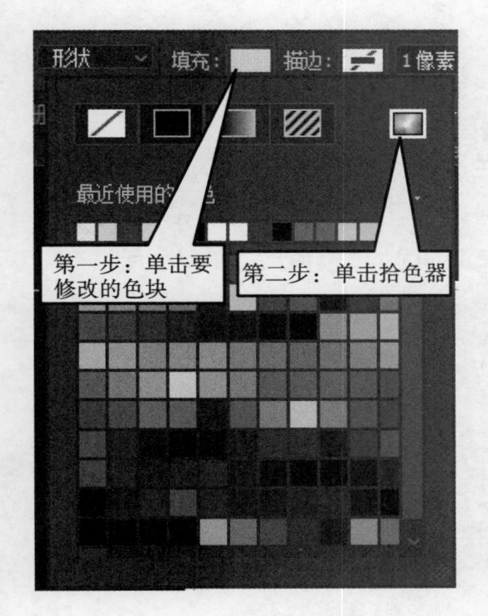

图 3-2-85 修改填充颜色

图 3-2-86 “拾色器(填充颜色)”对话框

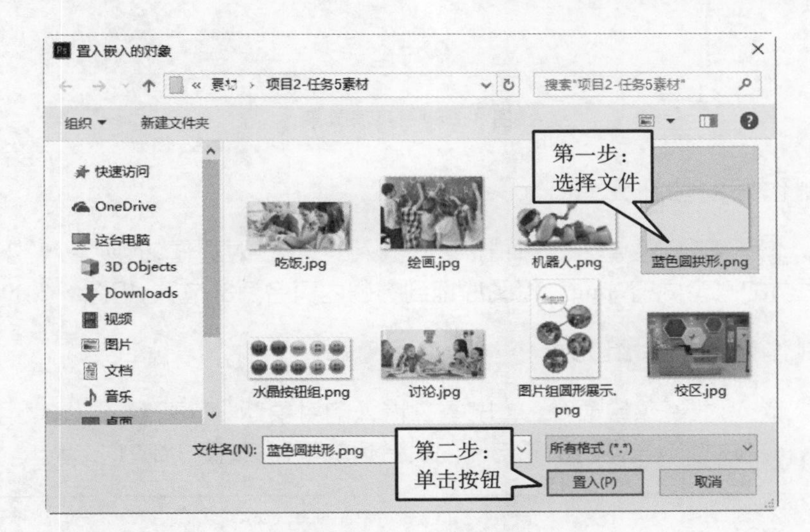

图 3-2-87 置入图片

图 3-2-88 背景修改后效果

到形状图层“矩形 2”。

(2) 选择横排文字工具 T ,在选项栏中设置字体为方正粗雅倩简体,字号为 22 点,字体颜色为白色(RGB:255,255,255),在橙色矩形上单击,输入文本内容“什么是新星教育培训?”。

(3) 按下【Ctrl+J】快捷键,复制得到图层“矩形 2 拷贝”,将矩形的颜色改为淡蓝色(RGB:125,205,244)。

(4) 选择横排文字工具 T ,在选项栏中设置字体为方正粗雅倩简体,字号为 22 点,字体颜色为白色(RGB:255,255,255),在淡蓝色矩形上单击,输入文本内容“新星教育培训的优势”,如图 3-2-89 所示。

图 3-2-89 页眉效果

4. 置入之前制作好的按钮元素

单击“文件→置入嵌入对象”菜单命令,弹出“置入嵌入的对象”对话框,依次置入“水晶按钮组. png”“项目介绍. png”和“最优质的教育内容. png”,将图片拖到右侧内页合适的位置,如图 3-2-90 所示。

5. 置入之前制作好的图片组元素

单击“文件→置入嵌入对象”菜单命令,弹出“置入嵌入的对象”对话框,置入“图片组圆形展示. png”“图片组矩形展示. png”,将图片拖到左侧内页和右侧内页合适的位置,如图 3-2-91 所示。

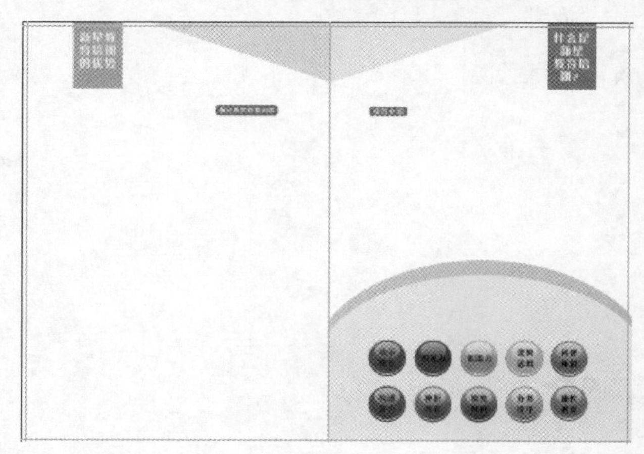

图 3-2-90 右侧内页添加按钮效果

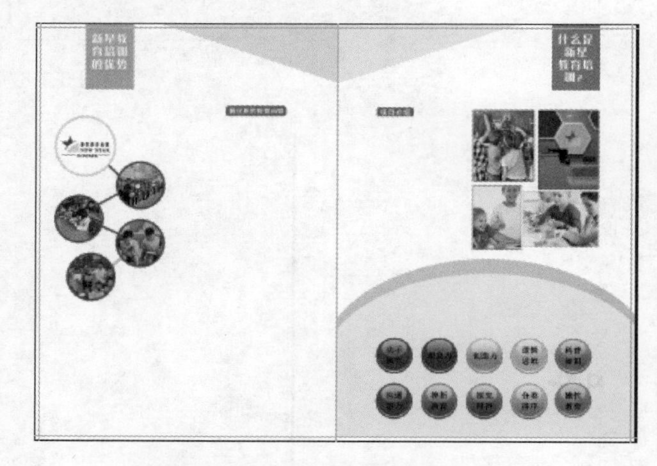

图 3-2-91 内页添加图片组效果

6. 输入宣传册独立的文字和图片

(1) 选择横排文字工具 T ,在选项栏中设置字体为方正正大黑简体,字号为 22 点,字体颜色为红色

(RGB:230,0,18),在右侧内页透明按钮组的上方单击,输入文本“课程特色”。

(2) 选择横排文字工具 T,在选项栏中设置字体为黑体,字号为 10 点,字体颜色为黑色(RGB:0,0,0),单击选项栏中的“切换字符和段落面板”按钮,弹出“字符/段落”面板。在“字符”面板中设置字符的行间距为 22 点,字符间距为 100,如图 3-2-92 所示。在“段落”面板中设置首行缩进为 20 点,如图 3-2-93 所示。

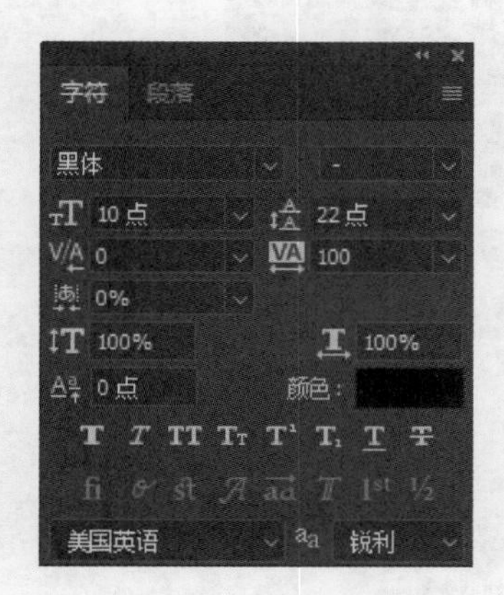

图 3-2-92 设置行间距和字符间距

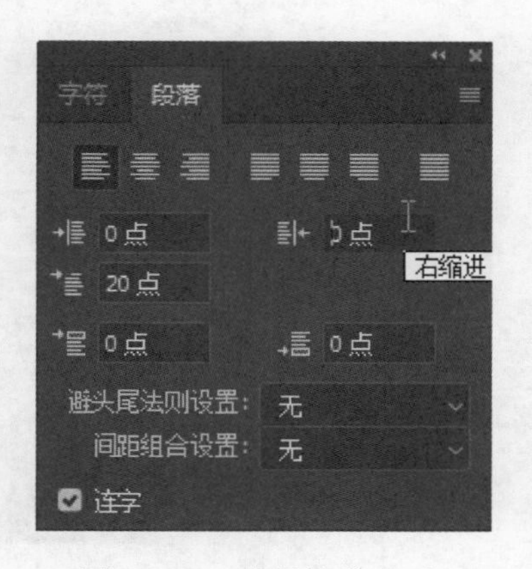

图 3-2-93 首行缩进 20 点

(3) 在右侧内页“项目介绍”按钮的下方,按住左键,绘制出文本区的虚框,在透明按钮组的上方输入文本内容“新星教育培训是在引进美国、日本……”,文本内容可见“项目 2\任务 5\项目介绍. txt”,输入的文本效果如图 3-2-94 所示。

(4) 在左侧内页“最优质的教育内容”按钮的下方,按住左键,绘制出文本区的虚框,输入文本内容,文本内容可见“模块 3\项目 2\任务 5\优质教育内容. txt”,如图 3-2-95 所示。

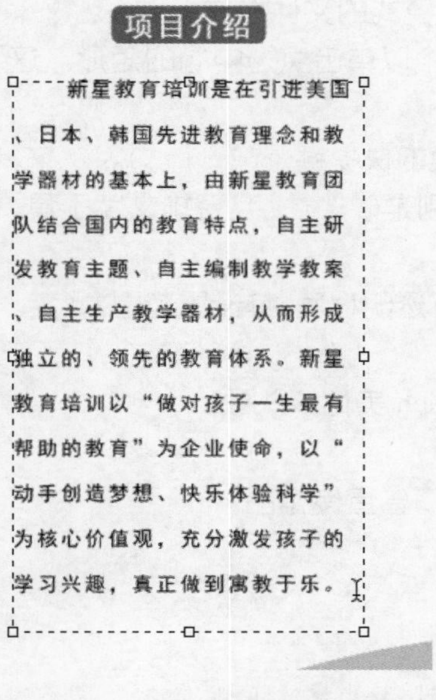

项目介绍

新星教育培训是在引进美国、日本、韩国先进教育理念和教学器材的基本上,由新星教育团队结合国内的教育特点,自主研发教育主题、自主编制教学教案、自主生产教学器材,从而形成独立的、领先的教育体系。新星教育培训以“做对孩子一生最有帮助的教育”为企业使命,以“动手创造梦想、快乐体验科学”为核心价值观,充分激发孩子的学习兴趣,真正做到寓教于乐。

图 3-2-94 右侧内页输入的文本内容

最优质的教育内容

1. 专业的研发团队

新星总部有专门课程研发团队,每位课程研发人员都有多年一线教学经验。

2. 系统的课程体系及教材体系

螺旋形教育过程,共分为12个级别,系统化的课程体系与丰富的课程内容。

3. 关联教科书的融合教育

基于STEAM(科学、技术、工艺、艺术、数学)教育模式的探究式学习。

4. 高标准的专业师资队伍

师资队伍由相关专业毕业的老师组建,并进行了严格的培训与继续教育。

5. 课程体系的持续优化和升级。

课程研发团队深入一线教学,持续对课程设置进行优化和升级。

6. 小班式教学,真正做到因材施教

采用小班式教学模式,分析每个孩子的性格及能力特点,结合课程有针对性教学,发挥学生长处,弥补学生不足。

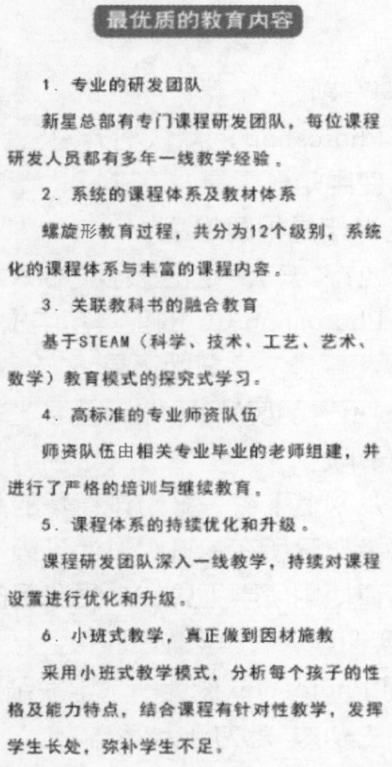

图 3-2-95 左侧内页输入的文本内容

(5) 单击“文件→置入嵌入对象”菜单命令,弹出“置入嵌入的对象”对话框,置入“机器人. png”,将图片拖到左侧内页下部空白的位置,最终内页效果如图 3-2-96 所示。

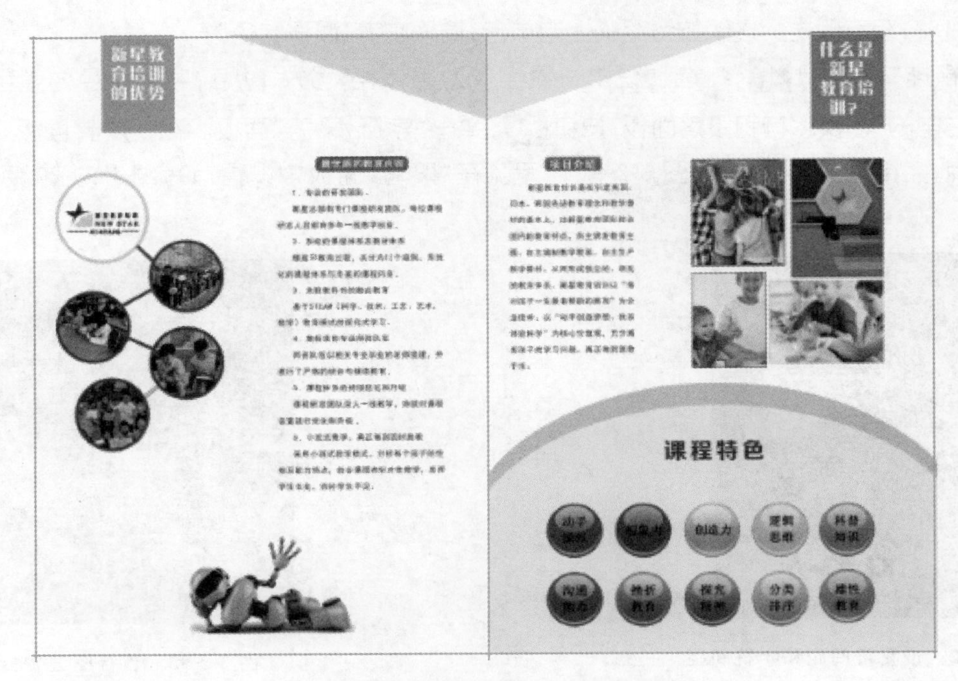

图 3-2-96　内页最终效果

模 块 练 习

1. 填空题

(1) Photoshop 的默认格式为(　　　),它是唯一支持所有图像模式的文件格式。

(2) 使用矩形工具,按住(　　　)键的同时拖动鼠标,可创建一个以单击点为中心的矩形。这与矩形选框工具的操作是相同的。

(3) 执行“编辑→自由变换”命令可以调整图像的大小,自由变换的快捷键是(　　　)。

(4) Photoshop CC 的工具箱中提供了 4 种输入文字的工具,分别是(　　　)、直排文字工具、横排文字蒙版工具和直排文字蒙版工具。

(5) “不透明度”用于控制图层、图层组中绘制的像素和形状的不透明程度,其设置范围为(　　　)。

2. 操作题

(1) 从网上下载一张带斑模特的头像,然后利用 Delicious Retouch 美化该头像。

(2) 给自己所在的班级设计班级 Logo。

(3) 请使用所学工具,以“爱我祖国爱我家乡”为主题,制作公益广告宣传作品。

3. 实训题

利用 Photoshop 设计一个电子杂志的封面。

(1) 主题为“魅力连云港”。

(2) 封面的大小为:388 像素×550 像素,分辨率为 300 像素 /英寸。

(3) 封面的顶部有绿色的渐变效果,并用蒙版显示出两幅连云港的风景图。

(4) 封面的中间要显示文字“魅力连云港”。

(5) 封面的右下角要用图片组或按钮的形式显示三幅连云港的风景图片。

最后完成下列实训报告(自行设计 Word 表格)。

班级		专业		姓名	
学号		机房		计算机号	
实训项目				成绩评定	
实训目的					
实训步骤					
实训反思					

Shuzi Meiti Kaifa Xiangmuhua Jiaocheng

模块4

数字动画制作技术

所谓动画就是使一幅图像“活”起来的过程。如今电脑动画的应用十分广泛，如多媒体教学、游戏开发、电视动画制作、广告制作、电影特技制作、生产过程及科研的模拟等。目前，制作计算机动画的软件非常多，由于计算机动画软、硬件功能有所区别，制作出的动画效果也不尽相同。虽然动画的制作复杂程度不同，但是基本原理是一致的。

【参考课时】

20 课时

【学习目标】

- 掌握 Ulead Gif Animator、Fun Morph 软件的应用，会根据不同的应用场景制作 Gif 动画
- 掌握 COOL 3D 基础动画制作，能制作不同类型的片头动画
- 熟悉 Animate /Flash 的基本操作，重点掌握基础动画、引导层、遮罩等动画的制作，能灵活运用 Flash 制作网络动画

【学习项目】

- 项目一　Gif 网络动画制作
- 项目二　3D 片头动画制作
- 项目三　Animate /Flash 制作交通安全公益动画短片

项目一
Gif 网络动画制作

项目编号	No. P4-1	项目名称	Gif 网络动画制作
项目简介	Gif 动画是最常见的动画格式之一，现在 Gif 动画在微博、微信、QQ 等社交平台上非常受欢迎。项目主要通过相关多媒体软件制作不同类型的 Gif 动画。		
项目环境	多媒体电脑、Ulead Gif Animator、Fun Morph 等多媒体软件		
关键词	Gif、Gif Animator、Fun Morph		
项目类型	实践型	项目用途	课程教学
项目大类	职业教育	项目来源	课内实训
知识准备	(1) 会安装多媒体软件； (2) 掌握动画的基本原理。		
项目目标	(1) 知识目标： ① 理解 Gif 动画的概念； ② 了解 Gif 动画的用途。 (2) 能力目标： ① 掌握 Ulead Gif Animator、Fun Morph 的操作方法； ② 能根据实际工作任务选择合适的软件制作 Gif 动画。 (3) 素质目标： ① 通过具体任务的实现，体会完成 Gif 动画作品后的成就感，培养学生的自主学习能力和审美意识； ② 通过小组合作完成项目，提高学生分析问题、解决问题的能力，培养学生团队合作精神和学以致用的意识。		

续表

重点难点	(1) 微信、QQ 表情制作； (2) 网页小广告制作。

任务一 Ulead Gif Animator 制作 Gif 动画

一、任务描述

现在 Gif 动画在微博、微信、QQ 等社交平台上非常受欢迎，我们经常会看到一些有趣的 Gif 图片，它们给平台增添了表现力和吸引力，同时很多多媒体作品也经常使用这种文件格式。可以制作 Gif 动画的软件很多，有在线软件，也有离线软件，有电脑版的，也有专门针对手机用户的。在众多软件中，Ulead Gif Animator 是一款传统的制作 Gif 动画的软件，它操作简单、快速、灵活，并且具有较强的特效功能和图像优化功能，可以满足制作 QQ、微信表情和网页动画的需要。

二、预备知识

Gif 动画其实是将多幅图像保存为一个图像文件，从而形成动画。最常见的就是通过一帧帧的图片串联起来的搞笑 Gif 图，比如 QQ、微信表情等，但 Gif 只能显示 256 色。

1. 软件简介

Ulead 公司出品的 Gif 动画制作软件内建的 Plugin 有许多现成的特效可以立即套用，可以将 AVI 文件转成 Gif 动画文件，而且还能将动画图片最佳化，能为网页上的动画图片"减肥"，以便人们快速地浏览网页。

Ulead Gif Animator 5.0 具有如下新特性：

• 更人性化的用户界面。Gif Animator 5.0 重新设计了用户界面，这个版本的工作区域已经完全支持真彩色，无论是在设计还是预览的时候都可以在真彩色的环境下。同时，一般常用的做动画的流程都已经简化在编辑、优化和预览选项卡中，在很大程度上简化了操作难度。

• 增强的编辑能力。该版本在文字编辑器、选色器和选取工具上面都加强了各自的功能，同时转换器也相应地得到了增强，现在已经可以随意调整对象的大小和角度。

• 支持更多的输出格式。Gif Animator 5.0 支持的输出格式除了标准的 Gif 以外，还可以输出 SWF 文件及 MPEG、AVI、MOV 等视频格式的文件，同时它还支持 PhotoImpact 的 UFO 和 Photoshop 的 PSD 文件。

• 外部编辑器调用。可以在 Gif Animator 里面直接调用更好的图像编辑软件，如用 PhotoImpact、Photoshop 等来编辑 Gif Animator 里面的对象图形，这在很大程度上扩展了 Gif Animator 的功能。

• 强大的优化功能。新版本的 Gif Animator 在图像压缩优化方面更完善，可以利用有损压缩、抖动颜色、颜色索引编辑等功能来进一步优化作品的输出效果。

• 新增两个滤镜。新版本的 Gif Animator 增加了两个特效滤镜，即 Color Replace 和 Color Shift，只需通过简单的操作就可以做出漂亮的效果。

• 其他。Gif Animator 除了可以输出 SWF 等文件外，还可以把动画导出为一个可以执行的 EXE 文件，让别人无须看图工具就可以欣赏作品。同时，这个可执行文件还可以在作品展示完后，用一些图片做背景显示预先输入的一些字句。

2. 软件界面

Ulead Gif Animator 5.0 的工作窗口如图 4-1-1 所示，窗口由菜单栏、工具栏、工作区、工具面板、对象管理器面板和帧面板几个部分组成。

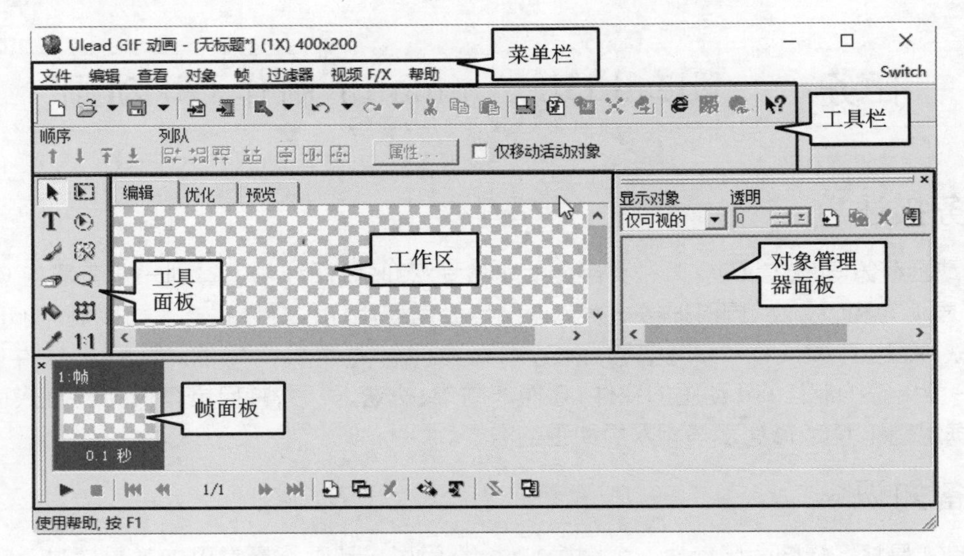

图 4-1-1　工作窗口

• 菜单栏：通过下拉菜单的方式提供 Ulead Gif Animator 常用的操作命令，包括文件、编辑、查看、对象、帧、过滤器、视频 F/X 和帮助八个菜单。

• 工具栏：常用的操作以图标的形式形象地显示在工具栏里，让 Ulead Gif Animator 使用起来更迅速方便；包含新建、打开、保存、剪切、复制、粘贴等基本工具按钮。

• 属性工具栏：显示动画中各对象的信息和设置，以及正在使用的绘图工具的详细信息和设置。此栏中的工具会随着工作模式或绘图工具的不同而改变，从中可以设置相关的属性和参数。

• 工具面板：包括编辑动画中每一帧内容时需要的各种工具。可以对图像进行修改，例如写字、填色等。使用方法就像是增强版的 Windows 画图工具。

• 帧面板：对帧进行显示和设置，包括动画的预览、播放控制和帧的插入、删除、复制等功能。Gif 动画由帧构成，所有帧都显示在帧面板中。可以在此插入或删除帧，还可以调整帧的位置关系及添加帧的效果等。

• 工作区：编辑制作 Gif 动画的主要区域，它可以在“编辑”“优化”“预览”三种模式之间切换。

当处于“编辑”模式时，可以查看 Gif 动画的画面构成，并可对其进行编辑。

当处于“优化”模式时，可以选择 Ulead Gif Animator 5.0 预设的方案，将图像优化成色彩数不同的 Gif 动画，还可以自己设置优化的各种参数，优化后程序会报告优化的结果。

在“预览”工作模式下，可以看到最后的结果。

• 对象管理器面板：把每一帧画面分解为多个对象，由对象管理器对所有对象进行管理，显示动画中所有帧中的各个对象的内容和次序。每一帧中的对象在对象管理器面板中叠放在一起，类似于 Photoshop 中的“层”。单击对象管理器面板中的某一对象时，对象的图像就会显示在工作区中，对象属性会显示在属性工具栏中。

执行“文件→打开图像”菜单命令，打开素材中的“Banner. uga”文件。可以看出，这是另一种效率更高的动画制作方式，把每一帧画面分解为多个对象，由对象管理器对所有对象进行管理，如图 4-1-2 所示。

对象管理器包含了作品中用到的背景图案（位图格式 ■）、文字（T 格式）及多个蝙蝠图案（矢量位图格

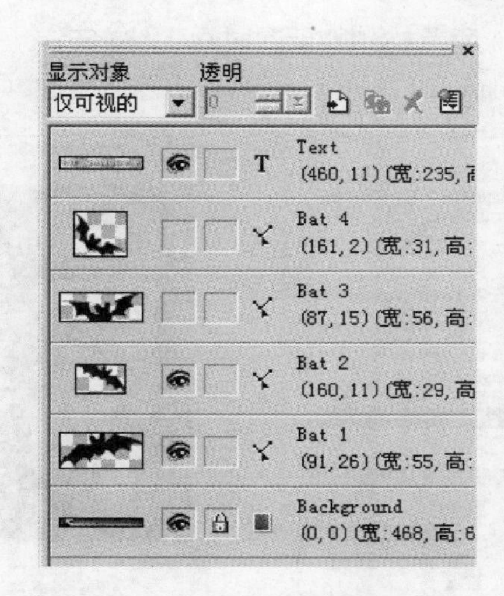

图 4-1-2　对象管理器面板

式)。同时，它也提供了多种实用的选项，以便更好地管理和编辑这些对象，如能设置对象是否隐藏 ，能设置对象的透明度，能插入、复制和删除对象，是否锁住 及显示其属性（对象类型、位置及大小）。在对象管理器面板中，双击某一对象，就能对其进行编辑。

三、任务实现

子任务 1　"跳舞的女孩"动画

Ulead Gif Animator 提供的动画向导功能可以在短时间内完成 Gif 动画制作。在制作 Gif 动画前要查找或者设计好素材，素材准备好后就可以通过动画向导功能制作专业级的动画了。

(1) 启动 Gif Animator 5.0 后，程序会弹出一个"启动向导"对话框来引导设计者新建或者打开一个 Gif 动画，如图 4-1-3 所示。对初学者，假如动画中素材已预先准备好，则推荐使用"动画向导"来快速创建一个新的 Gif 动画。

(2) 单击"动画向导"按钮后，在弹出的对话框中设置画布大小，如图 4-1-4 所示，将其设置成"120×120 像素"(假如对图像大小没把握，则最好设大点)。

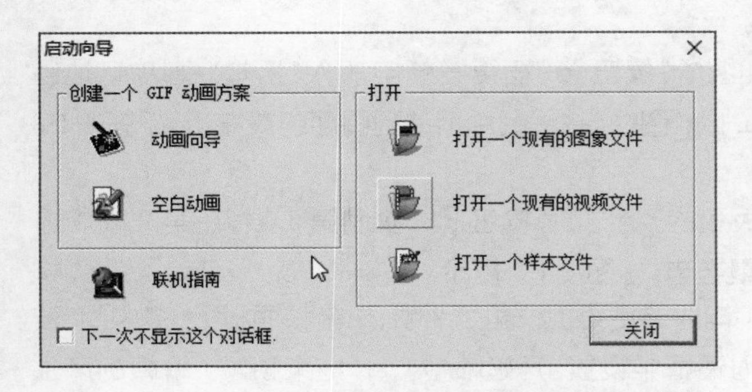

图 4-1-3　Ulead Gif Animator 5.0 启动向导

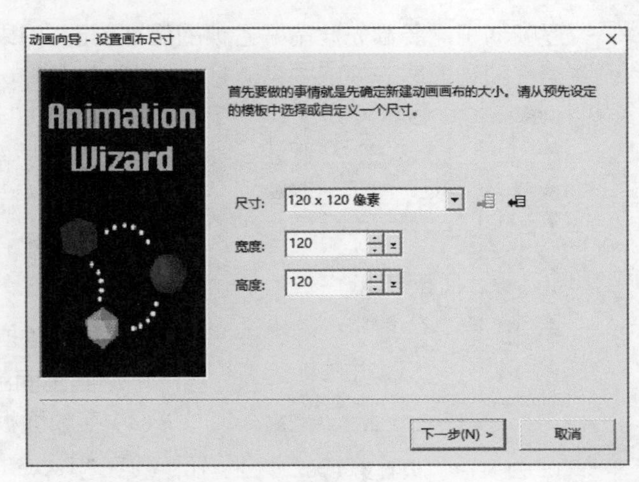

图 4-1-4　设置画布大小

(3) 选择文件，如图 4-1-5 所示，将素材中的"girl1.jpg"～"girl4.jpg"图片选中后导入。如次序不对，可以用拖曳的方式调整。

(4) 设置帧延迟时间，如图 4-1-6 所示，将帧“延迟时间”设为 25。

(5) 单击“完成”按钮即进入 Ulead Gif Animator 5.0 的窗口界面，可以继续修改或保存。

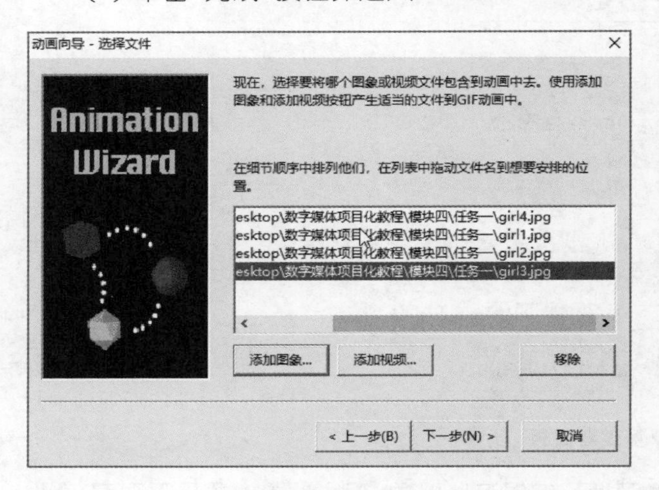

图 4-1-5 选择文件

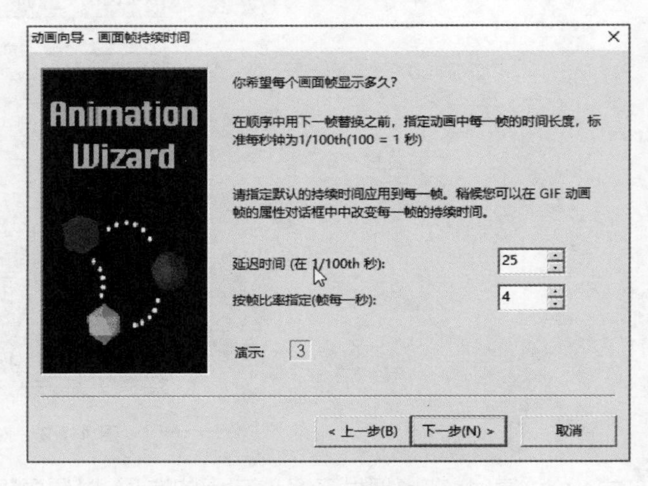

图 4-1-6 设置帧延迟时间

Ulead Gif Animator 可以将一系列静态图像分别放置在不同的帧中，这些帧播放的时候就会形成动态的画面，这类动画称为逐帧动画。在制作这类动画时，需要预先准备好静态图像素材，而且这些图像的内容通常是相关或者相近的。女孩跳舞系列图片如图 4-1-7 所示。

图 4-1-7 女孩跳舞系列图片

(6) 单击帧面板上的“播放动画”按钮 ▶，预览动画效果并保存文件。

子任务 2 “跑动的火炬手”动画

逐帧动画需要预先准备好各帧的静态画面，如果要制作的动画是直线运动或简单的画面切换，则只需设置第一帧和最后一帧的内容。Ulead Gif Animator 5.0 可以自动生成中间帧，最后形成一个完整的动画。

图 4-1-8 设置第 1 帧

(1) 启动 Ulead Gif Animator 5.0，新建一个 500 像素×110 像素的纯白色背景的文件。

(2) 单击“添加图像”按钮，在第一帧中加入“素材\模块 4\项目一”文件夹中的“run.jpg”图像，并将图片拖动到画面的最左边，如图 4-1-8 所示。

(3) 单击帧面板上的“相同帧”按钮，复制第 1 帧，在第 2 帧中将图片拖动到画面的最右边，如图 4-1-9 所示。

(4) 在帧面板中同时选定第 1 帧和第 2 帧，单击帧面板上的“中间”按钮，在“Tween”对话框中设置“开始帧”为 1，“结束帧”为 2，帧的产生方式设为插入 6 帧，“帧延迟”设为 20，如图 4-1-10 所示。

(5) 单击“确定”按钮后 Ulead Gif Animator 5.0 会自动计算，在第 1、2 帧之间插入 6 个过渡帧，如图 4-1-11 所示。

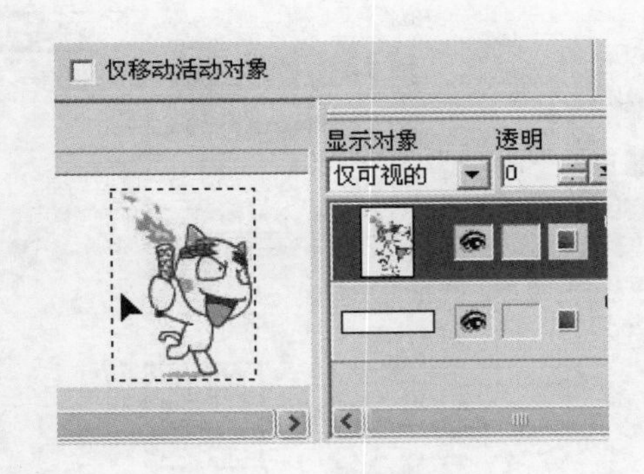

图 4-1-9 设置第 2 帧

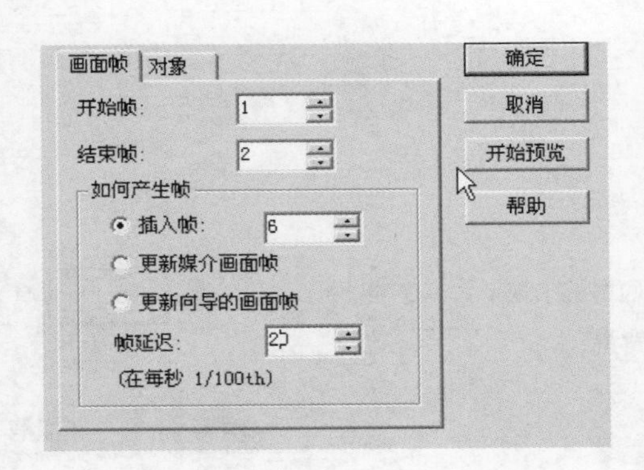

图 4-1-10 “Tween”对话框

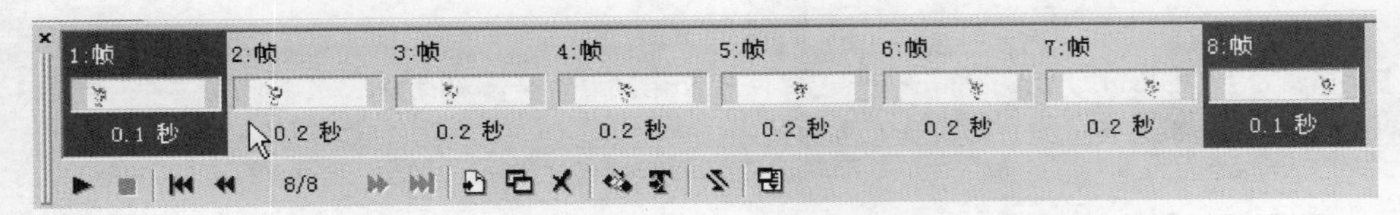

图 4-1-11 插入过渡帧后的帧面板

(6) 单击帧面板上的“播放动画”按钮 ▶,预览动画效果并保存文件。

子任务 3 “色彩渐变”动画

(1) 启动 Ulead Gif Animator 5.0,新建一个 500 像素×200 像素、背景完全透明的文件。

(2) 单击工具面板中的文本工具按钮 **T**,在“文本条目框”对话框中输入文本“彩色渐变”,设置格式,单击文本的颜色选择框,弹出下一级菜单,选择“两种颜色斜率”,如图 4-1-12 所示。

(3) 在“渐变色填充”对话框中,设置渐变色的“填充类型”为竖向分布,“填充颜色”分别设置为颜色框中的红色(如果改变两颜色框中的颜色,将会改变颜色在字体中流动的方向),“颜色模式”设置为“HSB 逆时针方向”,设置好后单击“确定”按钮,如图 4-1-13 所示。

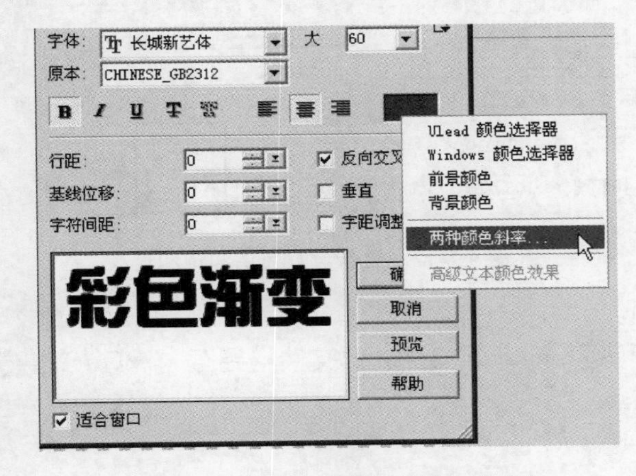

图 4-1-12 将文本的颜色设置为渐变色

图 4-1-13 渐变色填充的选项设置

(4) 调整文字的位置和画布的大小。

(5) 执行“视频 F/X→暗室→色调饱和度”菜单命令,在弹出的“应用过滤器”对话框中设置画面帧的数量为 15,如图 4-1-14 所示。单击“确定”按钮,在“色调和饱和度”对话框中设置“色调”和“饱和度”的值分别为 180 和 1,如图 4-1-15 所示。

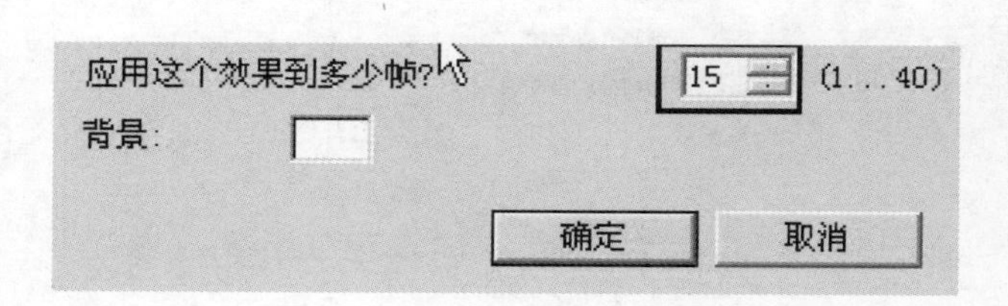

图 4-1-14 “应用过滤器”对话框

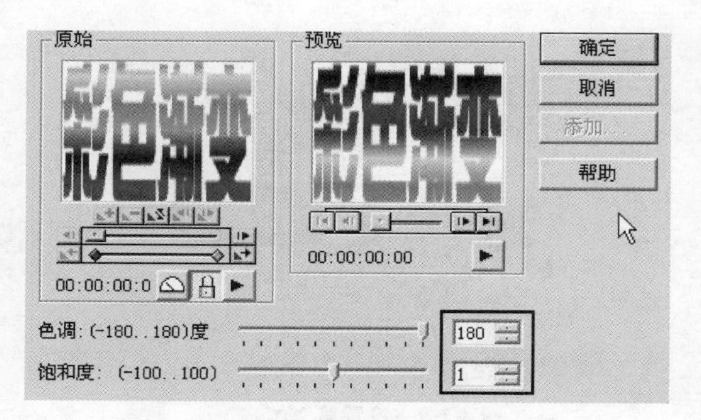

图 4-1-15 重新设置色调和饱和度的值

【温馨提示】在 Ulead Gif Animator 中,还可以插入视频文件和添加视频 F/X 特技。其中,视频 F/X 特技可以将简单的图像变成一个全新的动人画面。

(6) 在第“1”帧上单击右键,执行“改变帧顺序→分配为最后帧”,把开始创建的彩色字调整为最后一帧,如图 4-1-16 所示。

(7) 再次执行“视频 F/X→暗室→色调饱和度”菜单命令,将帧数设置为 15,“色调”和“饱和度”的值分别设置为−180 和 1。单击 按钮,使颜色的顺序颠倒过来,从而产生连续的变化效果,如图 4-1-17 所示。

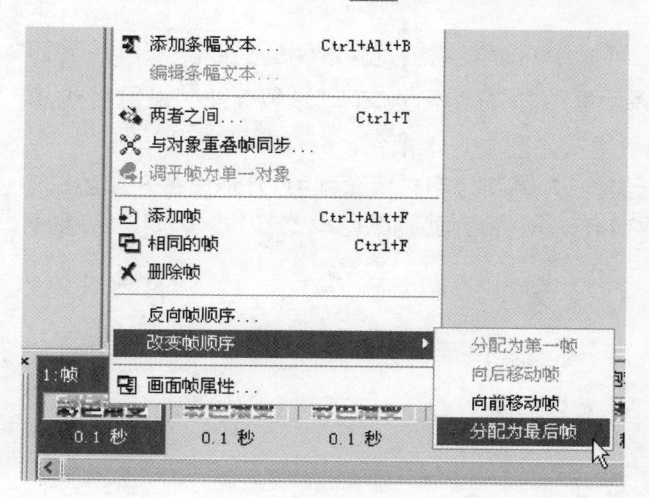

图 4-1-16 在帧上单击右键弹出的快捷菜单

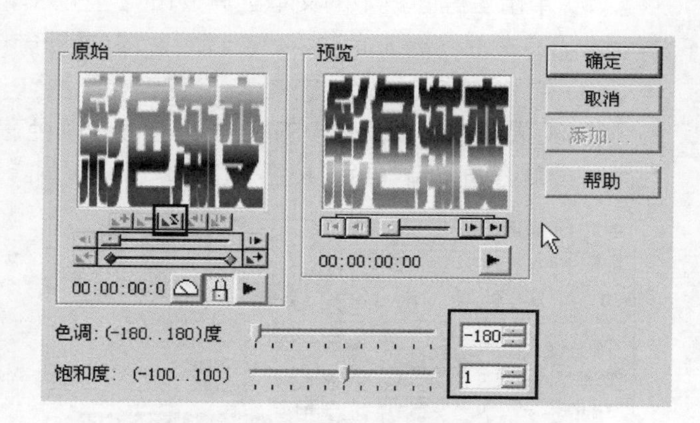

图 4-1-17 重新设置色调和饱和度

(8) 删除后面效果的前后两帧,即第 17 帧和最后一帧。

(9) 执行“文件→保存”菜单命令,保存文件为“彩色渐变字. uga”,再次执行“文件→另存为→Gif 文件”菜单命令,输出文件为“彩色渐变字. Gif”。

子任务 4 “闪动文字”动画

(1) 启动 Gif Animator 5.0,新建一个 200 像素×60 像素、背景完全透明的文件,“新建”对话框如图 4-1-18所示。

(2) 单击工具面板中的文本工具按钮 **T**,在工作区的空白处单击,弹出“文本条目框”对话框,在该对话框中输入文字“多媒体”,设置字体、字号、文字颜色等属性值,如图 4-1-19 所示。其中文字的颜色对随后生成的闪烁字并无影响,本任务选用红色。单击选取工具调整文字在画板中的位置,微调可以使用键盘上的方向键。

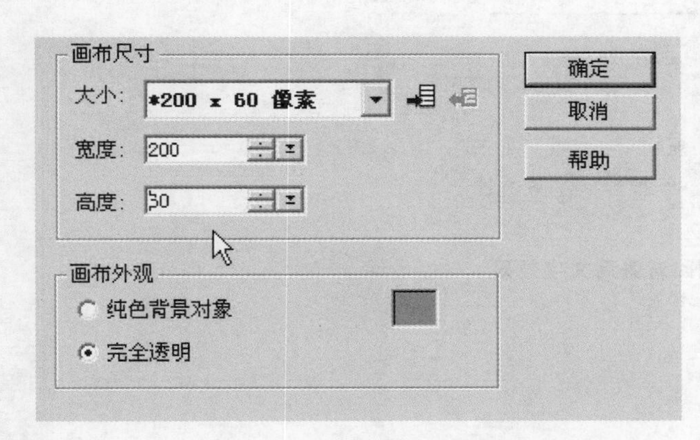

图 4-1-18 “新建”对话框

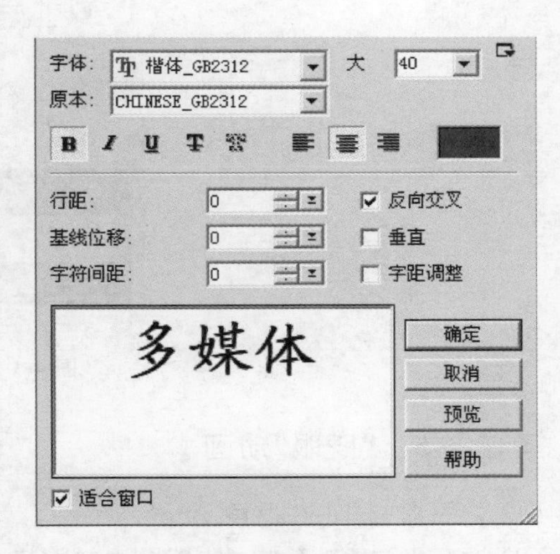

图 4-1-19 “文本条目框”对话框

(3) 执行“编辑→修整画布”菜单命令，使画布和字体的大小吻合。

【温馨提示】初始的画布大小与插入的图像一般不会相同，执行“修整画布”菜单命令能使画布正好包容对象。

(4) 用魔棒工具单击文字周围的透明背景，建立图 4-1-20 所示的选区。

(5) 在工具栏中单击“添加图像”按钮，在第 1 帧中加入素材文件夹中的 shine. jpg 图像，选择“在当前帧插入”，并选择复选框“如果导入由多个帧组成分配到单独帧”。软件会根据素材的帧数自动添加相应的帧，本任务中的素材为 3 帧，如图 4-1-21 所示。

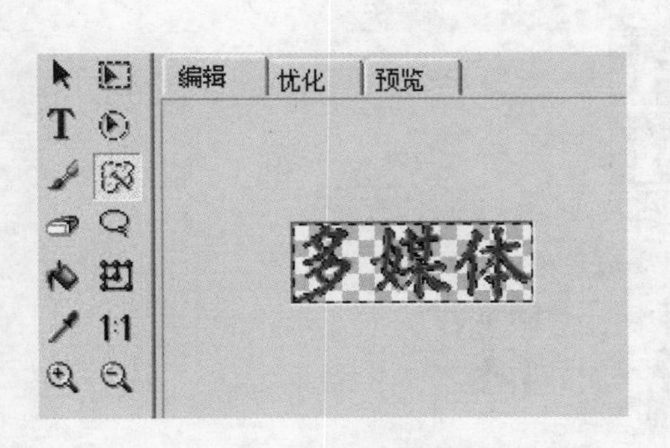

图 4-1-20 用魔棒工具选择文字的背景区

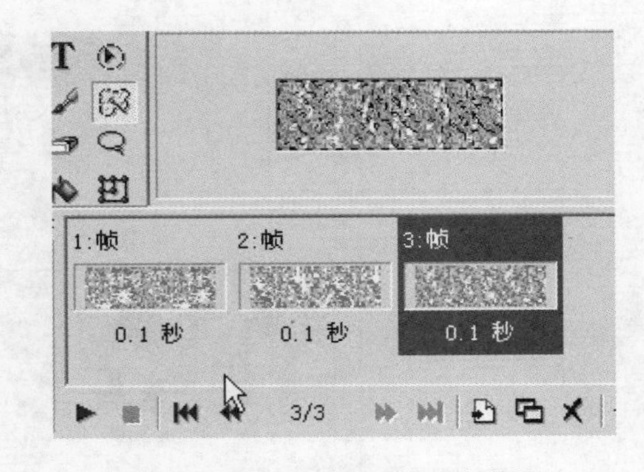

图 4-1-21 导入闪底的文字效果

(6) 选中第 1 帧，按【Ctrl＋X】把闪图素材多余的部分删除掉。使用同样的方法删除其他帧的多余部分，效果如图 4-1-22 所示。

【温馨提示】如果文字大而闪图素材小，可以将闪图按【Ctrl＋D】复制并移至其他地方，直到将文字覆盖满为止。

(7) 执行“文件→保存”菜单命令，保存文件为“闪字. uga”，再次执行“文件→另存为→Gif 文件”菜单命令，输出文件为“闪字. Gif”。

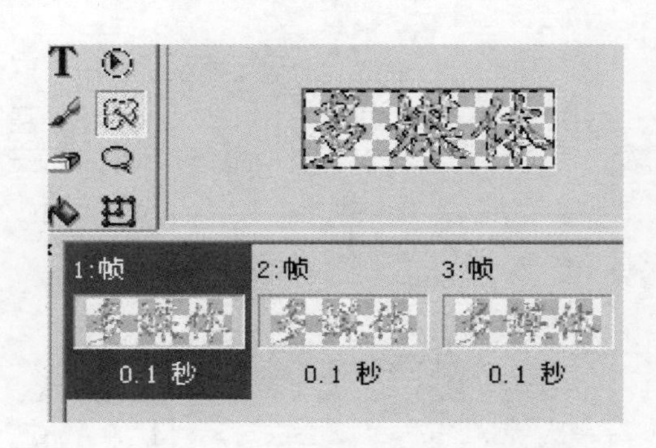

图 4-1-22　删除背景后文字效果

子任务 5　“眨眼”动画

(1) 打开素材中的“眨眼.png”。

(2) 添加帧，复制第 1 帧中的图片并将其粘贴到第 2 帧。（一定要添加帧，不然图会乱跳。复制图片时，注意先选中对象管理器面板中相应的对象。）

(3) 选择颜色选取工具，在上眼皮附近点一下选中皮肤色。

(4) 调整画笔大小，并用画笔工具把第 2 帧的眼睛涂成一条线。（此时最好把图放大，一定要细心。）

(5) 把第 1 帧设为 30 秒　第 2 桢设为 5 秒，眼睛就可以眨起来了。

(6) 为了美观，还可以利用步骤(2)的方法多添加几帧。如图 4-1-23 所示，1、3、5 帧相同，2、4、6 桢相同。

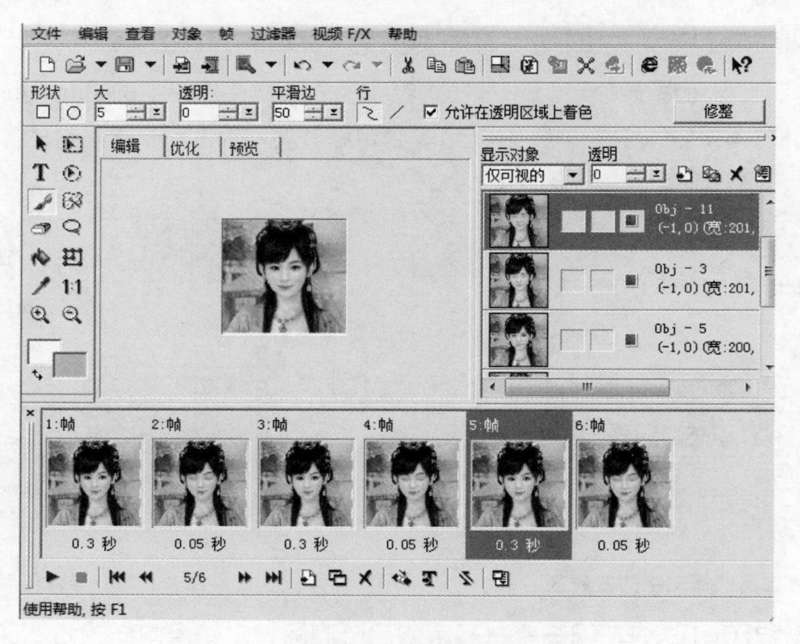

图 4-1-23　复制帧

(7) 执行“文件→保存”菜单命令，保存文件为“眨眼.uga”，再次执行“文件→另存为→Gif 文件”菜单命令，输出文件为“眨眼.Gif”。

子任务 6　“网页小广告”动画

(1) 启动 Ulead Gif Animator 5.0，新建一空白动画。

(2) 选择工具栏中的“添加图像”按钮，把本书提供的该素材文件夹中的 9 幅“寒号鸟 x.jpg”添加到帧面板中，同时按【Delete】键删除第 1 帧空白帧。在“添加图像”对话框中，必须选择“插入为新建帧”项，否则会将所有图插入同一帧中，如图 4-1-24 所示。

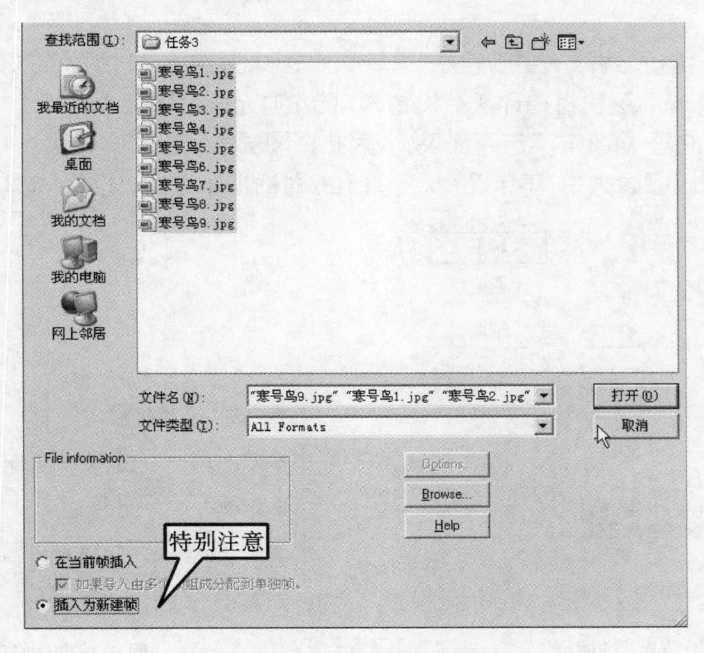

图 4-1-24 “添加图像”对话框

(3) 修整画布。初始的画布大小与插入的图像一般不会相同，可以用“编辑→修整画布”菜单命令使画布正好包容图像。

(4) 预览。单击工作区中的“预览”按钮，即可看到画面在快速切换。

(5) 控制播放速度。单击“编辑”按钮，脱离预览状态。帧与帧之间的延迟时间就决定了 Gif 动画的播放速度。有两种设置方法。一种是全局性的，即执行“文件→参数选择”菜单命令，在弹出的对话框的“普通”标签中即可设置默认的帧延迟时间，如图 4-1-25(a)所示。必须注意的是，在此设置的延迟时间对当前帧不起作用，只对新导入的帧才有效(在“参数选择”对话框中，还可以设置帧的移动方式和能撤销的次数等)。另一种是仅针对当前选中的帧，执行“帧→帧属性”菜单命令或直接在帧面板下面的按钮中选择“帧属性”按钮，都将打开图 4-1-25(b)所示的对话框，在该对话框中也可以设置延迟时间。

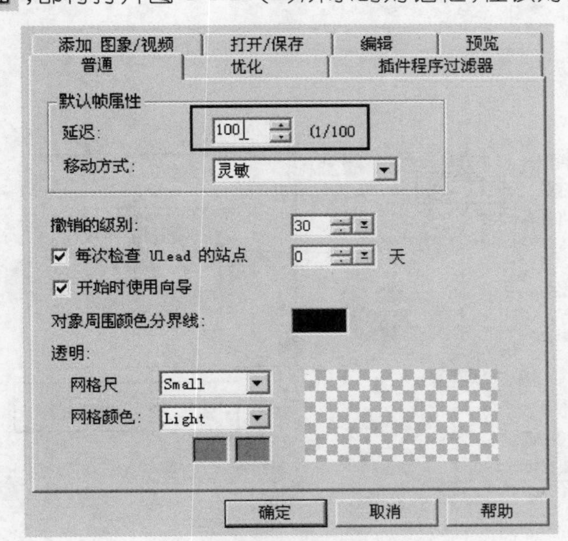

(a) 在参数选择中设置延迟时间

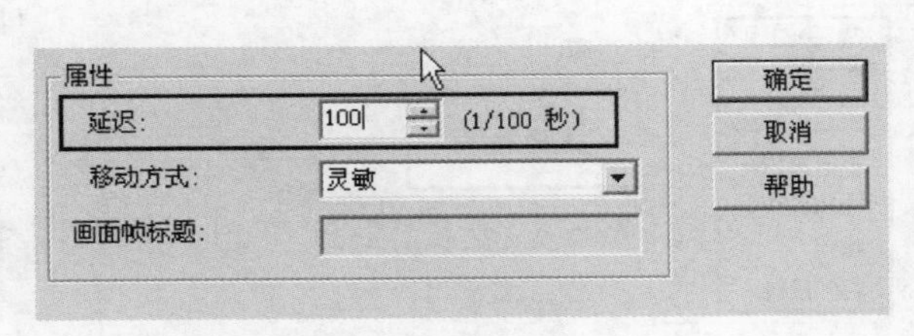

(b) 在画面帧属性中设置延迟时间

图 4-1-25 设置帧延迟时间

在此选择第二种方法，即先选中全部帧(用【Shift】键或【Ctrl】健)，然后在“画面帧属性”对话框中将“延迟”设置为 100/100s。

(6) 控制循环次数。执行“编辑→全局信息”菜单命令，出现图 4-1-26 所示的对话框，可以设置整个动画的循环次数及添加文件注释。这里将循环次数设置为默认的“无限”循环。

(7) 修改图像大小。由于网页中广告条都较小，因此将图像大小由 550 像素×400 像素改为 110 像素×80 像素。执行“编辑→修改图像大小”菜单命令，在弹出的对话框中设置，如图 4-1-27 所示。

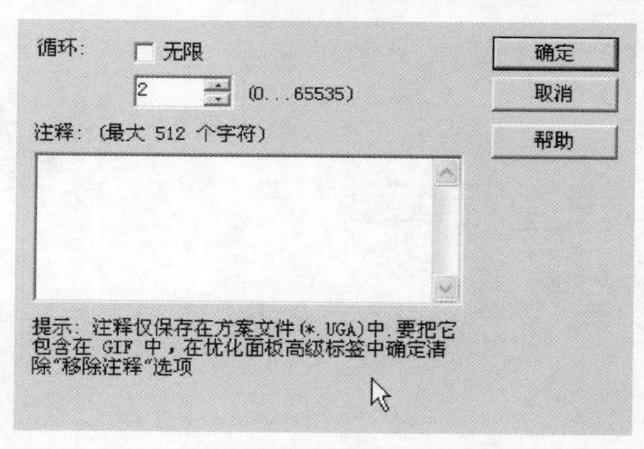

图 4-1-26 “全局信息”对话框

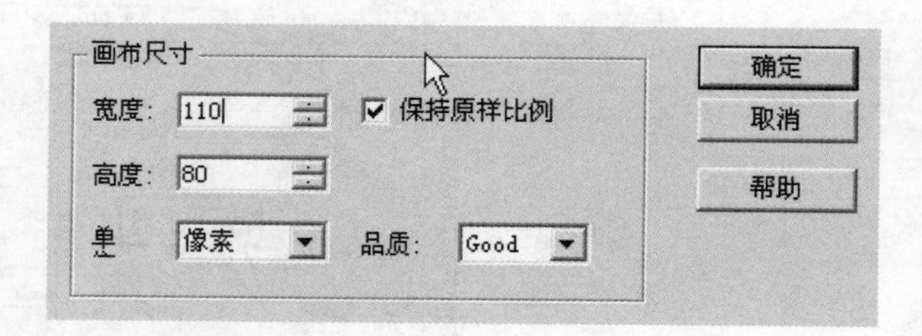

图 4-1-27 修改图像大小

【温馨提示】“修改图像大小”命令在将图像放大或缩小的同时，修改画布大小以适应修改后的图像。“修改画布大小”命令不会影响图像的大小：如画布大于图像，以透明色填充；如画布小于图像，则只显示部分图像。

(8) 添加视频效果。在帧面板中点选第 1 帧，然后执行“视频 F/X→电影→翻转页面-电影”菜单命令，如图 4-1-28 所示。在弹出的“添加效果”对话框中，设置“画面帧”为 4(即用 4 帧完成翻页效果)。在右侧预览图的下方还可以设置翻页效果，如图 4-1-29 所示。Gif 动画的特点就是体积小，而添加视频 F/X 特技后会大大增加文件的大小，所以一般不推荐多用。

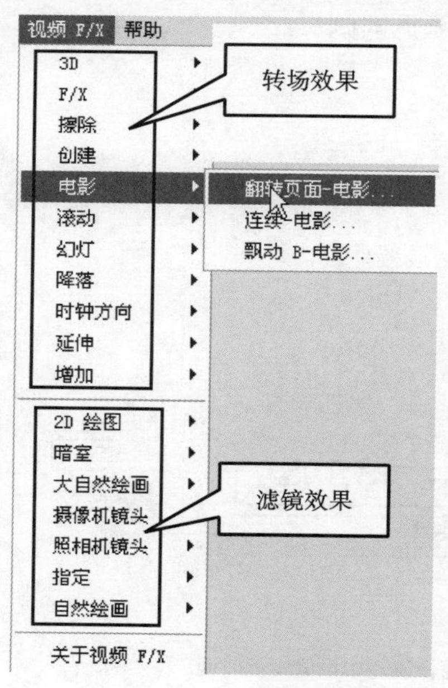

图 4-1-28 视频 F/X 特技

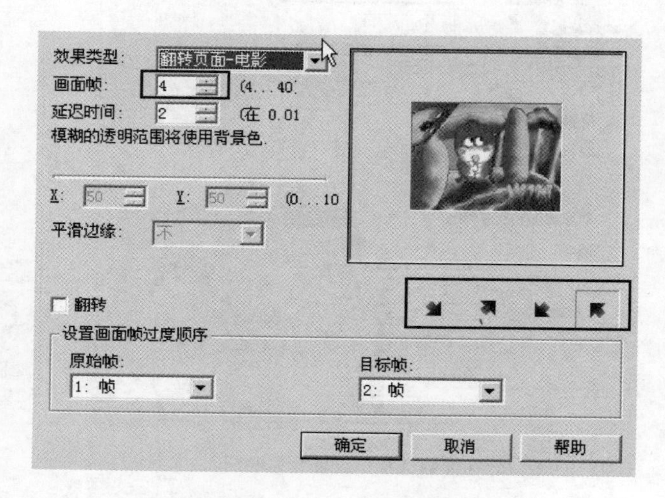

图 4-1-29 “添加效果”对话框

(9) 添加滚动文字。条状滚动文字是网页中经常采用的一种表现形式。先选择最后一帧，然后执行"帧→添加条幅文本"菜单命令。

① 单击"文本"选项卡，输入"寒号鸟的故事，敬请期待！"，设置字体为黑体，大小为 30，颜色为红色，斜体，如图 4-1-30 所示。

② 单击"效果" 选项卡，按图 4-1-31 所示进行设置，文字进入场景将从右向左滚动，并且进入与退出都用 5 帧(共 10 帧)来完成。

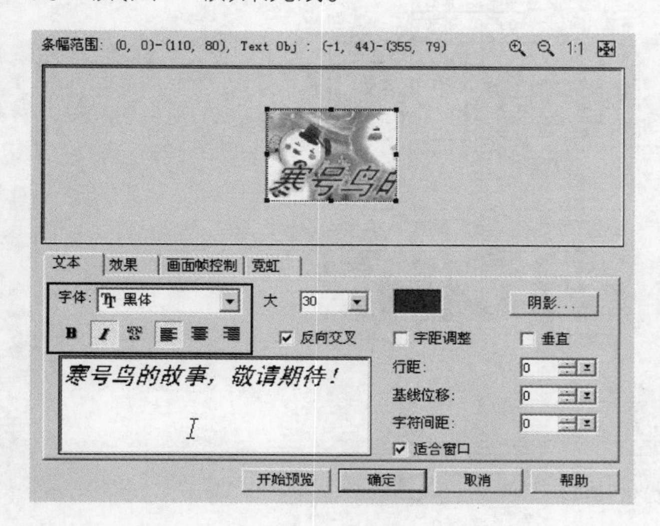

图 4-1-30 设置文本

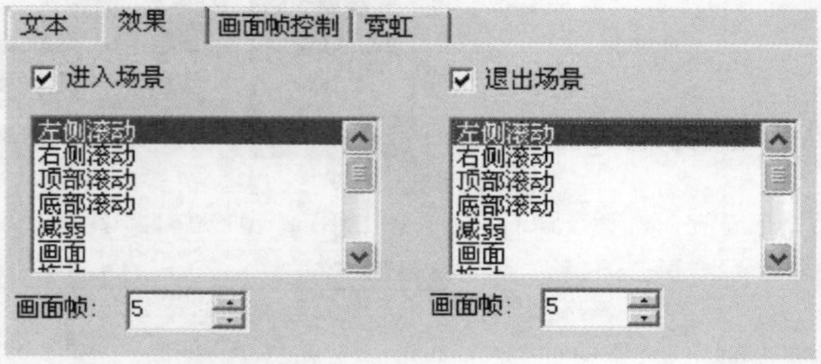

图 4-1-31 设置滚动方向

③ 单击"画面帧控制"选项卡，将帧"延迟时间"改为 50，"关键帧延迟"时间取默认值 50，这样文字滚动到中间时不会有停顿现象，选中"分配到画面帧"，如图 4-1-32 所示。

【温馨提示】选中"分配到画面帧"这个复选框的含义，是文本条将从该帧开始添加至其后的若干帧。不选中该复选框，则从该帧之后插入新的画面时开始插入文本条。

④ 单击"霓虹"选项卡：设置如图 4-1-33 所示(颜色自取)。

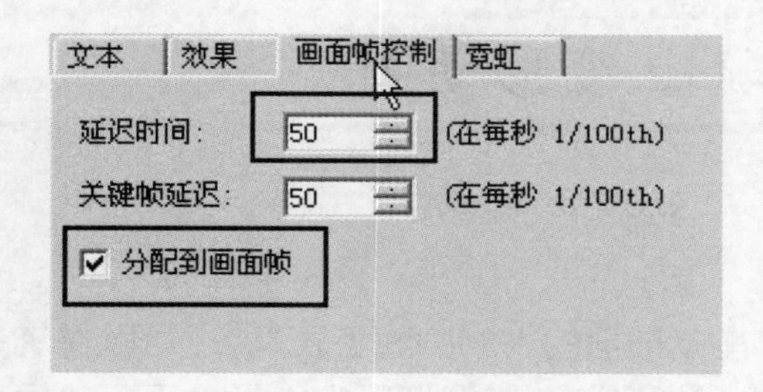

图 4-1-32 设置画面帧控制

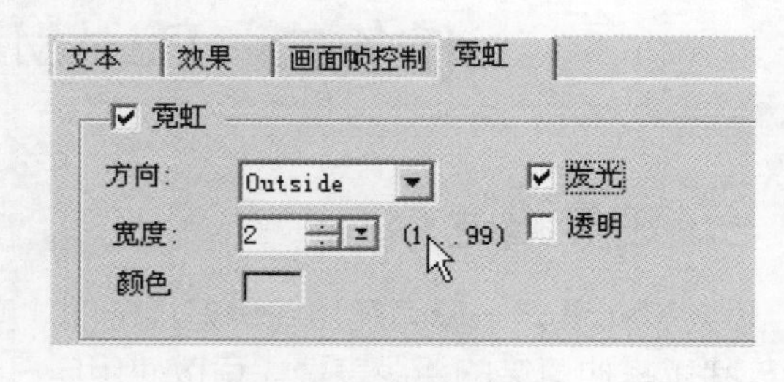

图 4-1-33 设置霓虹

单击"开始预览"按钮观看效果，如满意则单击"确定"按钮，然后选择"创建为文本条"，系统会自动创建滚动文本。

【温馨提示】在"确定"按钮中有两种选择，一种是"创建为单一对象"，另一种是"创建为文本条"，两者的区别是前者将在对象管理器面板中生成多个对象，而后者则只生成一个对象。

(10) 优化输出。选择"文件→另存为"菜单命令，以"寒号鸟.uga"为文件名保存。然后单击工作区上方的"优化"按钮，优化后的结果如图 4-1-34 所示。可以执行"查看→优化面板"菜单命令，对优化方式进行设置。

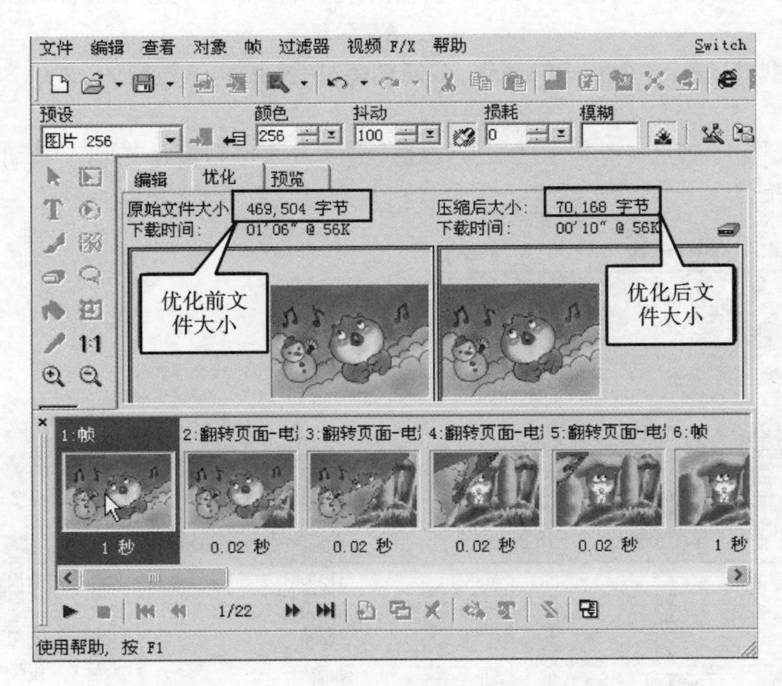

图 4-1-34 “优化”窗口

(11) 保存及输出，这里我们把文件分别按不同的格式输出。

① 执行“文件→另存为→Gif 文件”菜单命令，以“寒号鸟. Gif”为文件名存入相应文件夹。

② 执行“文件→另存为→Macromedia Flash (SWF)文件→使用 Jpeg”菜单命令，以“寒号鸟. swf”为文件名存入相应文件夹。

③ 执行“文件→另存为→视频文件”菜单命令，以“寒号鸟. avi”为文件名存入相应文件夹。

④ 执行“文件→导出→导出动画包(EXE)”菜单命令，以“寒号鸟. exe”为文件名存入相应文件夹。在随后的对话框中，循环次数取 2，开始点取“Top left”，结束点取“Center”。

任务二 Fun Morph 制作 Gif 变形动画

一、任务描述

Fun Morph 是一款有趣且简单好用的图片变形扭曲软件。能变形扭曲人物的脸部表情，还可以将其变成猫、猪或其他可笑的头像表情。可以使用自己的数码相片轻松完成这种在影视作品中大量采用的效果惊人的视觉特效的创作，既能用于网页、广告、MTV、影视等专业场合，又能供闲暇时娱乐。

下面我们利用 Fun Morph 制作一个将小女孩的脸变成猫脸的动画。

二、预备知识

Fun Morph 操作非常简单，通过简单的几步就可以制作出我们常见的变脸动画，打开软件，进入 Fun Morph 工作界面，如图 4-1-35 所示。

二、任务实现

(1) 启动 Fun Morph。

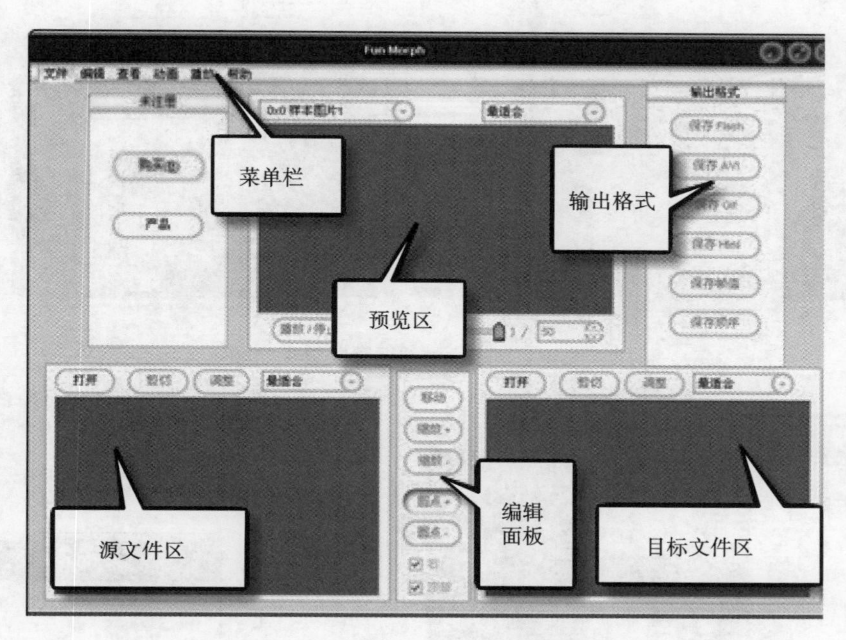

图 4-1-35 Fun Morph 工作界面

(2) 导入图片。单击工作界面源文件区中的“打开”按钮,导入源图像“素材\模块 4\项目一\girl1.jpg”,使用同样的方法打开目标图像“素材\模块 4\项目一\cat1.jpg”。

(3) 编辑图片(此步操作根据需要选择,不是必需的)。

① 在源文件区按下“剪切”按钮,弹出“剪切图片”对话框,对源图片进行剪切,在剪切框内的是我们需要的范围,在外面灰色部分的是我们要剪去的部分,调整好后单击“确定”按钮。使用同样的方法剪切目标图片。

② 调整工具用来设置图片的效果,可以调整图片的亮度、对比度和色平衡等,还可以产生一些特殊效果,比如模糊、锐化、浮雕等。

③ 通过尺寸下拉框来放大或缩小图片的大小。执行“编辑→交换图片”菜单命令或按【F8】键,可以交换两幅图片的位置。

(4) 添加关键点。最好从图片最重要的特征处开始添加关键点,在这里我们从眼睛开始添加关键点。

① 单击编辑面板上的 圆点+ ,然后移动鼠标到源图片的眼睛处,按下左键,源图片上添加一个关键点,此时在目标图片上将自动添加一个对应的关键点。

② 通常情况下,必须手动调整这些自动产生的对应点到正确的位置上。调整时先将鼠标移动到目标图片上的关键点,这时光标右下角出现一个四向箭头提示用户可以拖动它,拖动该关键点到正确的特征位置,然后再单击鼠标左键确认。(在拖动的过程中,预览区的画面也同步显示关键点的当前位置的变形效果,提示关键点是否已经到位。)

③ 按上面的方法在源图片中加入更多的关键点并在目标图片调整好对应的关键点,如图 4-1-36 所示。

(5) 通过“播放”菜单或“播放/暂停”按钮来观看两幅图片的变形效果。另外,通过“动画→变形类型”菜单命令,还可以选择其他的变形方式。

(6) 输出影片。

① 首先对影片进行一些必要的设置,在预览区单击下拉式列表,从下拉式列表中选择任一预置的固定尺寸,如图 4-1-37 所示。也可以选择自定义尺寸来为影片设置任意尺寸,在“自设大小”对话框中输入需要的影片宽度和高度,开启“保持高宽比”,则不论用户如何改变影片的高宽值,其高宽比例都保持不变,如图 4-1-38 所示。

② 设置好后,首先执行“文件→保存工程文件”,在弹出的“另存为”对话框中选择合适的文件夹和文件

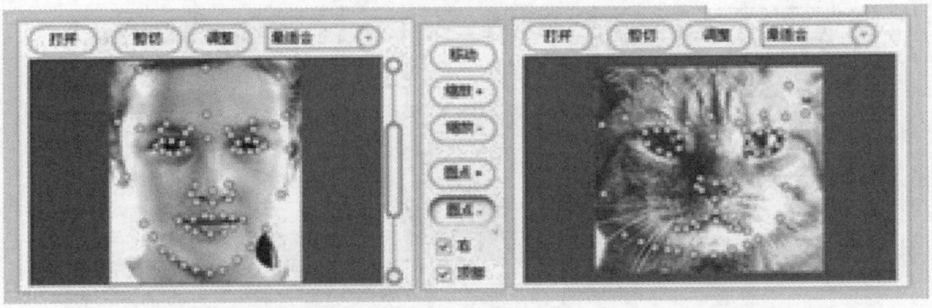

图 4-1-36　添加并调整关键点

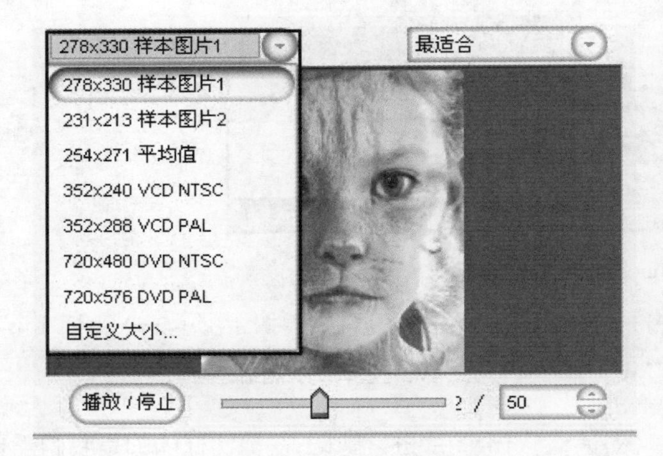

图 4-1-37　设置固定大小

图 4-1-38　“自设大小”对话框

名保存工程文件。然后在界面右上方选择输出格式，这里选择“保存 Gif”，弹出“另存为”对话框，找到保存位置，保存文件为“变脸. Gif”，然后单击“保存”按钮即可。

项目二
3D 片头动画制作

项目编号	No. P4-2	项目名称	3D 片头动画制作
项目简介	如今，视频日益成为人们日常生产生活中不可或缺的媒体形式，视频业务呈现快速发展趋势。而一个精美的片头会为视频增色不少，本项目主要通过两种不同的方式介绍如何利用 COOL 3D 制作片头动画。		
项目环境	多媒体电脑、COOL 多媒体软件		
关键词	3D、片头、COOL 3D		
项目类型	实践型	项目用途	课程教学
项目大类	职业教育	项目来源	毕业设计
知识准备	(1) 会安装多媒体软件； (2) 了解片头动画在视频中的作用。		

续表

项目目标	（1）知识目标： ① 理解 3D 动画的概念； ② 掌握 3D 动画的基本原理。 （2）能力目标： ① 掌握 COOL 3D 的基本操作方法； ② 能熟练应用 COOL 3D 的不同方法制作片头动画。 （3）素质目标： ① 通过学习，培养学生一定的自主探究和综合应用能力； ② 通过小组合作完成项目，提高学生分析问题、解决问题的能力，培养学生团队合作精神和学以致用的意识。
重点难点	（1）学会编辑美化文字，并制作动画； （2）根据不同的使用场景灵活运用软件。

任务一　COOL 3D 介绍

一、任务描述

COOL 3D 是 Ulead 公司开发的三维文字动画制作软件，利用它直接套用模板就可以做出丰富多彩的三维动画效果。对于网页、视频和平面设计的爱好者来说，COOL 3D 是一个不可多得的"利器"。视频爱好者在制作视频作品时，运用 COOL 3D 可以在片头和片尾加入精彩的三维动态效果；对于网页设计者，COOL 3D 可以帮助他们轻松地制作动态按钮、动态文字和其他各种三维部件；对于平面设计爱好者，COOL 3D 在为图形和文字标题增加三维效果的方面也具有非常强大的功能。为了更好地使用该软件来制作三维动画，本任务首先了解一下软件的界面及基本操作。

二、预备知识

三维动画又称 3D 动画，是随着计算机软硬件技术的发展而产生的一种新兴技术。三维动画软件在计算机中首先建立一个虚拟的世界，设计师在这个虚拟的三维世界中按照要表现的对象的形状尺寸建立模型以及场景，再根据要求设定模型的运动轨迹、虚拟摄影机的运动和其他动画参数，最后按要求为模型赋上特定的材质，并打上灯光。当这一切完成后就可以让计算机自动运算，生成最后的画面。

3D 动画软件可以按软件功能的复杂程度分为小型、中型、大型三类。

1. 小型软件

- Poser：快速制作各种人体模型。通过拖动鼠标可以迅速改变人体的姿势，还可以生成简单的动画。
- COOL 3D：专用于立体文字制作的软件，可提供很多背景图和动态，很容易上手。
- LightScape：渲染专用软件，只能对输入的模型进行渲染，能进行材质、灯光的设定，采用光能传递算法，是最好的渲染器；多用于室内外效果图的渲染。
- Bryce 3D：长于自然景观如山、水、天空的建造，效果很好。

2. 中型软件

- 3ds Max：功能强大、开放性好，集建立模型、材质设置、摄影灯光、场景设计、动画制作、影片剪辑于一体。

• LightWave 3D:功能强大,质感细腻,界面简洁明快,易学易用,渲染质感非常优秀。

3. 大型软件

• SOFTIMAGE 3D:功能强大,长于卡通造型和角色动画,渲染效果好,是电影制作不可缺少的工具,国内许多电视广告公司都使用它制作电视片头和广告。

• MAYA:世界顶级的三维动画软件,可以提供完美的 3D 建模、动画、特效和高效的渲染功能,应用对象是专业的影视广告、角色动画、电影特技等。

三、任务实现

1. 软件基本情况

COOL 3D 是功能强大的三维文字动画制作软件,该软件的最大特点是"所见即所得",简单易学,容易上手。利用它可以制作文字的各种静态或动态的特效,如立体、扭曲、变换、色彩、材质、光影及运动等,并可以把生成的动画保存为 Gif 和 AVI 文件格式,广泛应用于平面设计、网页制作和多媒体制作领域。

COOL 3D Production Studio 版有许多有用的功能,如矢量绘图工具、快速输入 3D 几何物体、更多震撼效果、创新的汇入功能,可以导入其他软件制作的 3D 模型、高效的对象管理、Gif 动画最佳化、新增 Flash 和 RealText 3D 输出、更精确的动画控制及更快的预览速度等。其中最主要的功能就是可以很轻松地在目前非常流行的 2D 矢量动画工具——Flash 动画里创作出精彩鲜活的 3D 矢量动画图形。

2. 启动软件界面

启动 COOL 3D,首先会弹出一个小窗口,该窗口提示用户:用鼠标单击对象工具栏上的"插入文字"按钮 T ,可以插入新的文字对象;单击"插入图形"按钮 ,可插入图形对象;而单击"插入几何对象"按钮 ,可插入一个新的三维图形对象。这只是一个提示窗口,可点一下不要再显示这个信息复选框,就能让这个窗口以后不再显示出来。然后单击"确定"按钮,继续启动 COOL 3D。

启动后将出现 COOL 3D 的工作界面,如图 4-2-1 所示。从图中可以看出,工作区域分为菜单栏、标准工具栏、位置工具栏、对象工具栏、设计演示窗口、百宝箱面板、工具面板管理栏、导览工具栏和时间轴面板。

COOL 3D 的工作环境中,还有文字工具栏、几何工具栏、动画工具栏和属性面板、对象查看面板、相机面板没有调出。单击"查看"菜单中的菜单命令,可以调出这些工具,也可以取消某个工具。

【温馨提示】之前版本主要使用动画工具栏,在新版本中增加了时间轴面板,这两个面板不能同时出现。

3. COOL 3D 的菜单栏

COOL 3D 的菜单与 Windows 软件的菜单风格没什么差别,操作方法也相同。

• "文件"菜单除了有建立、打开、存储和打印文件等传统选项外,还包括导入图形、创建图形动画文件、输出到多媒体等菜单选项。

• "编辑"菜单除了标准 Windows 的复制、粘贴外,还增加了插入、编辑、分割文本和图像选项。其中分割文本的作用是将原为一个整体的文本分割成单个文字分别处理,为创建 3D 文字动画效果提供了更加灵活的手段。

• "查看"菜单包含了所有工具栏的名称,如果某工具栏被选中,则该工具栏名称左边出现"√",表示该工具栏已被显示在工作界面上。

• "对象"菜单主要包括对图像参数的设置,如像素、输出的质量、视频的彩色制式等。

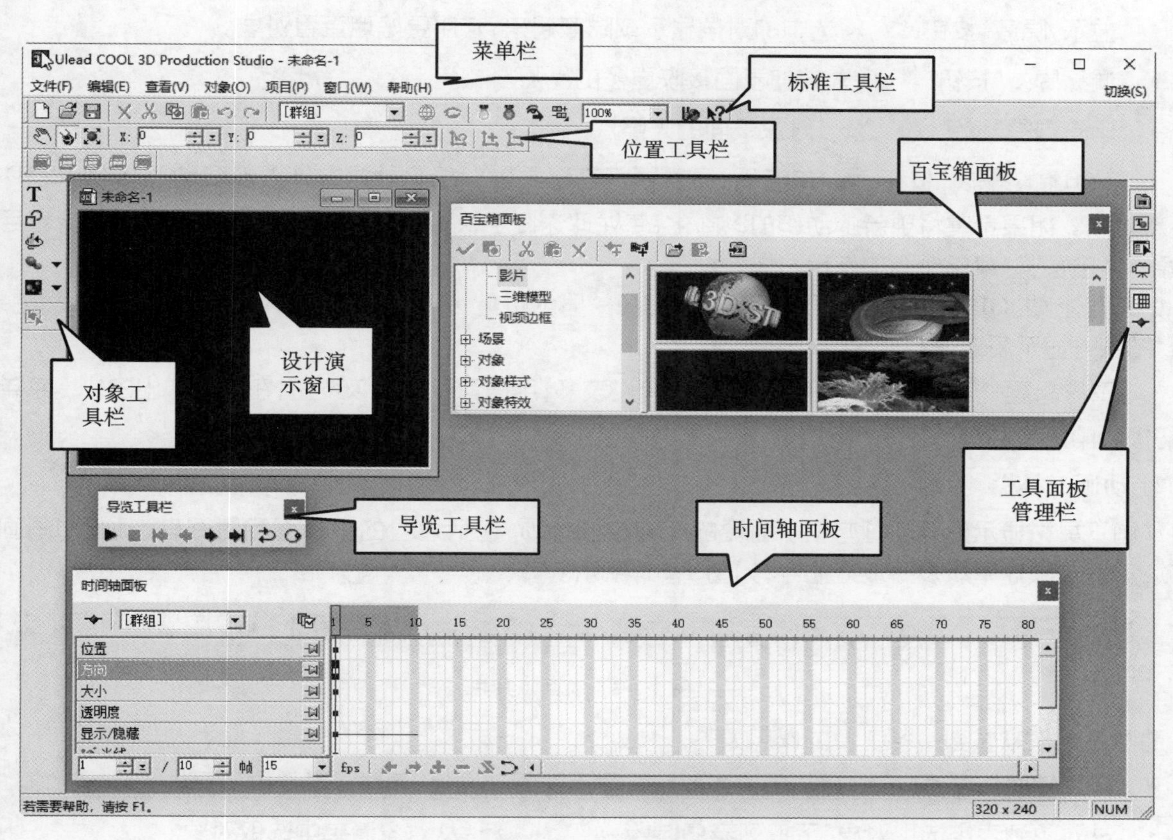

图 4-2-1　COOL 3D 工作界面

- “窗口”菜单中除了当前打开的文件名外，还有排列图标、适合到图像选项。
- “帮助”菜单提供了帮助文件、产品信息以及友立公司的主页及技术支持的网址。

4. COOL 3D 的工具栏

在使用 COOL 3D 创建动画的过程中大部分工作是通过工具栏来完成的，所以 COOL 3D 的工具栏较为复杂和多样化。而且每一工具栏都可以单独移到任何位置，成为独立的窗口形式，只要将鼠标移到工具栏的左端一条凸出竖线上，按住左键就能拖动该工具栏了，熟悉后会给创作带来极大的方便。因此下面先简略地介绍一下 COOL 3D 的众多工具栏。

1）标准工具栏

标准工具栏在菜单栏下面，如图 4-2-2 所示。

图 4-2-2　标准工具栏

标准工具栏包含所有常用的功能与命令。除一般的文件命令外，它也包含了对象光照调整按钮，以及查看比例下拉框等。其中重要的工具按钮的作用简介如下：

- “从对象列表中选取对象”下拉列表框 [群组]：在设计演示窗口可以加入多个对象（字符、文字和图形等），加入一个对象，就自动在此下拉列表框中加入它的名字。利用该下拉列表框可以选择某一个对象，然后对该对象进行操作。
- “框架结构”按钮 ：单击后，可以渲染不带表面色彩和纹理的对象，这样它们可以代表几何模型，并显示为由直线和曲线组成的框架，可以使用户更全面地查看对象。此效果可以用来赋予对象结构化的质感。

- “显示/隐藏”按钮 ：将选中的对象显示或隐藏起来，方便更好地查看对象。
- “调亮周围”按钮 ：使对象的表面接收更多的光照。
- “调暗周围”按钮 ：减少对象表面的光照。
- “预览输出品质”按钮 ：单击后，可以预览输出质量。每次对对象外观做变动后，COOL 3D 都需要更新对象。如果希望将更新的动作加以简化，使处理速度更快，提高效率，可单击该按钮。单击它与单击“图像→输出预览”菜单命令的作用一样。

如果要让 COOL 3D 更快地更新，可单击“图像→显示质量→草稿”菜单命令。如果要查看精确结果，可单击“图像→显示质量→最佳”菜单命令。

- “重排配置”按钮 ：因 COOL 3D 的工具栏较多，用户可以单击该按钮，在随后弹出的快捷菜单中选中“初级”“中级”“高级”，让系统自动配置工具栏的显示。

2）动画工具栏

动画工具栏显示处理动画方案所需要的所有控制选项，包括增强的主画面和时间轴选项、动画回放模式、帧的编号、帧速率以及播放控制等，如图 4-2-3 所示。

图 4-2-3　动画工具栏

动画工具栏从左到右各工具的作用如下：

- “时间轴面板显示”按钮 ：单击该按钮将显示时间轴面板，同时隐藏动画工具栏。
- “从对象列表中选取对象”下拉列表框 Subgroup2 ：从对象清单中选取对象。
- “选择特性”下拉列表框 方向 ：该下拉列表框用来选择制作动画的特性，即动画画面一帧帧变化时，是对象的哪些属性在改变。动画的特性有位置、方向、尺寸、光线、相机等。
- “移动到上一帧”按钮 ：单击后可使设计演示窗口中显示动画的前一帧画面。
- “跳到上一关键帧”按钮 ：单击后可使设计演示窗口中显示动画上一关键帧画面。
- “时间轴控件”滑动槽 ：有两个滑动槽，上边滑动槽内有一个方形滑块，用鼠标拖曳方形滑块或单击滑动槽某处可以使设计演示窗口中显示动画的某一帧画面。下边的滑动槽内有一个或多个菱形图标，指示相应的帧为关键帧，蓝色的菱形图标表示当前帧是关键帧。所谓关键帧，就是动画中的转折帧，两个关键帧之间的各个画面可由 COOL 3D 自动产生。
- “移动到下一帧”按钮 ：单击后可以使设计演示窗口中显示动画的下一帧画面。
- “跳到下一关键帧”按钮 ：单击后可以使设计演示窗口中显示动画下一关键帧画面。
- “添加关键帧”按钮 ：单击后可以在时间轴控件下边的滑动槽中，对应上边滑动槽内方形滑块处增加一个蓝色菱形图标，指示该帧为关键帧。
- “删除关键帧”按钮 ：单击关键帧的蓝色菱形图标，再单击该按钮，可以删除一个关键帧，选中的关键帧蓝色菱形图标会被删除。
- “翻转”按钮 ：单击后会使动画朝相反的方向变化，即原来从第 1 帧到最后一帧的变化，现在改为从最后一帧向第 1 帧变化。
- “平滑动画路径”按钮 ：单击后可以使移动动画各帧间的变化更平滑。
- “外挂特效遮罩”按钮 和“启用外挂特效”按钮 ：用于启用 COOL 3D 的外挂特效。
- “当前帧”数字框 1 ：指示出当前画面是第几帧，改变该数字框内的数字时，可以改变当前帧。

- “帧数目”数字框 200 :单击数字框的上、下微调按钮,或单击它的文本框,再输入数字,可以确定数字电影(动画)的帧数。
- “每秒帧数”组合框 29.97 fps :用来确定动画播放的速度。

3) 位置工具栏

位置工具栏显示所选定的3D对象的位置、大小、旋转角度、X轴、Y轴及Z轴的数据,可以供创作者自行输入数值,而在编辑窗口中拖动对象时,工具栏上的数值也会跟着变动,如图4-2-4所示。

图 4-2-4 位置工具栏

- “位置”按钮:单击后,将鼠标指针移至设计演示窗口内,则鼠标指针会变为一个小手状。这时拖曳对象,可以改变对象的位置。
- “方向”按钮:单击后,将鼠标指针移至设计演示窗口内,则鼠标指针会变为三个弯箭头围成一个圈状。这时拖曳对象,可以使对象旋转。
- “大小”按钮:单击后,将鼠标指针移至设计演示窗口内,则鼠标指针会变为十字形。这时,用鼠标拖曳对象,可以使对象的大小发生改变。如果在按住【Shift】键的同时拖曳对象,可以在保持对象比例不变的情况下,调整对象的大小。
- 坐标下拉框 X: 1 Y: 0 Z: 0 :三个数字框用来显示或改变设计演示窗口内选中对象的X、Y、Z。单击数字框内的数字,可以直接输入新数值,也可以单击其上、下两个微调按钮来调整数值。
- “重置变形”按钮:撤销刚刚设置的一系列变形效果。
- “加入固定变形”按钮:可以将设置的变形效果保存起来。
- “移除固定变形”按钮:可以去除保存的变形效果,和“加入固定变形”按钮轮流使用。

4) 对象工具栏

对象工具栏如图4-2-5所示,从上到下工具的作用如下:

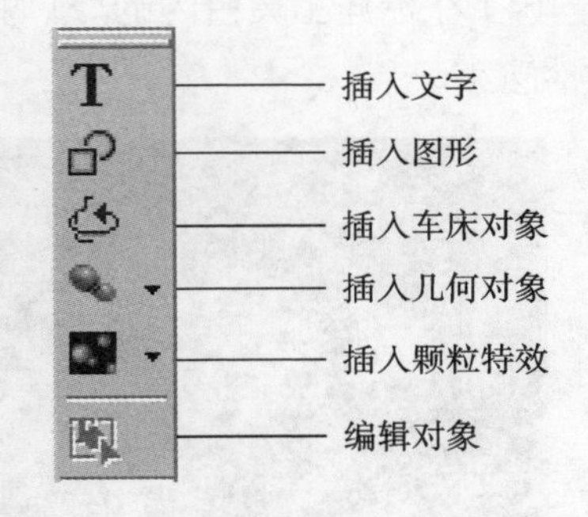

图 4-2-5 对象工具栏

- 插入文字工具:可以插入文字对象。
- 插入图形工具:可以插入矢量图形。
- 插入车床对象工具:可以插入以中心轴旋转而成的三维物体。
- 插入几何对象工具:可以插入常见的几何物体。
- 插入颗粒特效工具:可以插入如烟、火、雪等自然效果。
- 编辑对象工具:可以对选中的对象进行编辑修改。

任务二 3D片头动画制作

一、任务描述

在COOL 3D中,百宝箱面板提供了大量可以直接使用的预设动画,如对象动画、纹理动画、斜角动画以及光线动画，方便使用者快速创建动画项目。除了利用模板，还可以自行设计，制作出更为灵活的动画作品。下面通过两个任务分别讲解片头动画制作方法。

二、预备知识

在 COOL 3D 中一旦应用了某一种动画效果就没有办法清除，所以在选用了某一种动画效果后，应立即进行预览，如果对动画效果不满意，可立即选择“还原”。另外，有些动画效果有加成的效果，也就是当用户应用了一种动画效果，再应用另一种，两种效果会同时出现，因此在设置动画时，一定注意正确使用“还原”功能，必要时先存档，以免文件不可恢复。

二、任务实现

子任务 1 “保护地球”课件片头

(1) 启动 COOL 3D。

(2) 打开百宝箱面板，选择“组合作品→影片”，调出影片样式库，如图 4-2-6 所示。

图 4-2-6 百宝箱面板

(3) 在右边样式库中，双击第一行第一列的影片效果缩略图。此时，会新建一个设计演示窗口，并将刚才选中的影片效果添加到该窗口中，如图 4-2-7 所示。

(4) 在标准工具栏内的“从对象列表中选取对象”下拉列表框中选择“COOL 3D STUDIO”选项，如图 4-2-8所示。

图 4-2-7 添加了影片的设计演示窗口

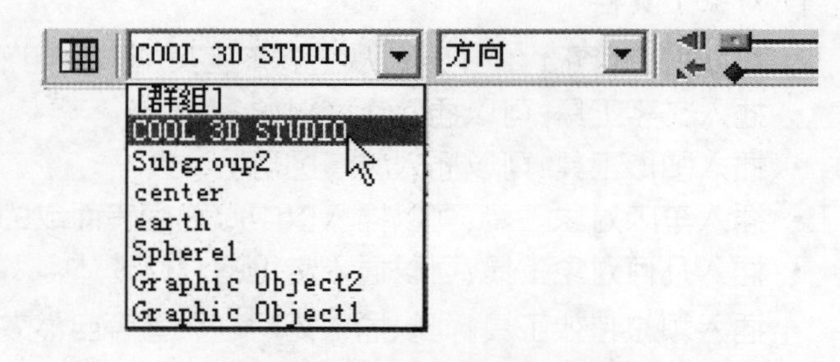

图 4-2-8 选中需要修改的文字对象

(5) 单击对象工具栏中的“编辑对象”按钮，调出“插入文字”对话框。将该对话框中的“COOL 3D STUDIO”文字改为“爱护地球”，字体改为楷体，完成后单击“确定”按钮，如图 4-2-9 所示。

(6) 按照同样的方法，单击百宝箱面板中分类栏的“场景→视频背景”，双击右侧的“星空视频”，将影片的背景改为星空视频效果，如图 4-2-10 所示。

(7) 将该动画以“爱护地球. c3d”名称保存。执行“文件→创建视频文件”菜单命令，调出“存为视频文件”对话框，将动画保存成名为“爱护地球. avi”的视频文件。

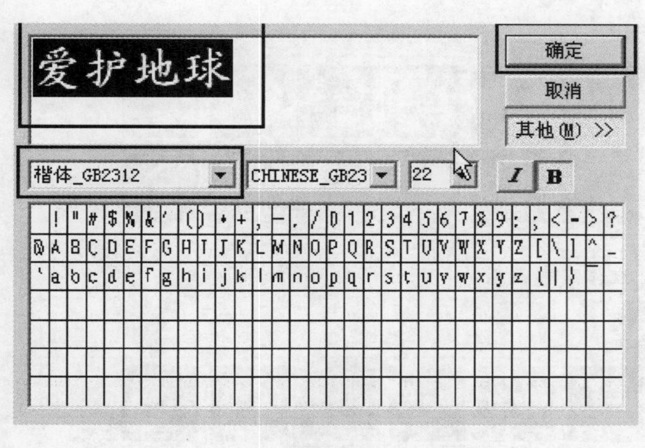

图 4-2-9 "插入文字"对话框

图 4-2-10 最终效果

【温馨提示】输出一个 Gif 动画文件，可以执行"文件→创建动画文件→Gif 动画文件"命令；还可以把动画的每一帧作为一个图像序列文件保存下来，静止图像格式有 BMP、GIF、JPEG 及 TGA 等。

子任务 2 "毕业自荐"视频片头

(1) 启动 COOL 3D，设置设计演示窗口的尺寸为 640×480。

(2) 单击对象工具栏中的"插入文字"工具 T，调出"插入文字"对话框，在文本框中输入文字"毕业自荐"，然后设置文字的字体、字号，设置完毕后，单击"确定"按钮，预览窗口就显示出相应的文字，如图 4-2-11 所示。

图 4-2-11 插入"毕业自荐"字样

(3) 单击文字工具栏中的"扩大字符间距"按钮 AB，对字符之间的距离进行适当的调整。

(4) 选择百宝箱面板中的"对象样式→斜角特效→一般"，再在右面框格中选中合适的斜角样式后双击，即可对文字对象运用该效果，如图 4-2-12 所示。

(5) 选择百宝箱面板中的"对象样式→物料属性→色彩"，双击右边的设定样板，给文字加上色彩，如图 4-2-13 所示。

(6) 选择时间轴面板，把"当前帧"和"总帧数"分别调至第 1 帧和第 50 帧，帧速保持默认的 15 帧/秒，如图 4-2-14 所示。同时在第 1 帧，利用位置工具栏上的"方向"按钮 和"位置"按钮 ，将文字沿 Z 轴旋转 30 度并移动至窗口的右上角。

图 4-2-12　立体文字效果

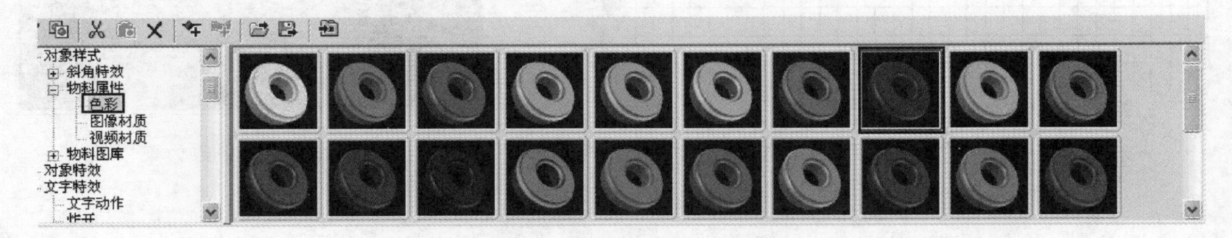

图 4-2-13　给文字加上色彩

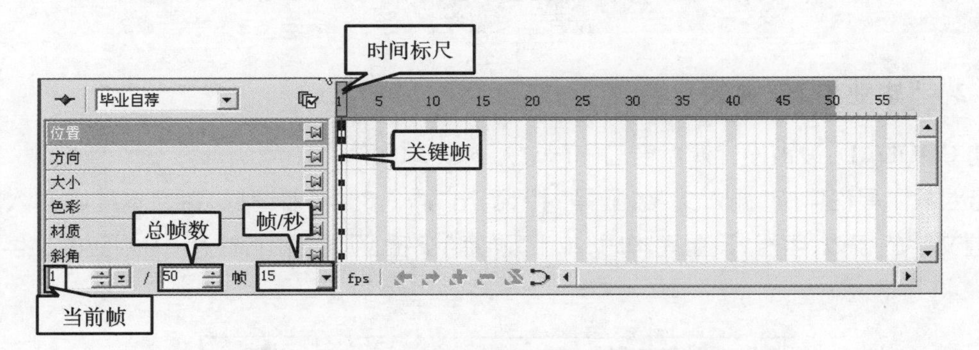

图 4-2-14　设置时间轴面板

【温馨提示】可以将文字完全移出设计演示窗口，本任务中为让读者看清，在右上角留有一小部分文字。

(7) 把时间标尺移动到第 15 帧，将文字移动至右下角，如图 4-2-15 所示。COOL 3D 会自动在第 15 帧对应的“位置”行添加一个关键帧。采用单击时间轴下方的“添加关键帧”按钮 的方法也能产生关键帧。

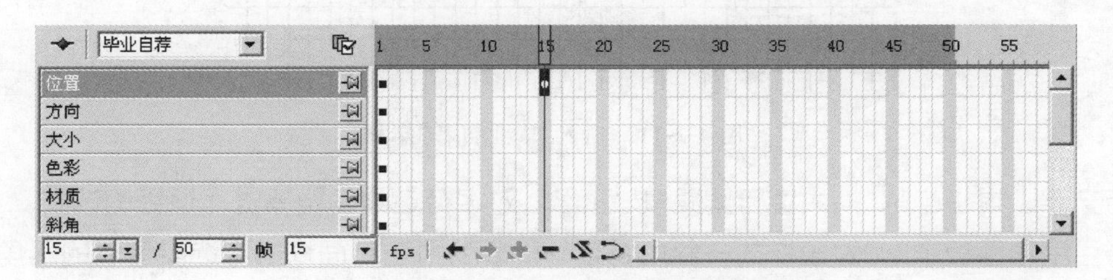

图 4-2-15　设置文字位置的改变

(8) 在第 30 帧将文字转正，移动到窗口正中间的下方，字体适当缩小，如图 4-2-16 所示。

【温馨提示】将文字完全移出窗口之后，利用位置工具栏仍可以对对象实现各类操作。

(9) 在第 40 帧将文字上移并沿 Y 轴旋转 180 度，效果如图 4-2-17 所示。

(10) 在第 45 帧，将文字移动至窗口中间并将文字放大，如图 4-2-18 所示。

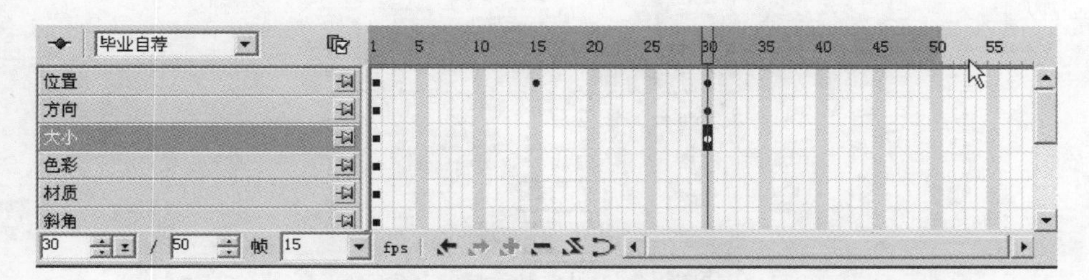

图 4-2-16 将文字放置在窗口下方

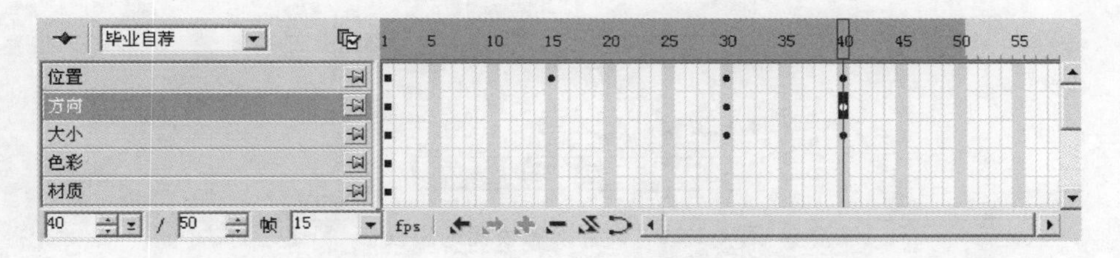

图 4-2-17 实现文字旋转上移

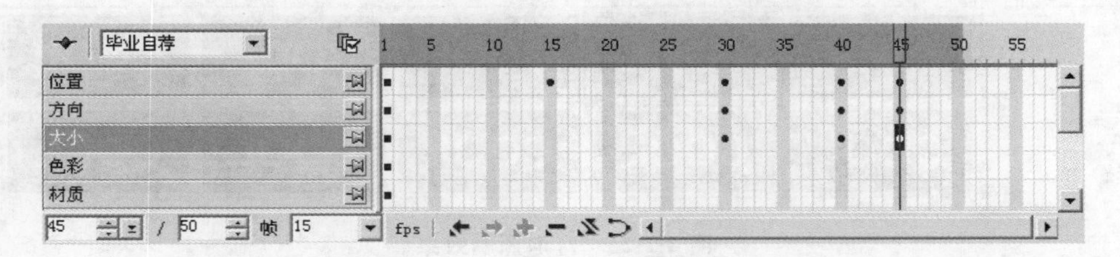

图 4-2-18 实现向前推进效果

(11) 选择百宝箱面板中的“整体特效→动态模糊”，给文字加上拖影效果，如图 4-2-19 所示。

图 4-2-19 动态模糊效果设置

(12) 给文字添加“动态模糊”特效后，时间轴面板如图 4-2-20 所示。

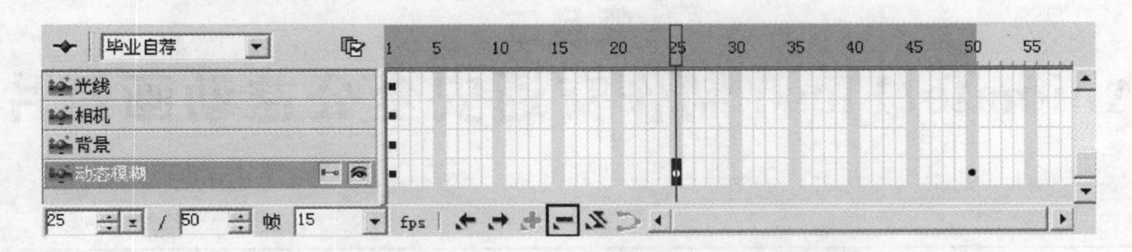

图 4-2-20 添加动态模糊后的时间轴面板

(13) 时间轴面板上每个关键帧的动态模糊参数可以修改。例如选中第 1 帧，在属性面板中修改其相关参数，设置拖影的“密度”和“长度”均为 10，“方向”为 30 度，如图 4-2-21 所示。

(14) 选择百宝箱面板中的“整体特效→灯泡”，给文字加上照明效果，如图 4-2-22 所示。

(15) 选择百宝箱面板中的“整体特效→火花”，给文字加上火花效果，如图 4-2-23 所示。

(16) 执行“文件→创建动画文件→视频文件”命令，在打开的“另存为视频文件”对话框中对文件进行保

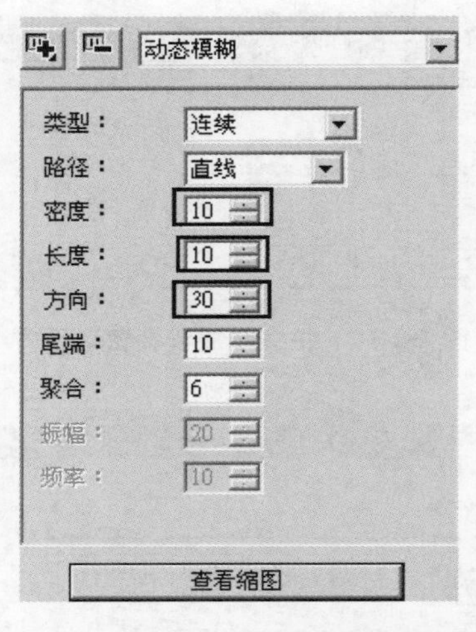

图 4-2-21　设置动态模糊的属性值

图 4-2-22　灯泡照明效果

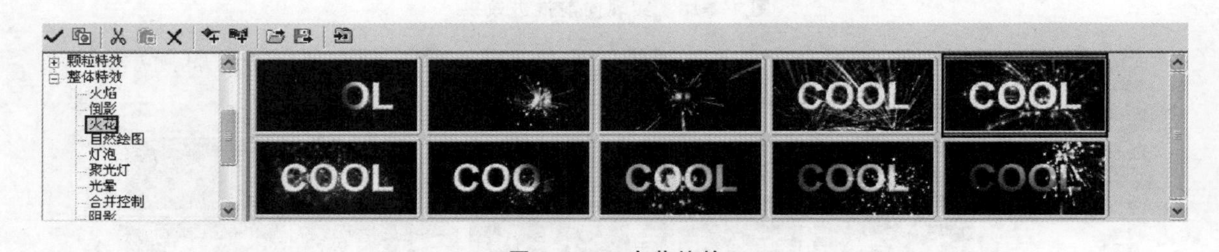

图 4-2-23　火花特效

存。不需要透明背景时，建议不要选中“透明背景”复选项。

项目三
Animate/Flash 制作交通安全公益动画短片

项目编号	No. P4-3	项目名称	Animate/Flash 制作交通安全公益动画短片
项目简介	Animate/Flash 是优秀的二维动画制作软件，本项目通过制作一个交通安全公益动画短片，帮助大家掌握 Animate CC 制作动画的基本方法。 短片梗概如下：外星人驾驶飞碟飞向地球，飞过大海，来到城市，飞碟变形为一辆汽车，行驶到十字路口，遇到红灯停车，给出交通安全宣传语：“遵守交通规则，外星人也不例外”。		
项目环境	多媒体电脑、Animate CC 软件		

续表

关键词	Flash、Animate、补间动画、引导动画、遮罩动画		
项目类型	实践型	项目用途	课程教学
项目大类	职业教育	项目来源	市公益广告大赛
知识准备	(1) 会安装 Animate CC 软件; (2) 了解平面动画制作基本过程。		
项目目标	(1) 知识目标: ① 掌握绘图的基本方法和技巧; ② 理解帧、图层、场景和元件的概念; ③ 理解补间动画、引导动画、遮罩动画的基本原理; ④ 了解基本的 AS 控制影片播放的方法。 (2) 能力目标: ① 掌握利用 Animate CC 制作动画的基本方法和步骤; ② 能根据实际工作任务选择合适的方法制作动画。 (3) 素质目标: ① 通过具体任务的实现,体会完成作品后的成就感,培养学生的自主学习能力和审美意识; ② 通过小组合作完成项目,提高学生分析问题、解决问题的能力,培养学生团队合作精神和学以致用的意识。		
重点难点	(1) 补间动画、引导动画和遮罩动画的原理和制作方法; (2) 元件在影片剪辑中的使用技巧。		

任务一 Animate/Flash 软件介绍

一、任务描述

动画制作主要包括前期准备阶段和动画制作阶段。前期准备阶段的工作主要有前期策划、编写剧本和脚本、设计文字分镜头和动画分镜头。目前动画制作阶段主要采用电脑软件完成,Animate/Flash 就是主流的二维动画制作软件,它们的主要工作有导入图片、声音等素材,创建角色和场景,制作动画镜头,最后合成导出等。

本项目采用最新版本的 Animate CC 作为学习软件,本任务要求大家学会如何使用 Animate CC 软件,就是要熟悉软件界面结构,理解软件相关术语,掌握软件基本操作方法,为后续任务学习打下基础。

二、预备知识

Flash 是由 Adobe 公司开发的一款优秀的二维矢量动画制作软件,可以集成视频、声音、图形等多媒体素材,同时具备应用程序开发功能。因此,无论是在网站设计、网络动画还是在二维动画片的制作中,它都得到了广泛的应用。

Animate CC 是由 Flash CC 更名而来的,在支持 Flash SWF 文件的基础上,加入了对 HTML5 的支持,同时新增了摄像和图层景深,功能更强大。Flash 的前身是 Future Wave 公司的 Future Splash,是世界上第一个商用的二维矢量动画软件,用于设计和编辑 Flash 文档。1996 年 11 月,美国 Macromedia 公司收购了 Future Wave,并将其改名为 Flash,后又于 2005 年 12 月 3 日被 Adobe 公司收购。2015 年 12 月 1 日,Adobe 将动画制作软件 Flash Professional CC 2015 升级并改名为 Animate CC 2015.5。

三、任务实现

1. 软件工作界面

启动 Animate CC 后，在“新建”下方选择 ActionScript 3.0，建立一个新的源文件。本项目案例全部采用此方法建立文件。

Animate CC 提供了多种工作界面，有动画、传统、调试、设计人员、开发人员、基本功能、小屏幕及自定义等，方便不同用户使用。本项目全部采用动画工作界面进行介绍，选择方法是，在软件启动后，在右上角下拉列表中选择“动画”即可，如图 4-3-1 所示。

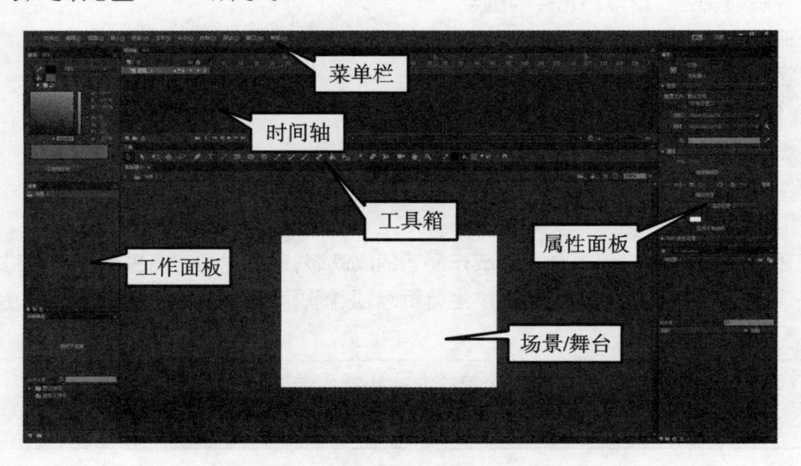

图 4-3-1 Animate CC 动画工作界面

• 菜单栏：Animate CC 包含 11 个命令菜单，分别是文件、编辑、视图、插入、修改、文本、命令、控制、调试、窗口、帮助。

• 时间轴：创建 Animate /Flash 动画的关键部分，通过对图层和帧的编辑操作，实现动画的组织和管理。

• 工具箱：提供了图形绘制和编辑的各种工具，依次包括选择工具、文字及图形、颜色、摄像及辅助、笔触及填充色、选项等类型。

• 场景 /舞台：舞台是制作动画的区域，白色区域是动画最终显示的实际区域，舞台是设计者进行动画制作和编辑的区域，可以放置各类图形、图像、视频、文字、元件等可视化内容，甚至可以“放置”声音素材。舞台可以由一个或多个场景组成，尺寸可以由属性面板修改。

• 工作面板：Animate CC 提供了众多的工作面板，可以实现对媒体和资源的查看、组织和更改等。动画工作区常用面板位于屏幕两侧，包括颜色、场景、属性、库等常用面板。所有面板(包括上述除菜单栏以外的面板)均可以显示或隐藏，可通过“窗口”菜单查看已经显示的面板，并可以浮动、组合或固定显示。

• 属性面板：默认情况下，显示发布文档的属性，还可以调节帧频(FPS，frames per second，动画每秒钟的画面数)、舞台大小、舞台颜色等。当选择工具箱中的文字及图形工具时，如钢笔、文字、线条、矩形、铅笔、画笔等，将显示其相应的属性信息，可以修改对象属性。

2. 相关概念

1) 图层

Animate CC 中的图层与 Photoshop 中的类似，可以帮助用户在文档中组织各种可视化对象。可以在一个图层上绘制和编辑对象，而不会影响其他图层上的对象。在图层上没有内容的舞台区域中，可以透过该图层看到下面的图层。图层分为标准图层、遮罩层、引导层、骨架图层等。图层面板在时间轴面板的左边部分，如图 4-3-2 所示。

图 4-3-2　图层面板

通过图层面板，可以对图层进行以下常用操作：

• 新建图层：单击时间轴底部的“新建图层”按钮，或通过菜单“插入→时间轴→图层”，添加一个新的标准图层。可以双击图层名称进行修改，方便管理。

• 新建文件夹：单击时间轴底部的“新建文件夹”图标，或通过菜单“插入→时间轴→图层文件夹”，添加一个新的文件夹。文件夹中可以包含图层，也可以包含其他文件夹，可以像在计算机中组织文件一样来组织图层。

• 删除：删除图层或文件夹。删除文件夹时，还将删除文件夹中的所有图层及其内容。

• 隐藏、锁定、轮廓显示：可以通过在图层或文件夹名称右侧单击实现对当前图层或文件夹的隐藏、锁定、轮廓显示，还可以单击上方的“眼睛”“锁”“矩形”图标实现所有图层或文件夹的隐藏、锁定、轮廓显示。再次单击，可实现显示、解锁和正常显示。

• 摄像头开关：摄像头是 Animate CC 的新增功能。单击该按钮即可启动或禁用摄像头，可以模拟真实的摄影机实现拍摄效果，比如利用推拉实现对画面的放大和缩小，利用移动和旋转实现画面的位置变化等。

• 高级图层开关：高级图层也是 Animate CC 的新增功能。打开后，可以将每个图层置于 2D 动画的不同平面中，以创建深度感，配合图层深度面板和摄像头工具，可以创作具有景深变化的动画效果。

2）帧

Animate/Flash 文档将时长划分为类似于胶片的帧。帧是任何动画的核心，指定每一段的时间和运动。时间轴上的每一帧都可以包含需要显示的所有内容，包括图形、声音、各种素材和其他多种对象。影片中帧的总数和帧频共同决定了影片的总长度，影片长度等于帧总数除以帧频。帧大致分为以下几种类型，如图 4-3-3 所示。

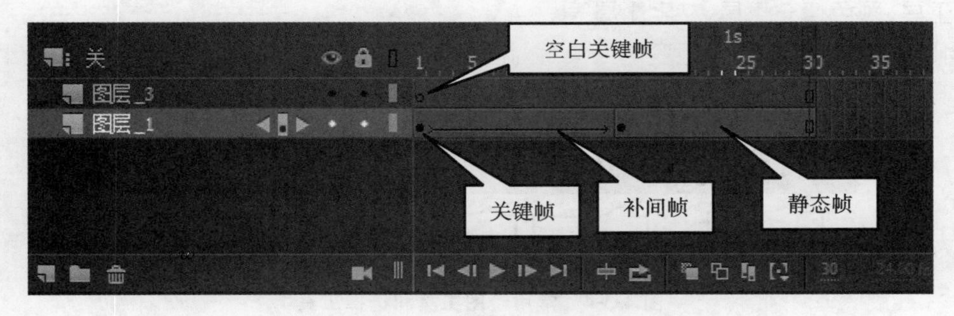

图 4-3-3　时间轴上面的帧

• 关键帧：形成动画的关键画面，用来定义动画变化、更改状态的帧，即编辑舞台上存在实例对象并可对其进行编辑的帧。可以说，没有关键帧就没有动画，至少需要两个关键帧才能实现过渡动画效果。关键帧在时间轴上显示为实心的圆点。插入关键帧的快捷键是【F6】。

• 空白关键帧：没有任何内容的关键帧。插入空白关键帧，可清除该帧后面的延续内容，可以在空白关键帧上添加新的实例对象。空白关键帧在时间轴上显示为空心的圆点。插入空白关键帧的快捷键是【F7】。

• 补间帧。制作某种类型的动画时，关键帧之间的动画由 Animate/Flash 自动补全，这些帧称为补间帧。补间帧显示为不同颜色的背景和一个箭头效果。

- 静态帧:也叫普通帧,是指内容没有变化的帧,其中的内容与前面的关键帧内容相同,主要用来延迟播放时间。关键帧后面的静态帧显示为灰色,空白关键帧后面的静态帧显示为白色,最后一帧显示为一个中空矩形。插入静态帧的快捷键是【F5】。

3) 矢量动画

矢量动画是用矢量图制作的动画,Animate/Flash 制作的动画就是矢量动画。矢量图是根据几何特性来绘制的图形,矢量可以是一个点或一条线,矢量图只能靠软件生成,文件占用内存空间较小。它的特点是放大后图像不会失真,和分辨率无关。矢量动画同样具有无限放大不失真、占用较少储存空间等优点。缺点是它不利于制作复杂逼真的画面效果,所以 Animate/Flash 的矢量动画以抽象卡通风格的居多。

4) 源文件与动画文件

Animate/Flash 的源文件的扩展名为“. fla”,生成的动画文件的扩展名为“. swf”(按快捷键【Ctrl+Enter】可测试影片,同时生成“. swf”文件)。“. swf”不能用于编辑,可通过相应的播放器 Adobe Flash Player 或一些通用播放器播放,若网页浏览器中安装了 Flash 插件,也可以用其播放。

任务二　绘制角色和场景

一、任务描述

绘制角色和场景是制作动画的第一步。本项目中需要绘制多种角色和场景,角色主要有飞碟、汽车侧面和汽车内部等,场景有高山、大海、不同角度的街道等。

本任务中,利用基本图形工具和填充工具绘制飞碟,利用钢笔工具描绘汽车,综合利用多种绘图工具制作街道等。

二、预备知识

Animate CC 提供了丰富的绘图工具,常用的工具主要有基本图形工具、直线工具、铅笔工具、画笔(刷子)工具、钢笔工具、颜色填充工具、文字工具等。

另外,还可以使用选择工具、任意变形工具等对图形进行编辑,如图 4-3-4 所示。

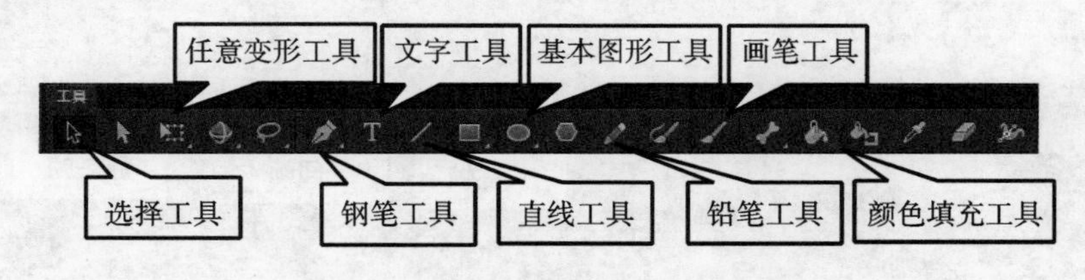

图 4-3-4　常用绘图工具和选择工具

1. 基本图形工具

基本图形工具包括矩形、椭圆、基本矩形、基本椭圆、多角星形工具。它们的操作方法类似,一般都是先用鼠标左键单击相应图形工具,鼠标移动到舞台后,变成十字形,然后拖动鼠标左键完成绘制。另外,在屏幕右侧属性面板中可以设置相应图形的笔触颜色、填充颜色、笔触宽度、笔触样式等参数。图 4-3-5 所示为矩形工具的属性面板。

Animate CC 中的图形一般包括笔触(线条)和填充两部分,对已经绘制好的基本形状,可用选择工具单独选中线条和填充。此时，右侧面板变为形状面板，增加了位置和大小的设置，如图 4-3-6 所示。

当矩形工具、椭圆工具配合【Shift】键绘制时，可以绘制正方形和圆形。

矩形、椭圆与基本矩形、基本椭圆的区别是，基本矩形、基本椭圆绘制的图形上面有节点（浅蓝色），使用选择工具拖动节点，可以将其改变成其他形状。如图 4-3-7 所示，通过调节节点，使基本矩形、基本椭圆变成圆角矩形、扇形和圆环。

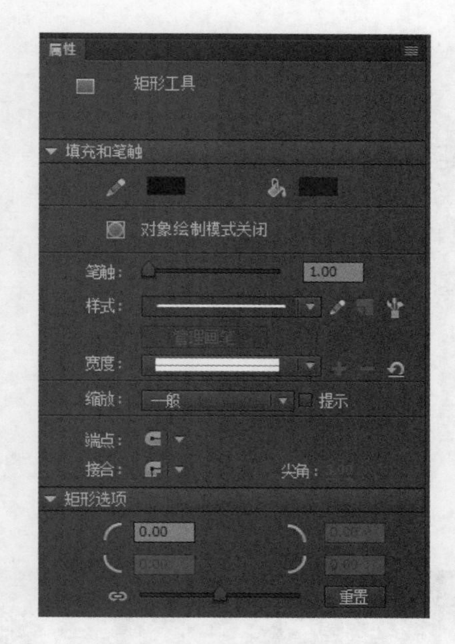

图 4-3-5　矩形工具属性面板

2. 直线工具

使用直线工具可以绘制不同角度和方向的直线。可以通过属性面板设置笔触颜色、笔触宽度、笔触样式等参数。当按下【Shift】键绘制时，可以向不同方向得到水平线、垂直线和 45 度角直线。

3. 铅笔工具

使用铅笔工具可绘制任意线条，就像用真实的铅笔画图一样。属性设置与直线工具相似，不同点是增加了平滑度参数，设置范围是 0～100，数值越大，线条越平滑。另外，在工具栏的最右边，还可以选择三种铅笔绘图模式，分别是伸直、平滑和墨水模式，如图 4-3-8 所示。

图 4-3-6　在形状面板中可以设置位置和大小

图 4-3-7　基本矩形、基本椭圆的调节

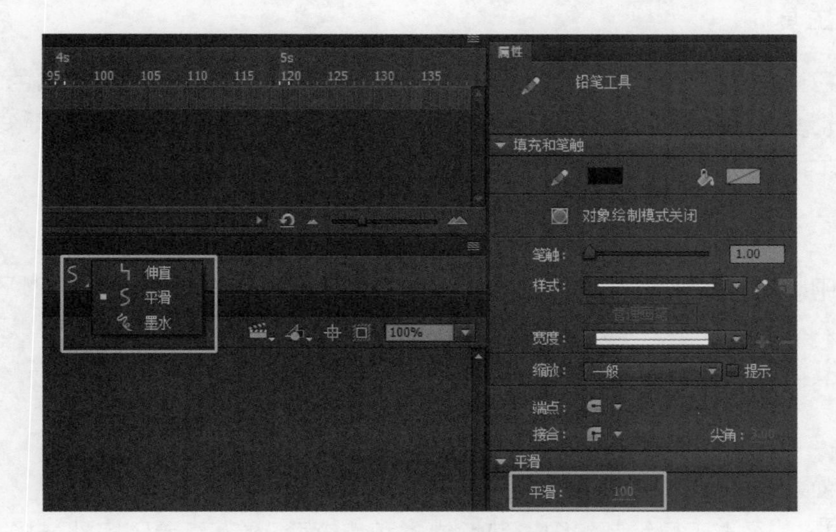

图 4-3-8　铅笔工具三种绘图模式和属性面板

4. 钢笔工具

使用钢笔工具可绘制贝塞尔曲线，贝塞尔曲线是由路径点（称为锚点）连接而成的图形，实现绘制精确的路径，如直线、平滑流畅的曲线、闭合路径曲线等。钢笔工具及附加工具如图 4-3-9 所示。

• 钢笔工具：绘制方法是，单击（或拖动）产生初始锚点，移动鼠标到其他位置单击产生直线；移动鼠标到其他位置单击并拖动鼠标产生曲线，这时，锚点两边会出现手柄；若闭合曲线，移动鼠标到起始锚点单击，如图 4-3-10 所示。

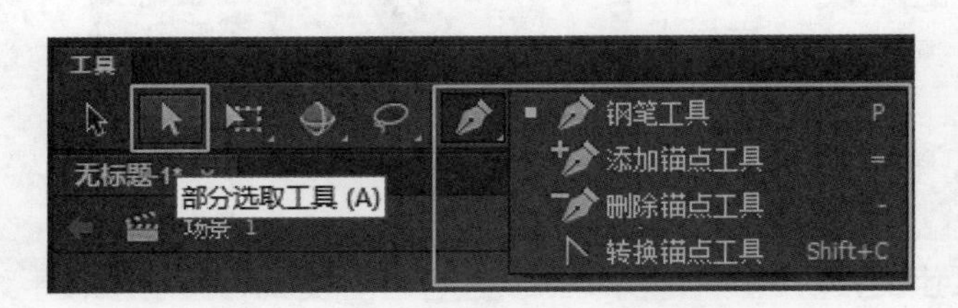

图 4-3-9 钢笔工具及其附加工具

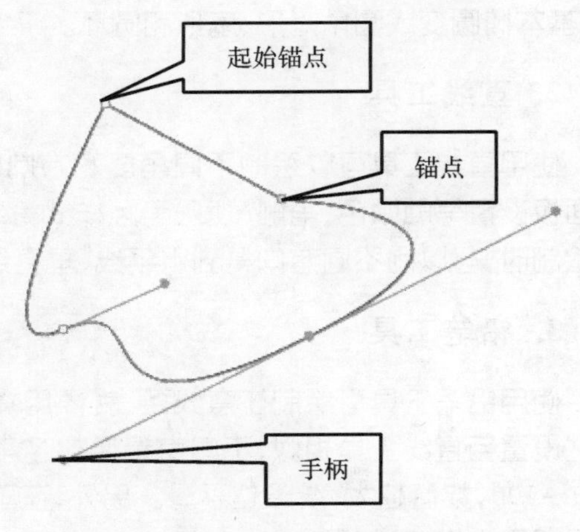

图 4-3-10 用钢笔工具绘制曲线

• 添加锚点工具：在已绘制的路径曲线上单击可添加一个锚点。

• 删除锚点工具：在已绘制的路径上单击锚点可删除一个锚点。

• 转换锚点工具：在已绘制的路径上单击锚点，可将该锚点改变成直线锚点，两边线条变成直线，锚点两边无手柄；单击某锚点并移动鼠标，可将该锚点改变成曲线锚点，两边的线条变成曲线，同时锚点两边会出现手柄。

• 部分选取工具：选择已绘制好的任意图形，图形轮廓会出现锚点，选择某个锚点可进行移动，或调节锚点两端的手柄，从而实现图形形状的调整。

5. 颜色填充工具

颜色填充工具包括颜料桶工具和墨水瓶工具，分别实现填充颜色的修改和笔触颜色的修改。颜料桶工具需在闭合的线条轮廓内填充颜色。另外，还可以通过屏幕上的颜色面板，设置线性渐变、径向渐变和位图填充，如图 4-3-11 所示。

6. 文字工具

动画制作过程中必然离不开文字的使用，Animate CC 的文字工具与多数软件中的文字工具类似，能实现文字在舞台的输入。通过文字工具面板，可以设置字体、大小、颜色、对齐方式、间距、边距等，还可以对文字添加滤镜效果，如投影、模糊、发光、斜角等，如图 4-3-12 和图 4-3-13 所示。

7. 选择工具

选择工具能实现对对象的选择、移动、变形等操作。

前面讲过，用自带的图形工具绘制的图形包括线条和填充两部分，可分别实现选择。单击线条或填充部分，会选择一段线条或部分单色填充内容；在线条上双击鼠标左键，可以选择全部连续线条；在填充上双击鼠标左键，可以选中整个图形；对于用对象模式绘制的基本图形、元件或位图等对象，单击会选中整个对

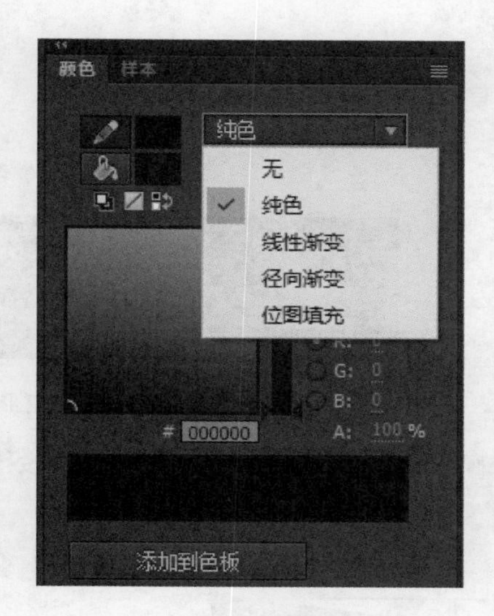

图 4-3-11 颜色面板

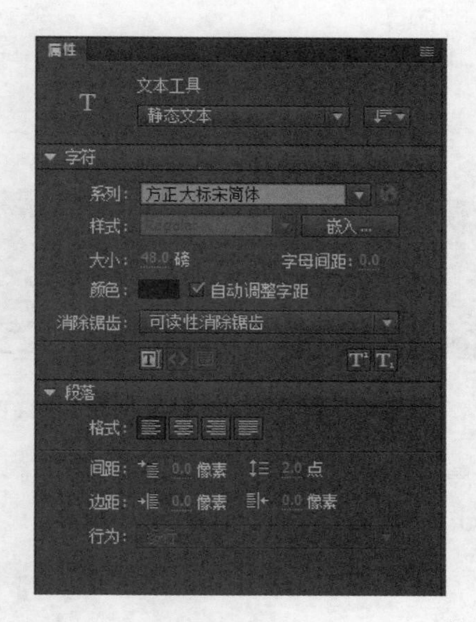

图 4-3-12 文字工具面板

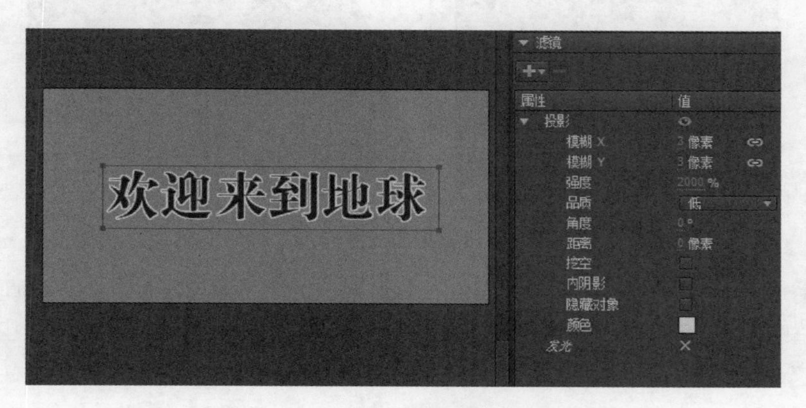

图 4-3-13 用投影滤镜给文字加边框

象;对元件双击会进入元件编辑模式。

比如,移动整个图形时,必须先在填充上双击鼠标左键,再用移动工具对它进行拖动,才能完成图形位置的变化,如图 4-3-14 所示。

图 4-3-14 移动图形

用选择工具还可以通过对图形的顶点(锚点)和线条的拖动实现变形。操作方法是:取消选择某个图形,鼠标移至该图形轮廓某个顶点时,鼠标指针右下方会出现直角,此时单击移动鼠标,可调整顶点位置;鼠标移至图形线条上,鼠标指针右下方会出现弧线,此时单击移动鼠标,可调整线条为任意曲线。图 4-3-15 所示为对顶点和线条的调整。

8. 任意变形工具

任意变形工具包含两个工具，即任意变形工具和渐变变形工具，如图 4-3-16 所示。

图 4-3-15 用选择工具对顶点和线条的调整

图 4-3-16 任意变形工具和渐变变形工具

任意变形工具实现对图形的旋转、倾斜、缩放、扭曲和封套等操作。通过变形面板可对图形参数做精确设置，如图 4-3-17 所示。

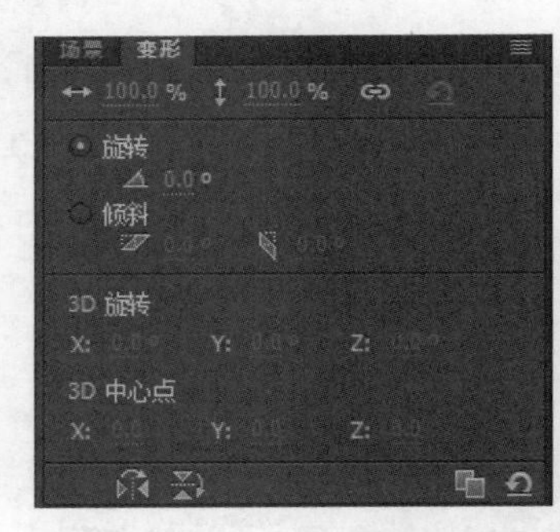

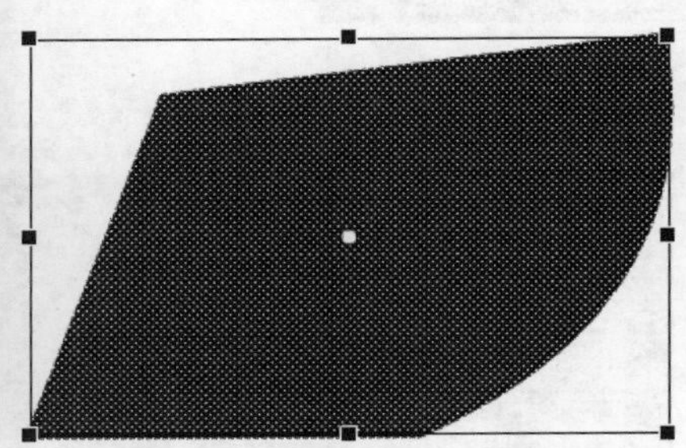

图 4-3-17 变形面板和任意变形工具的使用

渐变变形工具用于调整渐变颜色、填充对象和位图的尺寸、角度和中心点。选中填充区域，在调整对象周围会出现用于调整中心点、渐变方向、渐变范围等的控制手柄，注意对于线性渐变和径向渐变，调整方式会有所不同，如图 4-3-18 所示。

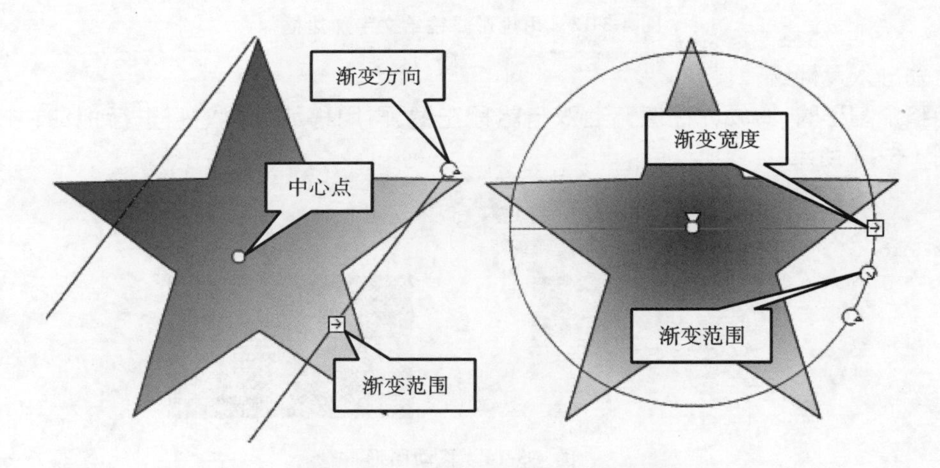

图 4-3-18 线性渐变和径向渐变的调整

三、任务实现

子任务 1 绘制角色“飞碟”

本子任务主要学习利用基本图形工具绘制图形轮廓的方法，并学习用移动工具修改图形的使用技巧，同时学习填充颜色的方法。

(1) 新建一个文件，导入“飞碟.jpg”文件，以此图像作为参考。打开文件夹，拖动“飞碟.jpg”到 Animate CC 的舞台，完成图像的导入，如图 4-3-19 所示。另外，也可以通过菜单“文件→导入”实现图像或视频、声音文件的导入。

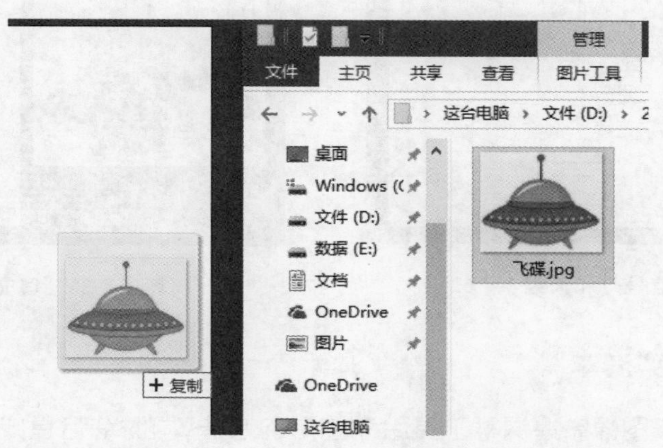

图 4-3-19 拖动素材到舞台实现导入

(2) 调整图像大小，拖动图片到舞台旁边，绘制前，设置笔触颜色为黑色，取消填充颜色。打开“紧贴至对象”开关，如图 4-3-20 所示。

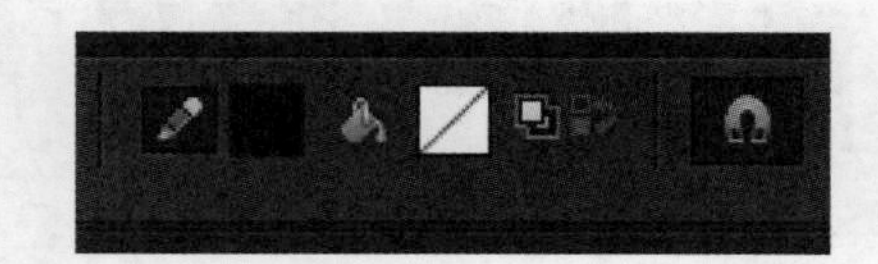

图 4-3-20 笔触、填充和紧贴开关设置

(3) 新建一个图层，用椭圆工具绘制三个椭圆轮廓，分别是飞碟顶部、中部和下部，调整图形轮廓位置，选择多余线条，按【Delete】键删除，如图 4-3-21 和图 4-3-22 所示。

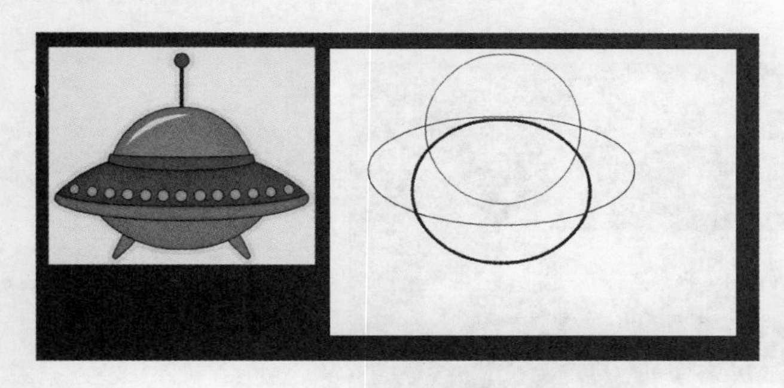

图 4-3-21 绘制椭圆

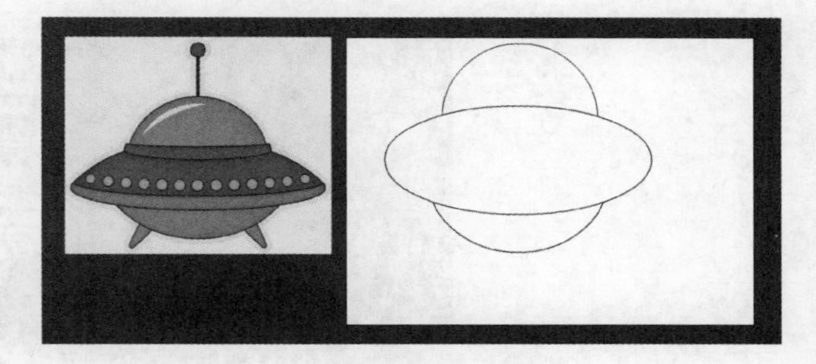

图 4-3-22 删除多余线条 1

(4) 用矩形工具、直线工具分别绘制相应图形轮廓，调整线条，删除多余线条，如图 4-3-23 和图 4-3-24 所示。

图 4-3-23 绘制轮廓

图 4-3-24 删除多余线条 2

(5) 按【Shift】+椭圆工具绘制圆形，制作信号灯，用矩形工具绘制天线，并调整位置，如图 4-3-25 所示。

(6) 用颜料桶工具选取不同颜色填充相应区域，顶部用径向渐变填充，并用渐变变形工具调整填充效果，如图 4-3-26 所示。保存文件为“飞碟. fla”。

图 4-3-25　绘制信号灯和天线

图 4-3-26　填充颜色和调整渐变填充

子任务 2　绘制角色“汽车”

本子任务主要通过临摹图像掌握钢笔工具绘制图形的方法，同时结合直线、椭圆、移动、颜色填充等工具的使用完善汽车细节。

图 4-3-27　图层设置

(1) 新建一个文件，导入“汽车. jpg”文件，以此图像作为参考。

(2) 调整图像大小，锁定汽车所在图层_1，新建图层_2，如图 4-3-27所示。

(3) 调整显示比例为 200%，选中图层_2，用钢笔工具单击产生起始锚点，移动鼠标到另一位置，拖动鼠标产生曲线，如图 4-3-28 所示。沿汽车轮廓依次绘制曲线，形成外围闭合轮廓(不包括车轮)。当需要直线锚点时，按【Shift】键的同时单击锚点，可使后续曲线为直线，如图 4-3-29 所示。

图 4-3-28　用钢笔工具绘制曲线

图 4-3-29　用钢笔工具绘制汽车外围轮廓

(4) 继续利用钢笔工具绘制其他曲线，直线部分可以用直线工具绘制，车灯用椭圆工具绘制，并用任意变形工具调整大小和角度，如图 4-3-30 所示。

图 4-3-30　用椭圆工具绘制车灯并调整

（5）隐藏图层_1，查看绘制的效果，继续调整细节部分，如图 4-3-31 所示。

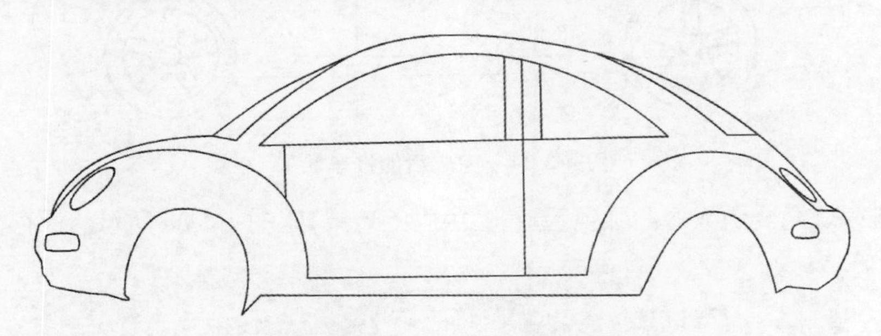

图 4-3-31　车身整体轮廓

（6）取消隐藏图层_1，新建图层_3，用于绘制车轮。选择椭圆工具，按【Shift】键绘制大小与车轮大小一致的圆，调整位置。继续绘制里圈的小圆，用直线工具绘制轮毂线条，如图 4-3-32 所示。

图 4-3-32　绘制车轮

（7）选择汽车车轮全部线条，复制一个，并拖动到后车轮的位置，如图 4-3-33 所示。

（8）隐藏图层_1，查看完成的汽车轮廓，如图 4-3-34 所示。

（9）选择合适的颜色，分别对绘制的汽车轮廓各部分填充颜色。车前后玻璃和侧面车窗颜色设置为灰色，

图 4-3-33　复制车轮

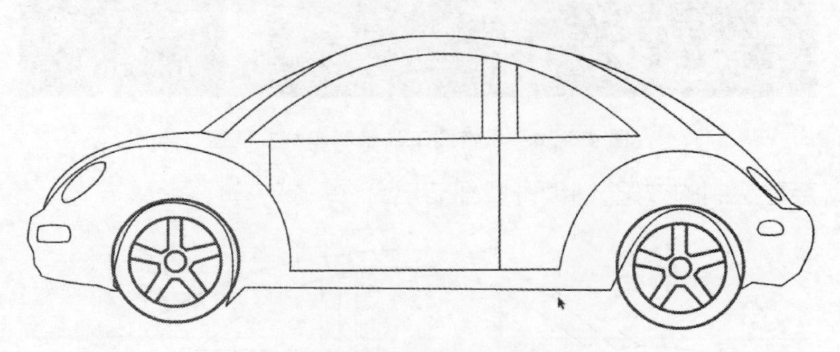

图 4-3-34　完成后的汽车轮廓

透明度设置为 30%进行填充。更改舞台颜色,查看上色后的效果,如图 4-3-35 所示。保存文件为“汽车. fla”。

图 4-3-35　汽车侧面最后效果

(10) 新建一个文件,利用各种绘图工具绘制汽车内部正面效果图,如图 4-3-36 所示。保存文件为“汽车内部. fla”。

图 4-3-36　汽车内部正面效果

子任务3 绘制场景“街道”

本子任务主要学习综合利用各种常用工具绘制街道的方法及常用工具的使用技巧，从而快速高效地制作各种角色和场景素材。

（1）新建一个文件，设置舞台大小为高清尺寸：宽1280像素，高720像素。

（2）建立多个图层，分别命名为天空、白云、街道、红绿灯、树、房子等，分别绘制相应对象，注意较远的对象所在图层放置下面，如图4-3-37所示。

（3）利用多种绘图工具进行绘制，完成街道侧面的绘制，保存文件为“街道.fla”。

（4）新建文件，绘制不同视角的街道，如图4-3-38所示。保存文件为“街道正面.fla”。

图4-3-37 图层位置关系

图4-3-38 不同视角的街道

子任务4 绘制场景“高山”“海边”等

本子任务与子任务3绘制场景“街道”类似。完成后效果如图4-3-39所示。文件分别保存为“高山.fla”和“海边.fla”。

图4-3-39 高山和海边

任务三 补间动画制作变形和运动动画

一、任务描述

用补间形状动画制作飞碟变形为汽车的过程，用传统补间动画制作汽车行驶。

二、预备知识

Animate/Flash基本动画类型包括逐帧动画和补间动画。补间动画是Animate/Flash动画设计的核心,包括补间形状和传统补间,从 Flash CS3 开始增加了一种新的补间动画。

传统补间动画需要元件制作动画。

1. 逐帧动画

逐帧动画利用动画基本原理,也就是视觉暂留原理。比如电影胶片,虽然每格胶片内容都不同,但快速播放就能形成连续的画面。

在 Animate /Flash 中创建逐帧动画,需要将每个帧都转换为关键帧,然后给每个帧制作不同的图像,因此,会增加制作负担,而且源文件与输出动画文件占用的磁盘空间变大。但它的优势也很明显,因为它与电影播放模式很相似,适合于表现细腻的动画,如口型动画、角色身体或四肢动作等效果。

2. 补间形状动画

补间形状动画也可以称为变形动画。补间形状动画是在一个关键帧中绘制一个形状,然后在后一个关键帧中更改该形状或绘制另一个形状等,Animate /Flash 会自动补全中间的变形状态,它可以实现两个图形之间颜色、形状、大小、位置的相互变化。补间形状动画建立后,时间轴面板的背景色变为深绿色(Flash 中为浅绿色),在两个关键帧之间有一个长长的箭头,如图 4-3-40 所示。

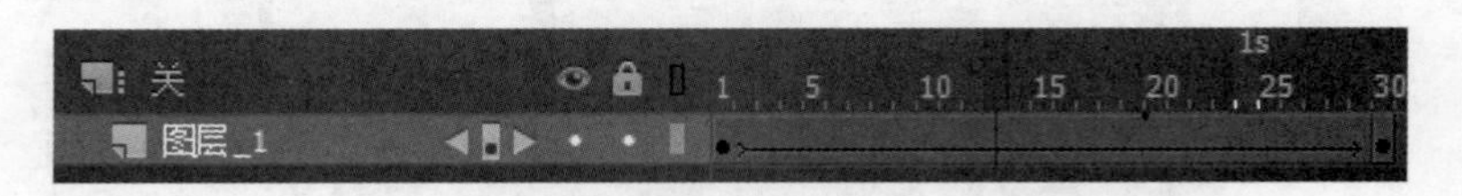

图 4-3-40　补间形状动画

构成补间形状动画的元素为绘制的形状,而不能是图形元件、按钮、文字等,如果要使用图形元件、按钮、文字,则必先分离(也叫打散,快捷键【Ctrl+B】)后才可以做补间形状动画。

【温馨提示】

(1) 补间形状动画可以通过形状提示控制动画的变形过程,方法是:单击菜单"修改→形状→添加形状提示"。此处不展开叙述。

(2) 可以设置动画的缓动效果,使动画不再是线性变化,方法是:单击时间轴上动画的任意一帧,在右侧动画属性面板的补间中,找到"缓动"进行设置。此处不展开叙述。

3. 元件

元件是 Animate /Flash 动画里的一个最基本的重要概念。元件包括图形、按钮和影片剪辑三种类型,创建好的元件都保存在"库"面板中。

- 图形元件:通常用于静态的图形或图像,不具有交互性。
- 按钮元件:影片中创建的对应鼠标事件的交互按钮,它默认有弹起、指针经过、按下、点击区四个关键帧,对应鼠标的不同动作。
- 影片剪辑元件:包含在 Flash 影片中的影片片段,就像一个独立的小电影。影片剪辑是用途最广、功能最多的元件类型,可以包含交互控制、声音以及其他影片剪辑的实例。

创建元件的方法是:

(1) 新建一个空白元件,然后在元件编辑状态下创建元件内容。方法是:单击菜单"插入→新建元件"或按快捷键【Ctrl+F8】新建元件。

(2) 将舞台中的对象转换成元件。方法是:选中舞台中的对象,单击鼠标右键,选择"转换为元件";或按快捷键【F8】创建。

在“库”面板中双击某元件图标可进入元件编辑状态，此时的时间轴和元件编辑区与场景舞台类似，不同之处在于元件编辑区中有一个十字形标记，称为注册点，相当于坐标原点，它决定了元件的位置，如图4-3-41所示。

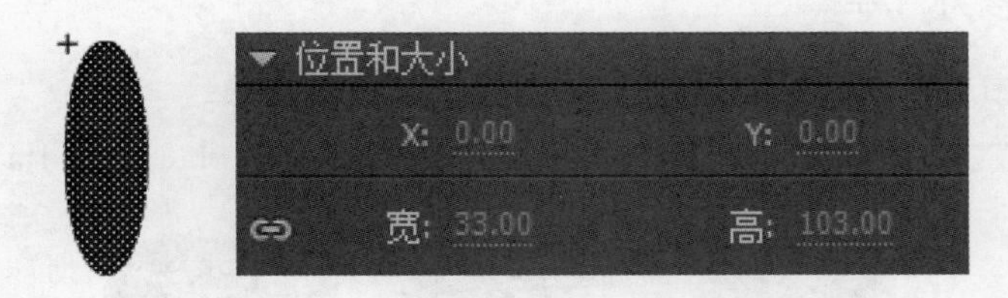

图 4-3-41　元件编辑区与位置和大小面板

三种元件在创建时都有自己的图层和时间轴，可以创建多个图层和时间长度。三种元件类型在库中可以相互转换，同时，在舞台中使用时也可以互相转换。拖动元件到舞台即可使用，此时把它称为元件的一个实例，在舞台中可以创建一个元件的多个实例，并可以改变大小、色彩、透明度等属性，如图 4-3-42 所示。

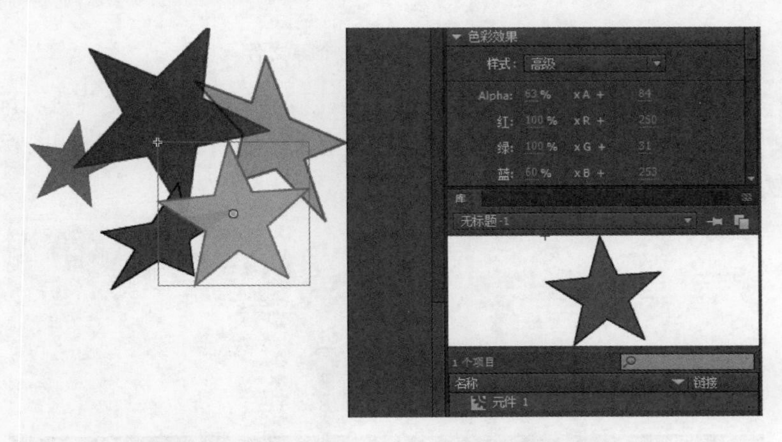

图 4-3-42　为同一个元件的多个实例设置不同效果

4. 传统补间动画

传统补间动画也称为动作动画。元件是制作传统补间动画的基本元素。

传统补间动画是在一个关键帧上放置一个元件实例，然后在下一个关键帧上改变这个元件实例的大小、颜色、位置、透明度等，Animate/Flash 会自动补全中间的变化状态。动作动画建立后，时间轴面板的背景色变为深紫色(Flash 中为浅紫色)，在两个关键帧之间有一个长长的箭头，如图 4-3-43 所示。

图 4-3-43　传统补间动画

构成传统补间动画的元素是元件，包括影片剪辑、图形元件、按钮元件、文字、位图、组合等，但不能是形状，只有把形状转换成元件后才可以做传统补间动画。

【温馨提示】

(1) 传统补间动画的属性面板与补间形状动画的类似，也可以设置缓动效果，另外，还可以设置旋转、调整到路径等操作。此处不展开叙述。

(2) 补间形状动画和传统补间动画关键帧的区别：补间形状动画要求两个关键帧必须为图形，而传统补间动画要求两个关键帧必须为同一个元件。

三、任务实现

子任务1　飞碟变形为汽车

本子任务主要学习利用补间形状动画制作飞碟变形为汽车的过程。

(1) 分别打开之前完成的 Animate/Flash 源文件:街道. fla、飞碟. fla、汽车. fla,如图 4-3-44 所示。

图 4-3-44　打开三个源文件

(2) 在"街道. fla"中新建一个图层 2(修改图层名称为飞碟变形),切换到"飞碟. fla"文件中,选择整个飞碟,按【Ctrl+C】复制,回到"街道. fla"文件中,选中图层 2 第 1 帧,按【Ctrl+V】粘贴,移动舞台中的飞碟到合适位置,如图 4-3-45 所示。

图 4-3-45　复制飞碟到舞台并调整位置

(3) 选中图层 1(修改图层名称为街道),单击时间轴 50 帧,按【F5】插入静态普通帧。单击图层 2 时间轴 50 帧,按【F6】插入一个空白关键帧,如图 4-3-46 所示。

图 4-3-46　图层 2 插入空白关键帧

(4) 切换到"汽车. fla"文件中,选择整个汽车,按【Ctrl+C】复制,回到"街道. fla"文件中,选中图层 2 第 50 帧,按【Ctrl+V】粘贴,移动舞台中的汽车到合适位置,基本与 50 帧中的飞碟位置相同,如图 4-3-47 所示。

(5) 在图层 2 中 1~50 帧任意帧上单击鼠标右键,在弹出菜单中选择"创建补间形状",即可完成动画制作,如图 4-3-48 所示。按【Ctrl+Enter】测试影片。

图 4-3-47　复制汽车到舞台并调整位置

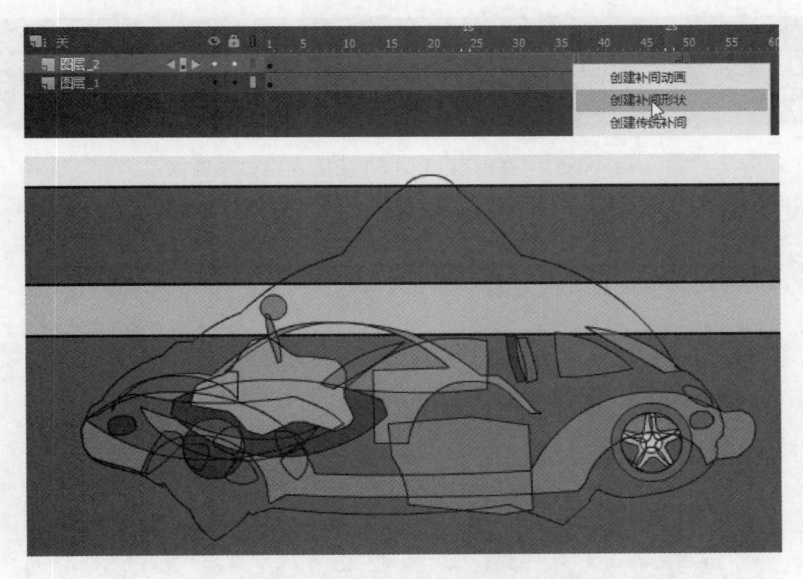

图 4-3-48　创建补间形状完成变形动画

子任务 2　汽车行驶动画

本子任务主要学习利用传统补间制作汽车行驶的动画效果(车轮的转动暂时不做)。

(1) 切换到“汽车. fla”文件中,按【Ctrl】键的同时单击图层_1 和图层_2,选中两个图层,右击鼠标,在弹出菜单中选择“拷贝图层”,如图 4-3-49 所示。

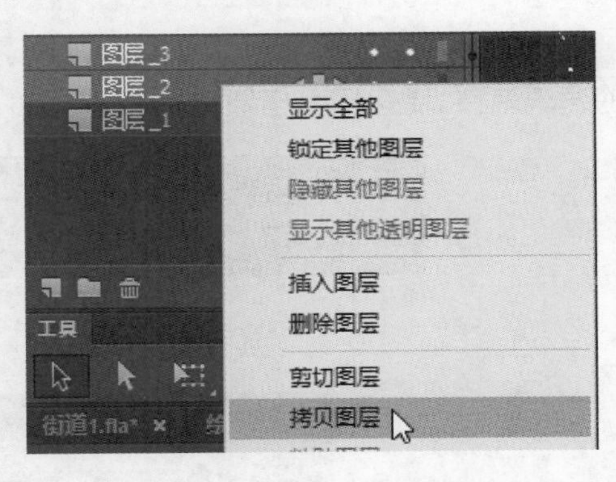

图 4-3-49　复制车身和车轮两个图层

(2) 回到“街道. fla”文件中,单击菜单“插入→新建元件”(或按快捷键【Ctrl+F8】),新建一个影片剪辑类型的元件(元件名称输入汽车),单击确定进入元件编辑状态,在图层_1 上右击鼠标,在快捷菜单中选择“粘贴图层”,调整到注册点,完成汽车元件的制作,如图 4-3-50 和图 4-3-51 所示。

(3) 单击元件编辑左上角“场景 1”回到舞台,新建一个图层_3(修改图层名称为汽车行驶),单击时间轴 50 帧,按【F6】插入一个空白关键帧,如图 4-3-52 所示。

(4) 单击选中图层_3 时间轴 50 帧,从元件库面板中拖动汽车元件到舞台,调整位置,使之与图层_2 中 50 帧的汽车位置重合,如图 4-3-53 所示。

图 4-3-50 创建影片剪辑元件

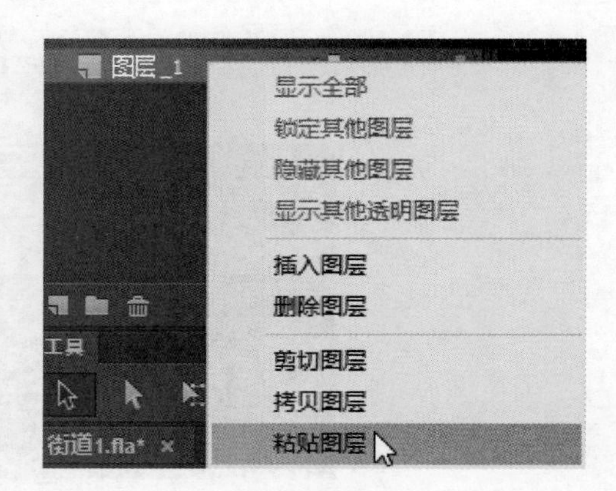

图 4-3-51 粘贴车身和车轮两个图层

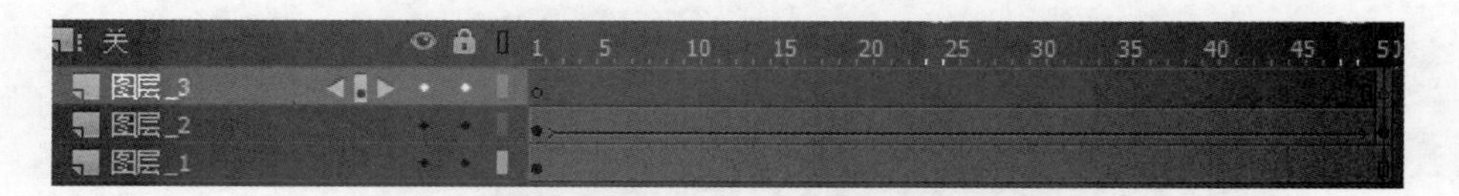

图 4-3-52 在图层_3 的 50 帧插入空白关键帧

图 4-3-53 使汽车元件和变形后的汽车位置重合

(5) 单击图层_3 时间轴 100 帧，按【F6】插入一个关键帧，同时延长图层_1 到 100 帧。向左移动 100 帧中的汽车位置，使之部分出舞台框，如图 4-3-54 和图 4-3-55 所示。

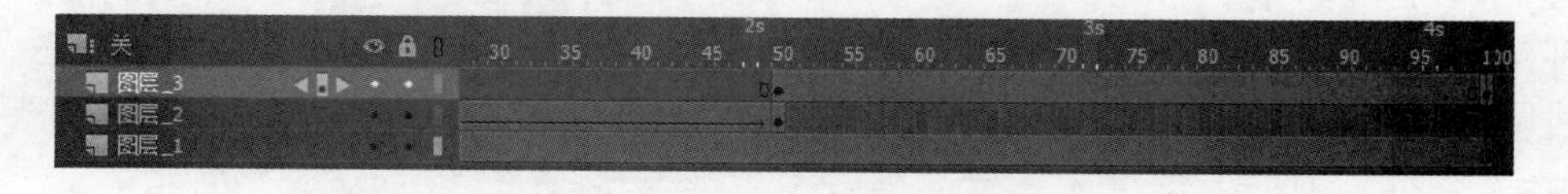

图 4-3-54 在 100 帧插入关键帧

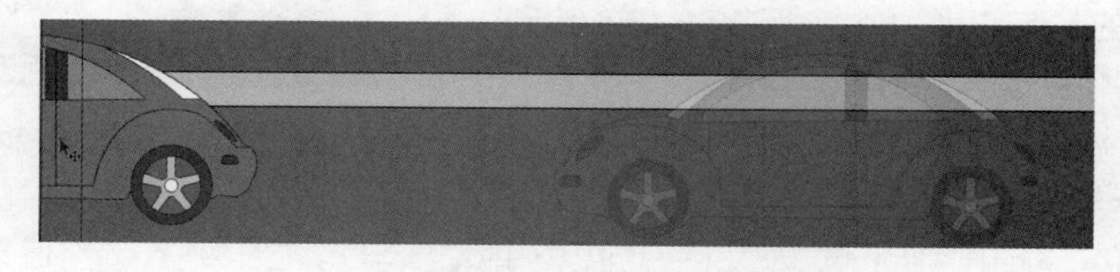

图 4-3-55 调整汽车位置使之部分出舞台框

(6) 在图层_3 中 50～100 帧任意帧上单击鼠标右键，在快捷菜单中选择“创建传统补间”，即可完成动画制作，如图 4-3-56 所示。按【Ctrl＋Enter】测试影片。另存文件为“变形行驶. fla”。

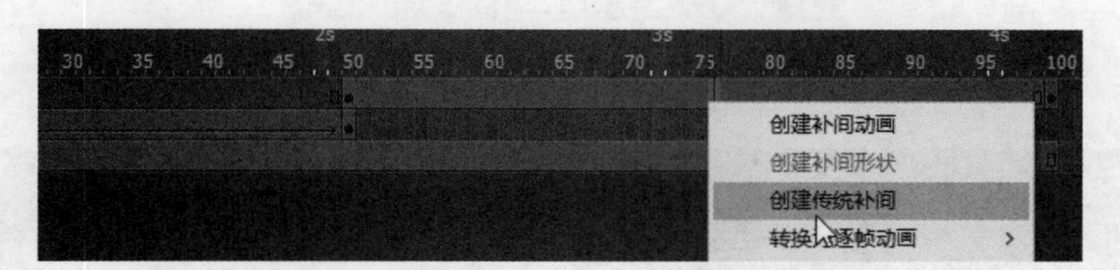

图 4-3-56 选择“创建传统补间”，完成汽车行驶动画

任务四 引导动画制作飞碟飞行

一、任务描述

用引导层制作飞碟环绕飞行的路径动画。

二、预备知识

Animate/Flash 高级动画类型包括引导动画、遮罩动画及影片剪辑动画。制作引导动画和遮罩动画时需要两个特殊的图层：引导层和遮罩层。

1. 引导动画

引导动画，顾名思义，就是引导某个对象做运动。在 Animate/Flash 中，在引导层中绘制路径，可以使下方被引导层中的元件沿着指定的路径运动。引导动画也称为路径动画或轨迹动画。

在 Flash 中引导层是用来指示元件运行路径的，所以引导层中的内容可以是用钢笔、铅笔、线条、椭圆、矩形等工具绘制的线条，而被引导层中的对象必须是元件，不能是形状，因此被引导层中的动画只能是传统补间动画。

在导出或测试动画时，引导线是不可见的。

2. 创建引导动画

引导层是由普通图层转化而成的，在某个图层上单击右键，在弹出菜单中选择“引导层”，该图层就会转化成引导层，如图 4-3-57 所示。再把下方被引导的图层向右上方拖动，使之和引导层形成引导关系，注意引导层图标形状发生变化，被引导层向右缩进，如图 4-3-58 所示。另外，选中被引导的图层，单击右键，在弹出菜单中选择“添加传统运动引导层”，也可以直接创建引导层。

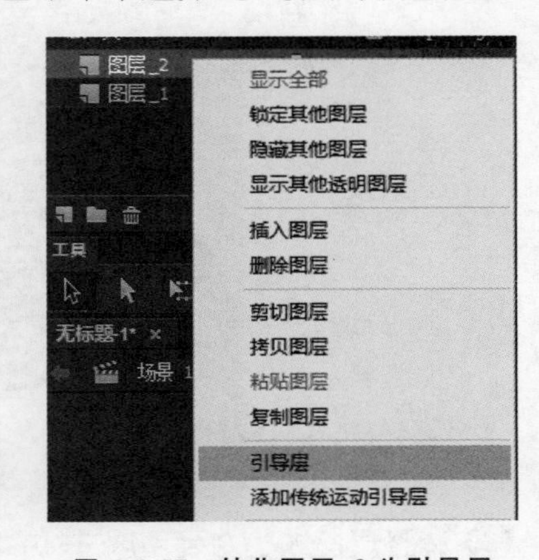

图 4-3-57 转化图层_2 为引导层

把两个关键帧中的元件拖动，使之分别对齐到引导线的起始点和终止点。为方便元件对齐到起始点和终止点，最好打开“紧贴至对象”开关 。

拖动前一个关键帧中的元件到引导线的起始点，对齐到起始点，再把后一个关键帧中的元件拖动到引导线的终止点，对齐到终止点，就可以使元件沿引导线运动，如图 4-3-59 所示。

如果想关联更多层被引导，只要把这些层拖动到被引导层下

图 4-3-58　建立引导关系

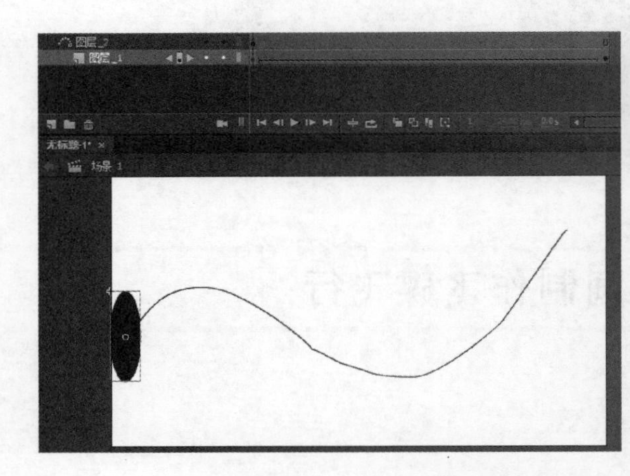

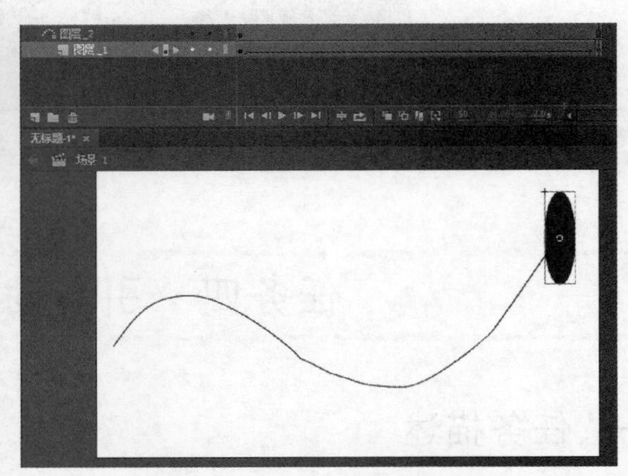

图 4-3-59　对齐元件到起始点和终止点

方就可以了。

对于用闭合图形创建的路径，如椭圆、矩形等，可以用橡皮擦擦除一小段线条，使之不再闭合即可，如图 4-3-60 所示。

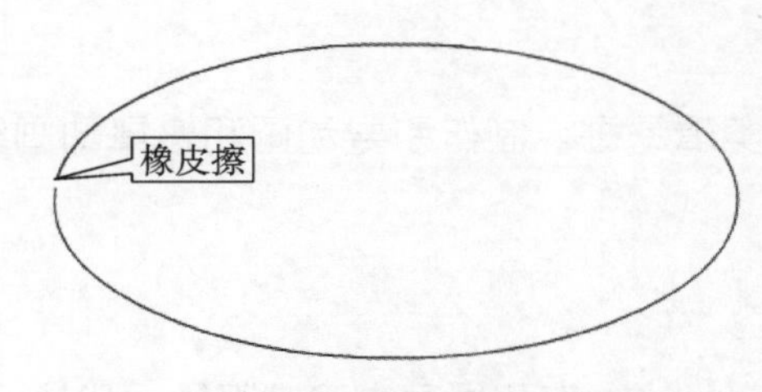

图 4-3-60　擦除一小段线条

三、任务实现

本任务主要学习用引导层制作飞碟环绕椭圆飞行的路径动画。

（1）打开“飞碟. fla”文件，选中整个飞碟，按【F8】将其转换为图形类型的元件，命名为“飞碟”，如图 4-3-61 所示。

图 4-3-61　转换绘制的飞碟为元件

（2）调整舞台大小为高清尺寸：宽 1280 像素，高 720 像素。删除全部图层，新建图层_1“飞碟飞行”，拖动元件到第 1 帧，调整大小。

（3）新建图层_2，绘制路径。设置无填充色，绘制椭圆运动路径，用任意变形工具旋转一定角度，用橡皮擦擦除一小段线条，使之不再闭合，如图 4-3-62 所示。

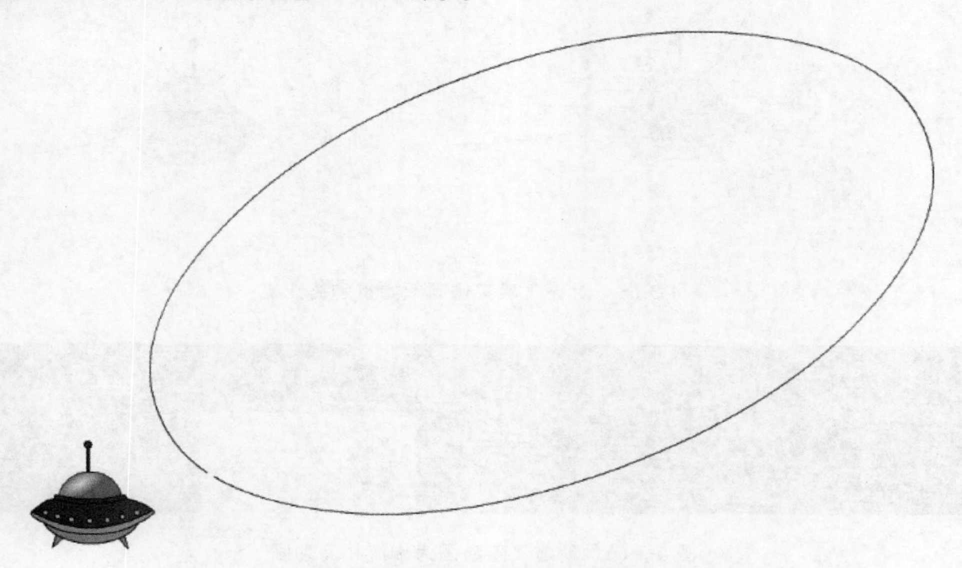

图 4-3-62 绘制飞碟飞行轨迹

（4）在图层_1 的 100 帧插入一个关键帧，图层_2 的 100 帧插入一个普通帧，如图 4-3-63 所示。

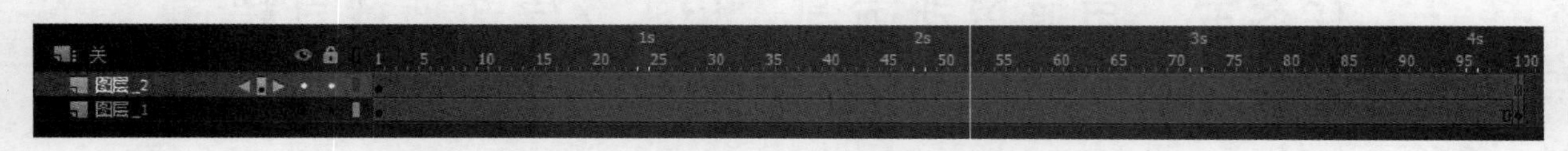

图 4-3-63 设置时间轴关键帧

（5）在图层_2 上右击鼠标，选择菜单“引导层”，如图 4-3-64 所示。拖动图层_1，使之与图层_2 建立被引导关系。

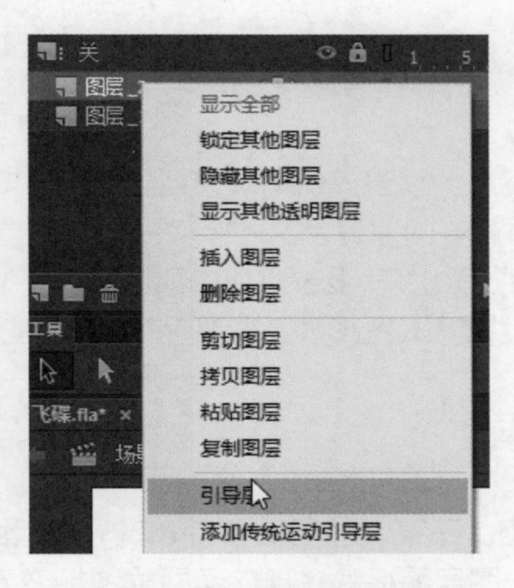

图 4-3-64 转换图层为引导层

（6）拖动图层_1 第 1 帧中的飞碟，使中心点对齐到椭圆一个顶点；拖动 100 帧中的飞碟，使中心点对齐到椭圆另一个顶点，如图 4-3-65 所示。

（7）在图层_1 中 1～100 帧任意帧上单击鼠标右键，在快捷菜单中选择“创建传统补间”，即可完成动画制作，如图 4-3-66 所示。按【Ctrl＋Enter】测试影片。另存文件为“飞碟飞行. fla”。

图 4-3-65　对齐飞碟实例到起始点和终止点

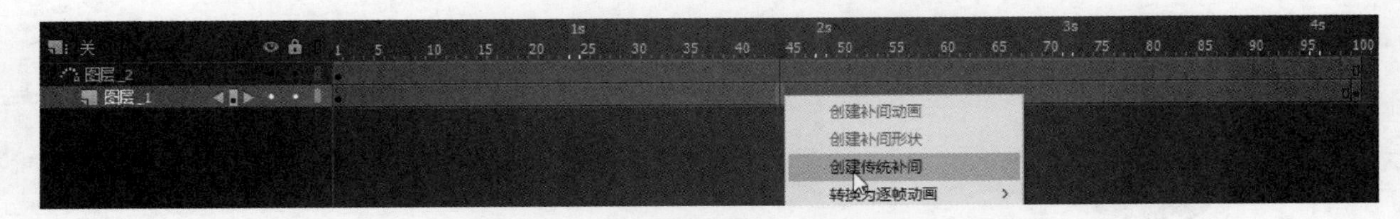

图 4-3-66　创建飞碟动画为传统补间动画

任务五　用遮罩动画制作片头文字和地球自转

一、任务描述

用遮罩动画制作地球自转的动画效果。

二、预备知识

1. 遮罩动画

遮罩动画是 Animate/Flash 中的一个很重要的动画类型，很多效果丰富的动画都是通过遮罩动画来完成的。Animate/Flash 中的遮罩与生活中的遮罩含义不同，生活中的遮罩意思是挡住某部分，而 Animate/Flash 中的遮罩是指被遮住的部分会显示出来，没被遮住的部分反而不显示。

遮罩层中的内容可以是按钮、影片剪辑、图形、位图、文字等，但不能使用线条，如果一定要用线条，可以将线条转化为“填充”。

2. 创建遮罩动画

遮罩层是由普通图层转化而成的。在某个图层上单击右键，在弹出菜单中选择“遮罩层”，该图层就会转化成遮罩层，如图 4-3-67(a)所示。图层图标就会从普通图层图标变为遮罩层图标，系统会自动把遮罩层下面的一层关联为被遮罩层，注意在缩进的同时图标发生变化，同时遮罩层和被遮罩层自动被锁定，如图 4-3-67(b)所示。

如果想关联更多层被遮罩，只要把这些层拖动到被遮罩层下方就可以了。

可以在遮罩层、被遮罩层中分别或同时使用补间形状动画、动作补间动画、引导线动画等动画手段，创造丰富多彩的遮罩动画。如彩虹文字、地球自转、聚光灯、闪闪红星、画轴展开、放大镜效果等，都可以用遮罩动画来制作，如图 4-3-68 所示。

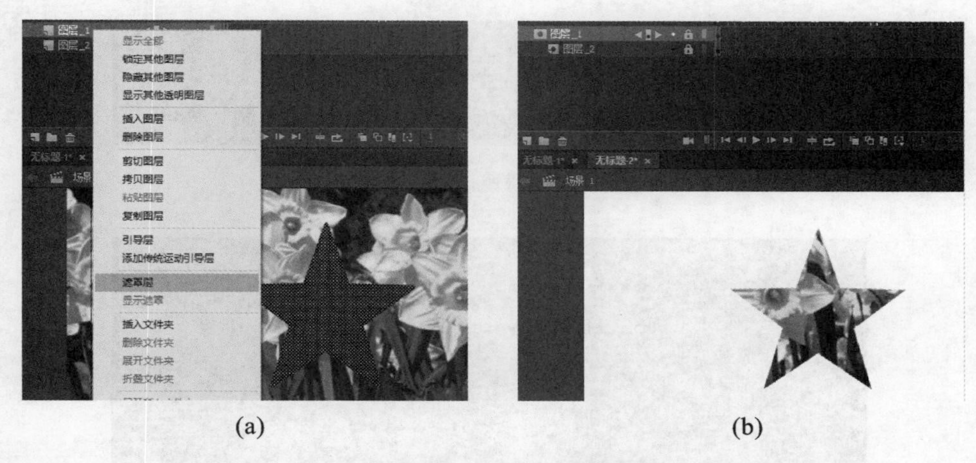

(a) (b)

图 4-3-67 遮罩层的使用方法

图 4-3-68 丰富多彩的遮罩动画

三、任务实现

子任务 1 片头文字

(1) 打开本项目任务二中制作的滤镜文字“欢迎来到地球”。

(2) 新建文件，复制文字“欢迎来到地球”到当前文件的图层_1 中，在右侧字符面板中修改文字大小和间距，如图 4-3-69 和图 4-3-70 所示。

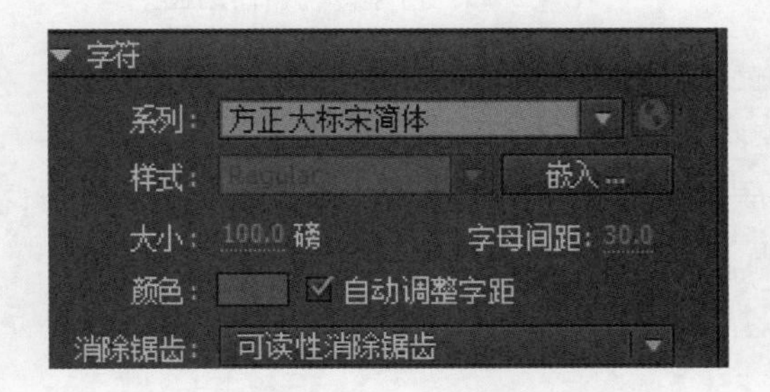

图 4-3-69 修改文字大小和间距

(3) 新建图层_2，绘制任意填充色的圆，调整大小和位置，使之完全遮挡住第一个字。选中整个圆形，按【F8】将其转换为图形类型的元件，如图 4-3-71 所示。

图 4-3-70　修改后的文字效果

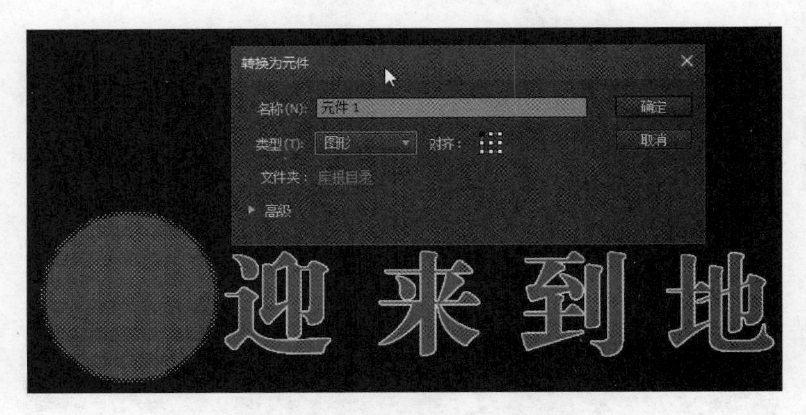

图 4-3-71　把圆转换为元件

(4) 在图层_1 第 100 帧插入帧，图层_2 第 50 帧、第 100 帧分别插入关键帧。选中图层_2 第 50 帧，拖动圆到“球”字上并完全遮挡，如图 4-3-72 所示。

图 4-3-72　用第 50 帧的圆遮挡“球”字

(5) 分别在图层_2 第 1～50 帧、50～100 帧的任意帧上单击右键，在弹出菜单中选择“创建传统补间”，如图 4-3-73 所示。

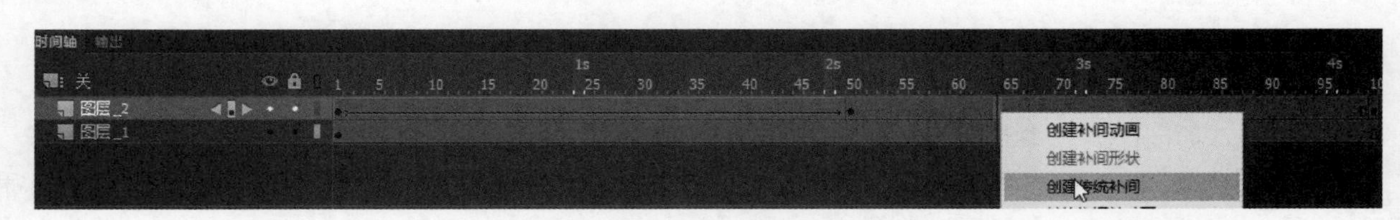

图 4-3-73　创建传统补间动画

(6) 继续在图层_2 第 150 帧插入关键帧，同时图层_1 延长到 150 帧。选中图层_2 第 150 帧中的圆，用任意变形工具调整大小，使之遮挡住所有文字，如图 4-3-74 所示。在 100～150 帧中创建传统补间动画。

(7) 分别延长图层_1 和图层_2 的时间轴到 200 帧。在图层_2 上右击，在弹出菜单中选择“遮罩层”，如图 4-3-75 所示。按【Ctrl+Enter】测试影片。另存文件为“片头文字. fla”。

子任务 2　地球自转

(1) 新建文件，导入“世界地图. jpg”到元件库中。

(2) 新建元件 1，拖动地图图像到编辑区，调整大小，复制一份，精确连接两张地图图像，如图 4-3-76 所示。

图 4-3-74 调整大小使之遮挡住所有文字

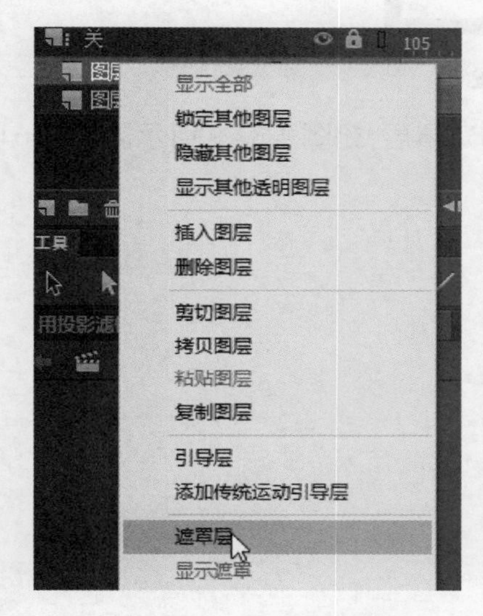

图 4-3-75 创建遮罩动画

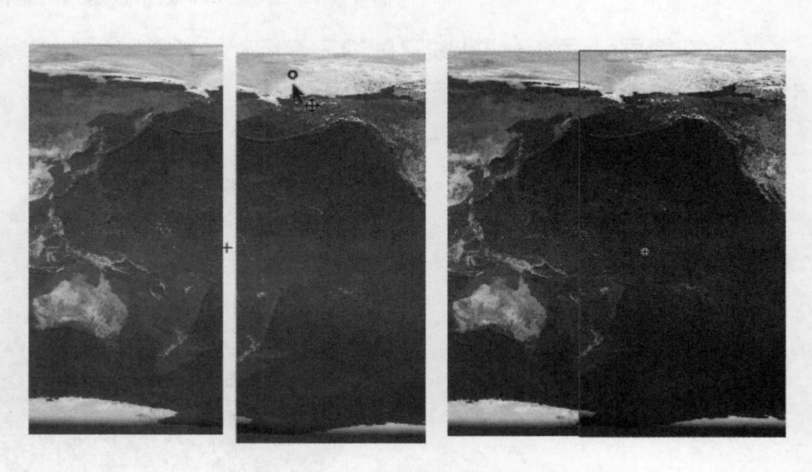

图 4-3-76 精确连接两张地图

(3) 回到场景图层_1,拖动元件 1 到舞台,将地图元件右边部分放置在舞台。新建图层_2,绘制一个圆形,直径不超过地图高度,如图 4-3-77 所示。

图 4-3-77 绘制圆形作为地球轮廓

(4) 在图层_1 第 200 帧插入关键帧，图层 2 第 200 帧插入帧。选中图层_1 第 200 帧中的地图元件，向右拖动，使之与第 1 帧中被圆遮挡的部分相同(轻微向左偏移几像素)，如图 4-3-78 所示。

图 4-3-78　调整 200 帧中被遮挡的地图位置

(5) 在图层_1 第 1～200 帧之间创造传统补间动画，图层_2 修改为遮罩层，如图 4-3-79 所示。按【Ctrl+Enter】测试影片。保存文件为"地球自转. fla"。

图 4-3-79　用遮罩动画制作的地球自转效果

任务六　制作车轮转动和地球自转影片剪辑

一、任务描述

制作车轮转动的影片剪辑，使汽车在行驶过程中车轮转动；把地球自转动画转换为影片剪辑，使飞碟绕地球飞行并飞向地球。

二、预备知识

影片剪辑元件本身就可以是一段动画，所以在需要重复性动画播放的场合，只需要创建一个影片剪辑，在舞台中使用时，如果时间轴足够长，就可以循环播放，极大地降低了动画制作的复杂度。

本任务中，车轮转动和地球自转都是重复动画，因此，需要制作两段影片剪辑。

三、任务实现

子任务1　车轮转动

(1) 打开文件“变形行驶.fla”，对元件库中的影片剪辑“汽车”右击，选择“直接复制”复制一份，命名为“汽车行驶”，如图 4-3-80 所示。双击进入元件编辑状态。

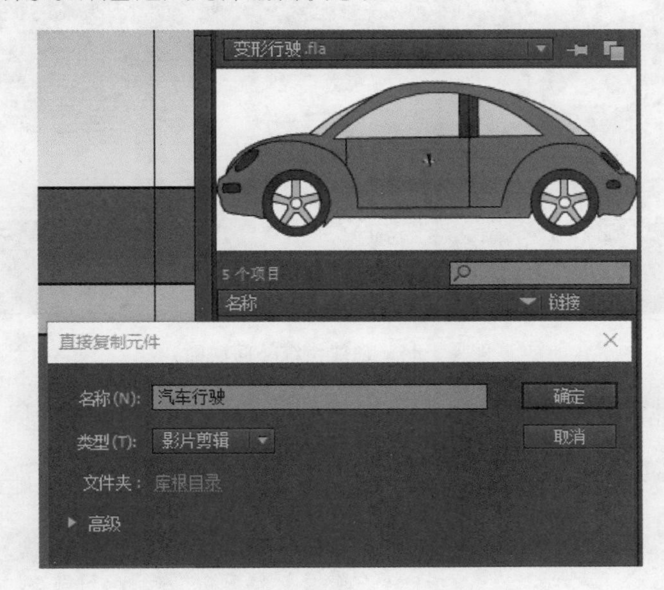

图 4-3-80　元件的复制

(2) 锁定图层_2，用选择工具框选一个车轮图形，按【F8】转换为影片剪辑类型的元件“车轮转动”，如图 4-3-81 所示。

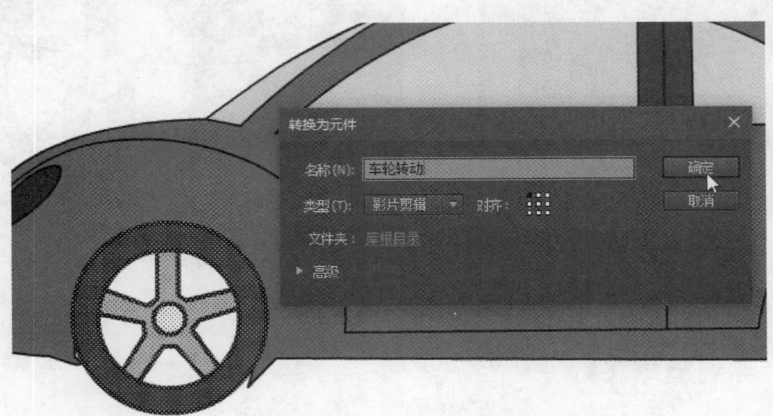

图 4-3-81　转换为影片剪辑元件

(3) 双击“车轮转动”元件进入编辑状态，再次选中车轮图形，按【F8】转换为图形类型的元件，命名为“车轮”，如图 4-3-82 和图 4-3-83 所示。

图 4-3-82　元件的层次关系

(4) 在“车轮转动”元件编辑状态，在第 25 帧插入关键帧，1～25 帧创建传统补间动画，如图 4-3-84 所示。

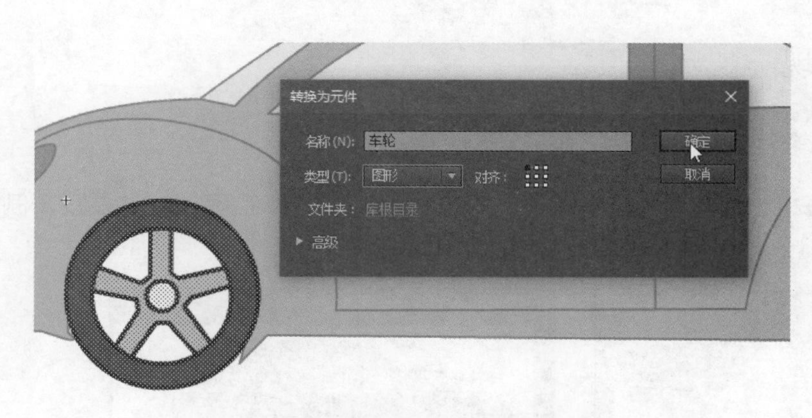

图 4-3-83 转换为图形元件

图 4-3-84 创建传统补间动画

(5) 鼠标选中传统补间动画的任意帧，在右侧的属性面板补间中，单击“旋转”下拉列表，选择逆时针 1 次，如图 4-3-85 所示。

(6) 返回到“汽车行驶”元件编辑状态，删除后车轮图形，换成“车轮转动”元件，如图 4-3-86 所示。

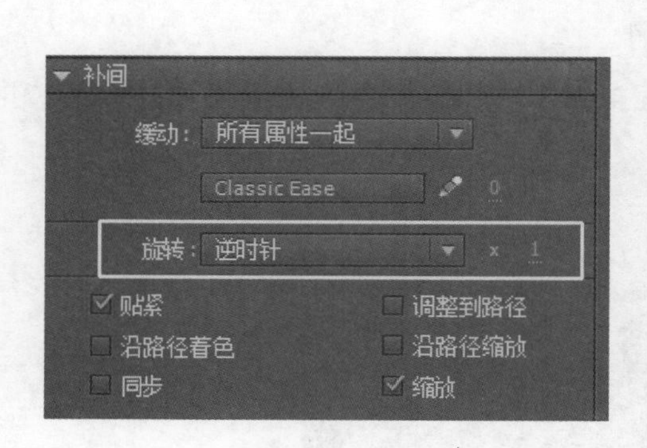

图 4-3-85 设置车轮逆时针旋转一次

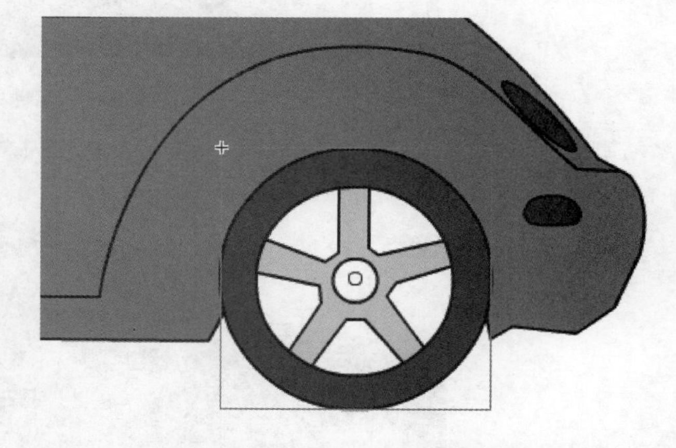

图 4-3-86 后车轮也是“车轮转动”影片剪辑元件

(7) 回到场景 1，按【Ctrl+Enter】测试影片。保存文件。

子任务 2 飞碟环绕地球飞行

(1) 打开文件“飞碟飞行. fla”和“地球自转. fla”。

(2) 选中“地球自转”文件中的两个图层并拷贝图层，如图 4-3-87 所示。

(3) 切换到“飞碟飞行. fla”中，创建影片剪辑元件“地球自转”，如图 4-3-88 所示。

(4) 进入元件“地球自转”编辑区，在图层_1 上单击右键鼠标，选择“粘贴图层”，如图 4-3-89 所示。删除原有图层_1。

(5) 回到场景 1，选中图层_2，在其上方新建一个图层_3，拖动“地球自转”影片剪辑到图层_3，调整大小和位置，完成飞碟绕地球飞行，如图 4-3-90 所示。

(6) 分别延长图层_2 和图层_3 至 200 帧。选中图层_1 中 1～100 帧并复制，在 101 帧粘贴，使飞碟绕地球飞行两圈，如图 4-3-91 所示。

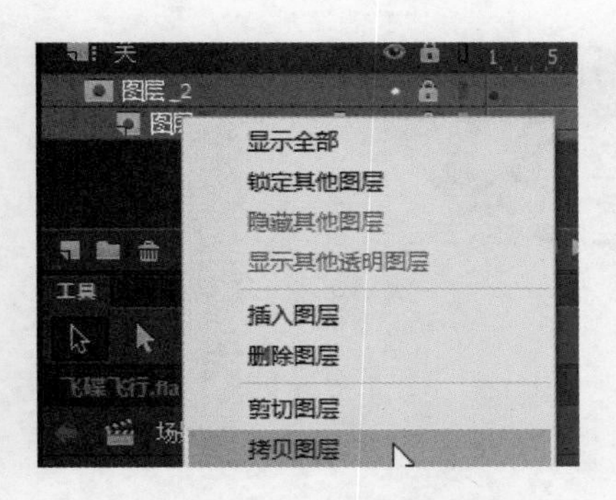

图 4-3-87 复制实现遮罩的两个图层

图 4-3-88 创建影片剪辑元件

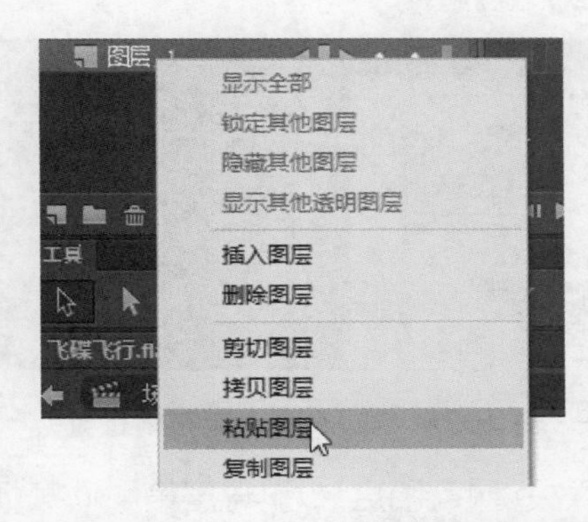

图 4-3-89 粘贴“地球自转”的两个图层到影片剪辑

图 4-3-90 制作飞碟绕地球飞行

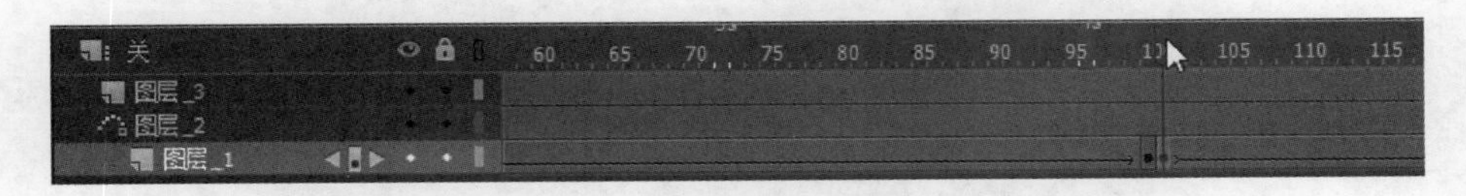

图 4-3-91 复制飞行动画使飞碟绕地球飞行两圈

(7) 在图层_1 第 201 帧插入关键帧。在图层_2 第 201 帧插入空白关键帧，重新绘制一条飞向地球的曲线，如图 4-3-92 所示。

(8) 新建图层_4 并移至最底层，在 201 帧插入空白关键帧，选中地球，复制一份粘贴到此处。注意用“粘贴到当前位置”实现，如图 4-3-93 所示。

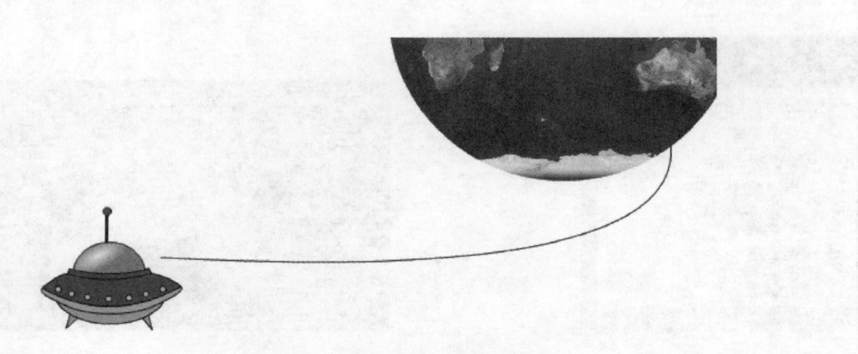

图 4-3-92　绘制飞向地球的曲线

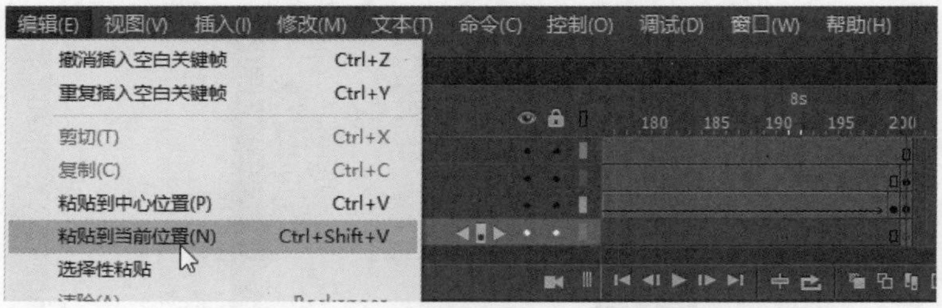

图 4-3-93　选择"粘贴到当前位置"

(9) 在图层_4 地球第 400 帧插入关键帧，图层_2 引导层第 400 帧插入帧，图层_1 飞碟第 400 帧插入关键帧。

(10) 拖动 201 帧曲线的顶点与飞碟中心点对齐，拖动 400 帧飞碟与曲线另一顶点对齐，如图 4-3-94 所示。创建图层_1 中 201～400 帧为传统补间动画。

图 4-3-94　对齐飞碟和曲线的两个顶点

(11) 选中图层_4 第 400 帧的地球，调整大小，使之超出舞台框，如图 4-3-95 所示。创建 201～400 帧为传统补间动画。

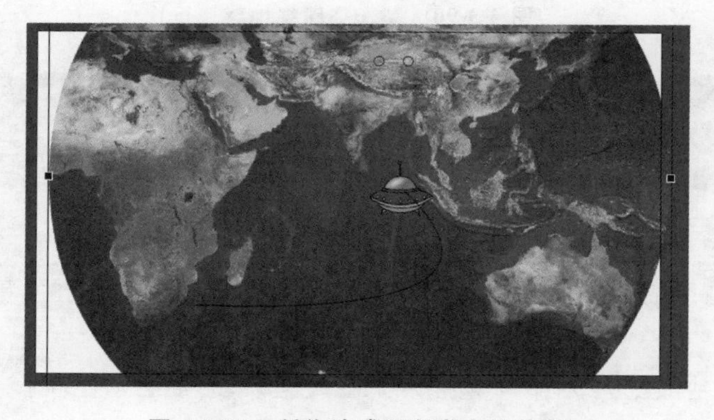

图 4-3-95　制作地球逐渐变大的效果

(12) 调整400帧处飞碟大小,使之缩小,透明度调到30%左右。按【Ctrl+Enter】测试影片。另存文件为"飞碟飞向地球.fla"。

任务七　声音的使用与影片合成

一、任务描述

本任务中综合应用所学知识,完善短片,主要包括为影片添加背景音乐和音效,用多场景实现镜头合成。

二、预备知识

1. 声音的使用

Animate/Flash支持多种声音格式的导入,常用的声音格式包括WAV格式和MP3格式。WAV格式是Windows系统标准格式,它是无压缩的,音质好,但占用磁盘空间较大。MP3格式是一种压缩格式,大小一般只有WAV格式的1/10,但由于其优异的编码技术,仍可以保留良好的音质,是一种非常流行的音乐格式。

声音文件的导入方法与图像导入元件库的类似,直接从磁盘拖动文件到库中即可,另外,也可以通过菜单"文件→导入→导入到库"操作,如图4-3-96所示。

声音文件必须加载到某个关键帧才可以使用,具体方法有两种:

(1) 选中某个关键帧,从元件库中拖动一个声音文件到舞台中,即可完成声音的加载。

(2) 选中某个关键帧,在右侧属性面板中,声音名称中会列出库中所有声音,选择相应声音文件即可,如图4-3-97所示。

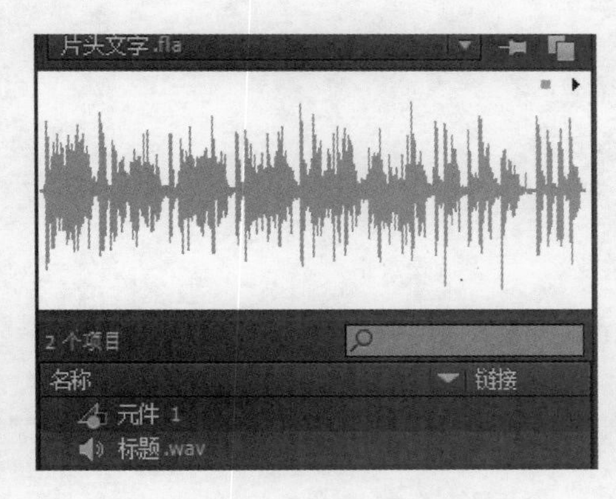

图4-3-96　导入到库中的声音文件

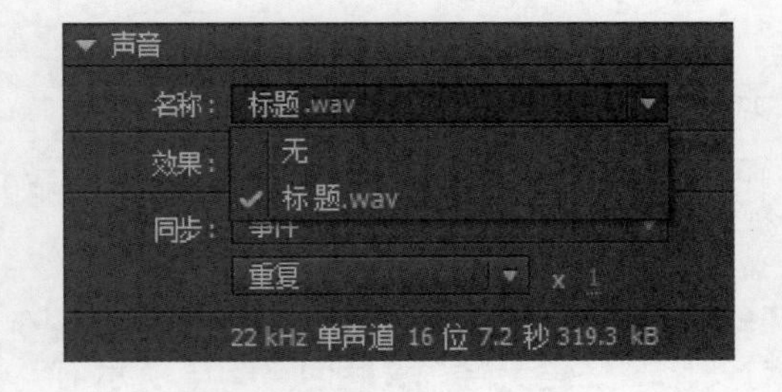

图4-3-97　使用声音的方法

属性面板中可以设置声音文件的播放效果和同步方法。效果中可以设置声音的淡入、淡出、音量大小及剪辑所需片段等,同步方法包括事件和数据流等,还可以设置重复次数,如图4-3-98所示。一般情况下,当作为背景音乐时,选择事件方法,它不与时间轴同步,播放时若声音时间长度超过了时间轴长度仍可以完整播放;当作为音效或对白语音时选择数据流方法,可以与时间轴同步。

2. 多场景的使用

默认情况下,每新建一个Animate/Flash文件,就会创建一个舞台场景"场景1"。在制作一个较大的动画时,通过多场景可以简化每个场景的时间轴长度,方便修改。同时,用每个场景对应每个分镜头,便于管

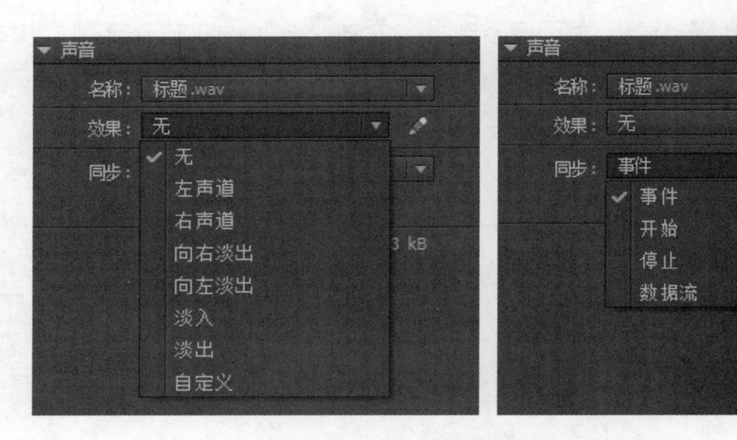

图 4-3-98　设置声音效果和同步方法

理所有的分镜头片段。

通过场景面板进行场景的创建和管理，如图 4-3-99 所示，包括新建场景、重制场景（复制场景）、删除场景等操作。在场景名称上双击鼠标可对其重命名，拖动场景上下移动，可以调整场景出现顺序。

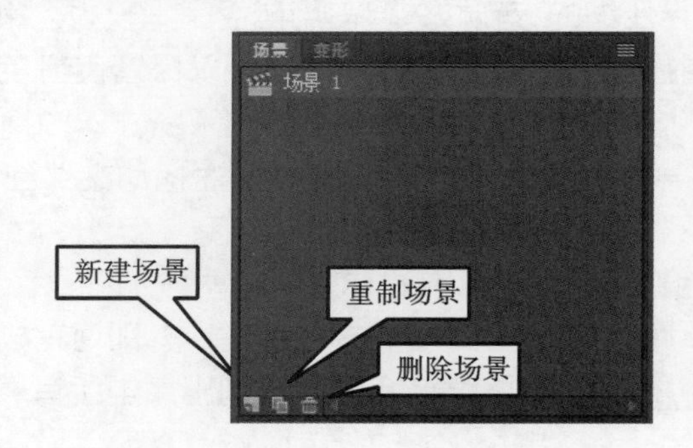

图 4-3-99　场景面板

每个场景都可以单独测试，快捷键是【Ctrl＋Alt＋Enter】。

三、任务实现

子任务 1　用多场景合成影片片段

（1）新建文件，设置舞台大小为高清尺寸，即宽 1280 像素，高 720 像素，舞台颜色为深蓝色，如图4-3-100 所示。保存文件为"遵守交通规则.fla"。

（2）在场景面板，添加多个场景，分别命名为"片头文字""飞向地球""飞过高山大海""变形行驶""正面红绿灯变化""结尾文字"，如图 4-3-101 所示。

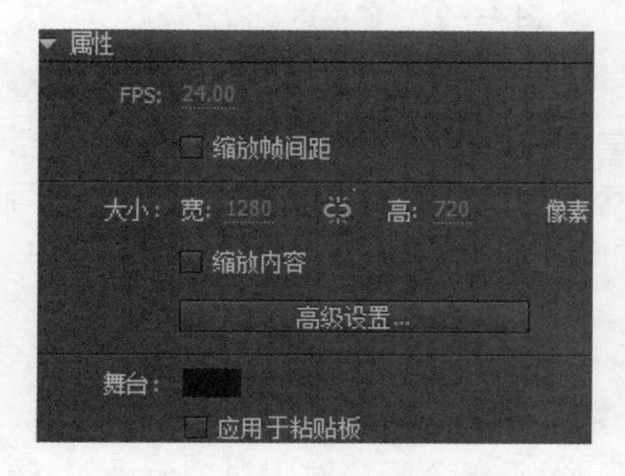

图 4-3-100　设置文件属性

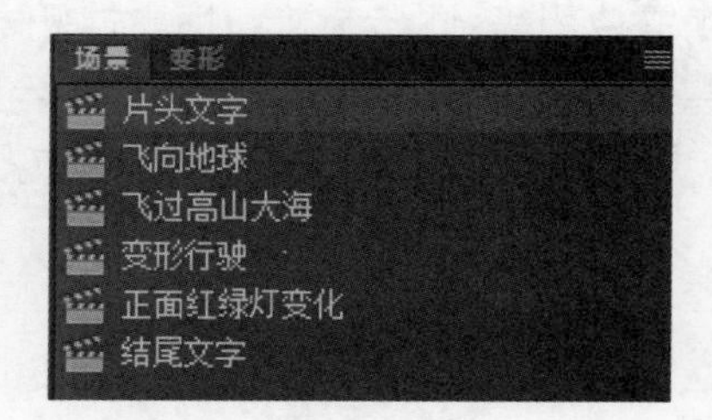

图 4-3-101　建立多场景对应的分镜头

（3）选择“片头文字”场景，打开文件“标题文字.fla”，选择所有图层，复制到“片头文字”场景，如图4-3-102所示。

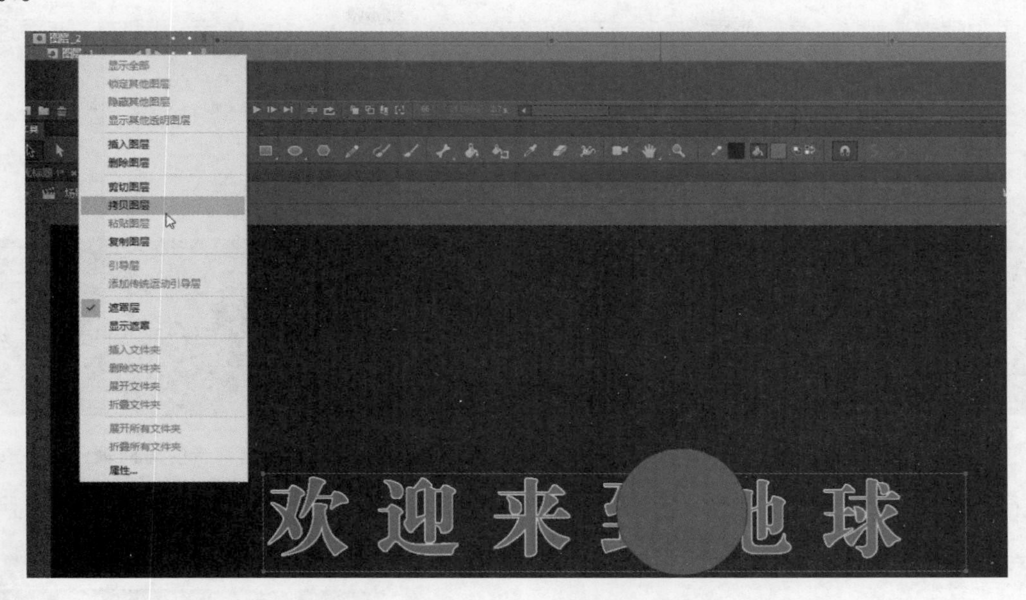

图 4-3-102　复制到“片头文字”场景

（4）依次打开其他文件，以相同的方法复制所有图层到其他场景。若出现相同名称的元件，会出现“解决库冲突”对话框，选择“将重复的项目放置到文件夹中”即可，如图 4-3-103 所示。因此，在动画制作过程中，尽量对每一个创建的元件取不同的名称。

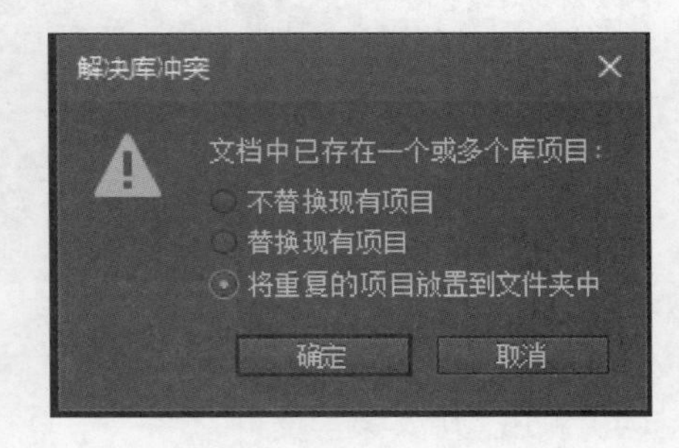

图 4-3-103　“解决库冲突”对话框

（5）补充或完善未完成的场景动画。图 4-3-104 所示为用传统补间制作飞碟飞过高山和飞过海边的动画。图 4-3-105 所示为用传统补间制作车内镜头和片尾文字动画。

图 4-3-104　飞碟飞过高山和海边

图 4-3-105　车内镜头和片尾文字

子任务 2　添加背景音乐和音效

（1）在库中建立文件夹“声音”，导入所有音乐和音效文件，如图 4-3-106 所示。用文件夹管理素材便于查找和使用。

（2）在“标题”场景新建图层，选择第 1 帧，在右侧属性面板声音名称列表框中选择“标题. wav”，同步列表框中选择事件，如图 4-3-107 和图 4-3-108 所示。

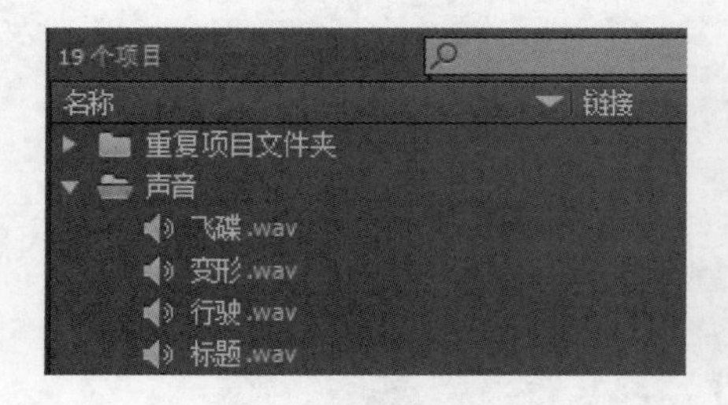

图 4-3-106　导入声音文件到库中的文件夹

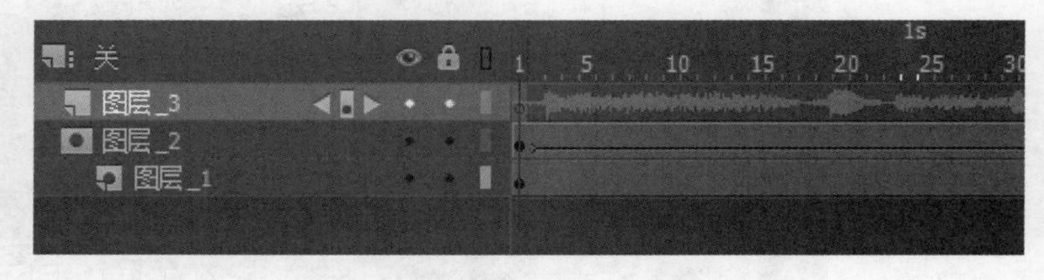

图 4-3-107　标题声音的时间轴

（3）以同样的方法分别制作飞碟飞行、变形、汽车行驶等音效，同步方法均选择数据流，若声音时间较短，可设置为循环播放，如图 4-3-109 所示。

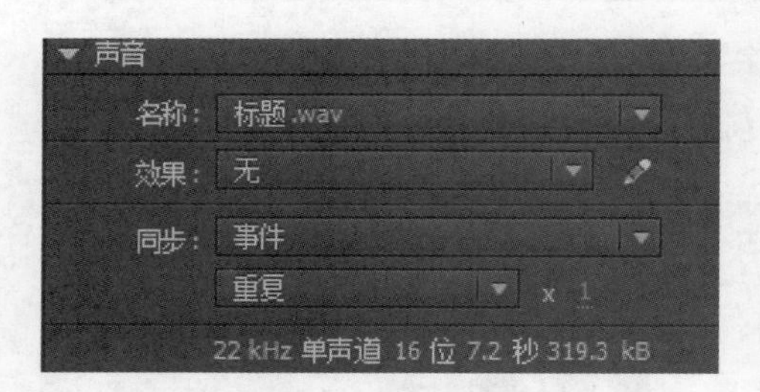

图 4-3-108　标题声音的设置

图 4-3-109　飞碟飞行时的声音重复 30 次

（4）测试影片，保存文件。

任务八　用 AS 控制影片播放

一、任务描述

用 Animate/Flash 的交互功能实现影片播放控制，在本短片片头添加“播放”按钮，当单击该按钮时才播放，播放结束时添加“再次播放”按钮，单击它可以重新播放短片。

二、预备知识

1. AS 简介

不同于一般动画软件，Animate/Flash 具有强大的交互功能，通过编程实现，其编程语言称为 ActionScript（动作脚本，简称 AS）。通过 AS，可以实现鼠标、键盘事件的处理，加上 Animate/Flash 本身具备完善的二维动画功能，在网页特效制作、网络游戏设计、互动广告及 VR（虚拟现实）领域，有着广泛的应用。

ActionScript 经历了 1.0、2.0 和 3.0 版本的发展，目前在 Animate CC 上采用的 ActionScript 3.0，是一

种完全面向对象的语言。使用它运行编译代码能得到最快速的执行，可以使动画播放更加流畅、动画响应更迅速。

2. 动作面板

AS 3.0 规定，所有脚本代码必须添加到时间轴的某个关键帧，具体方法是：选中某个关键帧，打开动作面板，在其中输入脚本代码。动作面板的打开方法是：选择菜单“窗口→动作”，或按快捷键【F9】。动作面板如图 4-3-110 所示。

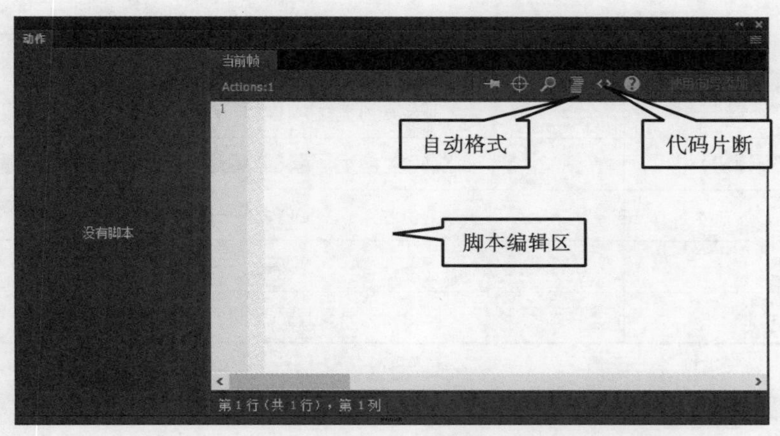

图 4-3-110　动作面板

- 脚本编辑区：白色区域即为脚本编辑区，当输入脚本后，会在当前时间轴的关键帧上看到一个字母“a”，表示已经有脚本代码输入。
- 自动格式：会把输入的脚本代码自动设置为标准化格式。
- 代码片段：提供了众多的脚本代码，实现各种常用功能和动画效果，方便 AS 初学者学习、借鉴和使用，如图 4-3-111 所示。

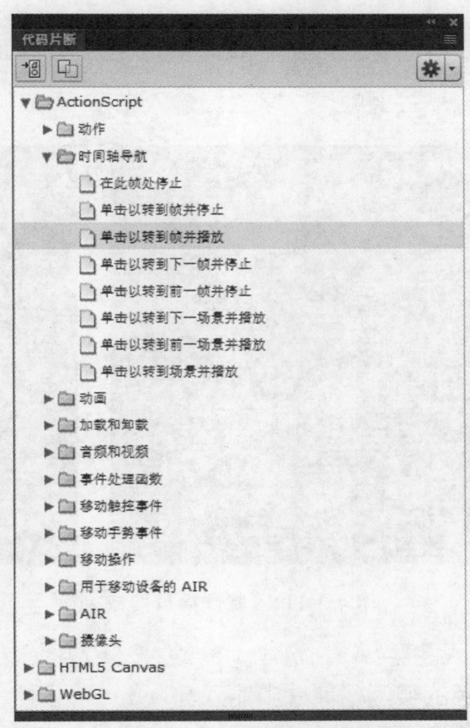

图 4-3-111　代码片段

3. 基本的播放控制命令

时间轴的播放控制是最常用的一类动作脚本，其作用就是在动画播放时实现"播放""停止""跳转"等操作。常用的播放控制命令如表 4-3-1 所示。

表 4-3-1 常用的播放控制命令

命令	作用
play()	从当前帧开始播放影片
stop()	停止当前播放的影片
gotoAndPlay(帧,"场景")	跳转到指定场景(可省略)的指定帧并播放影片
gotoAndStop(帧,"场景")	跳转到指定场景(可省略)的指定帧并停止播放影片
nextFrame()	跳转下一帧并停止播放
prevFrame()	跳转上一帧并停止播放
stopAllSounds()	停止播放时间轴上的所有声音

4. 为按钮添加鼠标事件

为实现时间轴播放控制，通常对按钮元件添加鼠标事件进行操作。相关概念如下：

- 事件(Event)：AS 3.0 脚本代码提供的事件处理模式，用 addEventListener()实现事件侦听。
- 鼠标事件(MouseEvent)：定义了 10 种鼠标事件，常用的有 CLICK(单击事件)、DOUBLE_CLICK(双击事件)、MOUSE_DOWN(按下事件)、MOUSE_UP(释放事件)、MOUSE_OVER(移过事件)等。

三、任务实现

(1) 打开文件"遵守交通规则. fla"。按【F8】新建按钮元件"播放"，进入按钮元件编辑状态，在"弹起"关键帧绘制圆角矩形，填充色为深红色，在"指针经过"和"按下"分别插入关键帧，修改"指针经过"中的圆角矩形并填充红色。新建图层_2，在"弹起"关键帧用文字工具输入文字"播放"，如图 4-3-112 所示。

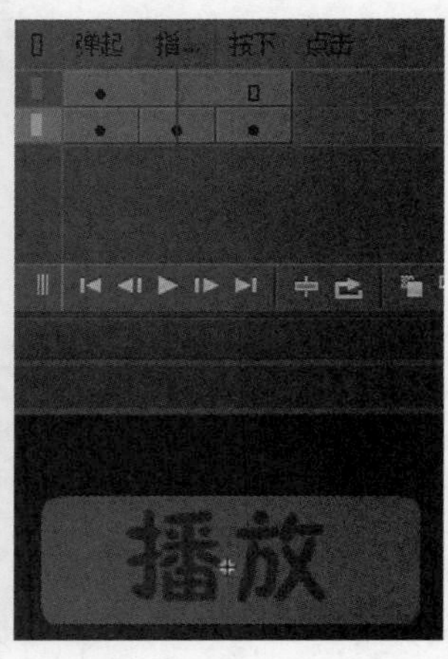

图 4-3-112 制作播放按钮

(2) 回到场景"片头文字"。插入图层"AS"，选中 200 帧，按【F7】插入空白关键帧，从库中拖动按钮元件"播放"到舞台右下角，并在属性面板的实例名称框中输入"playbtn"，如图 4-3-113 和图 4-3-114 所示。

(3) 选中 200 帧，按【F9】打开动作面板，输入如下指令，如图 4-3-115 所示。

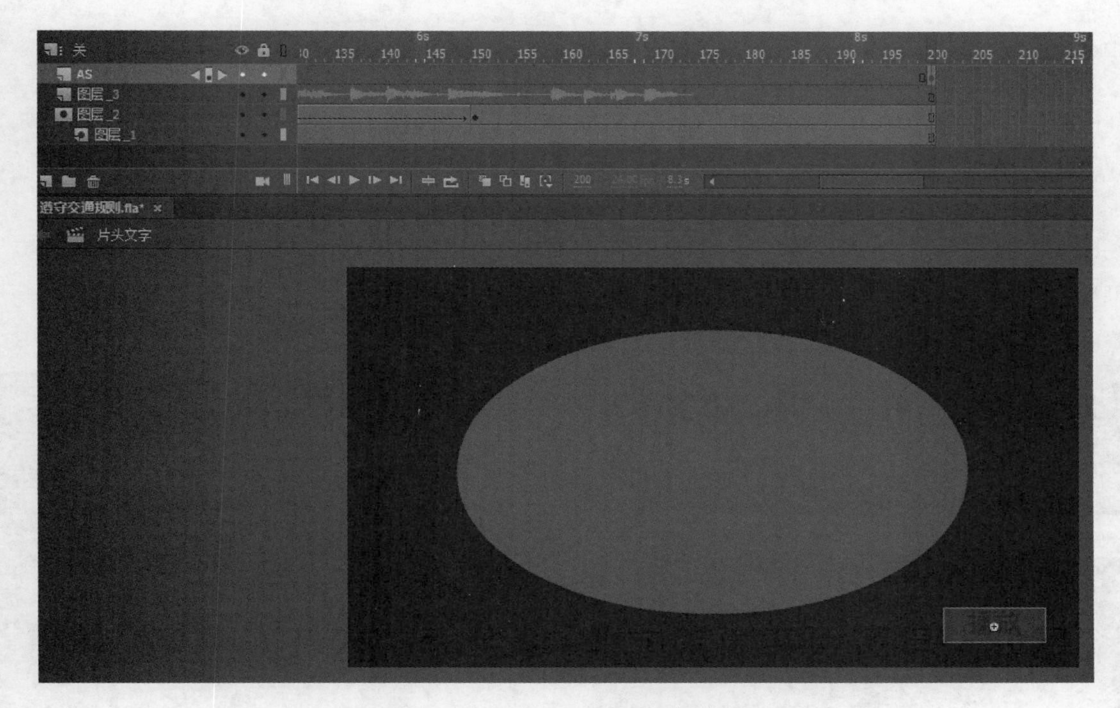

图 4-3-113 拖动按钮“播放”到舞台右下角

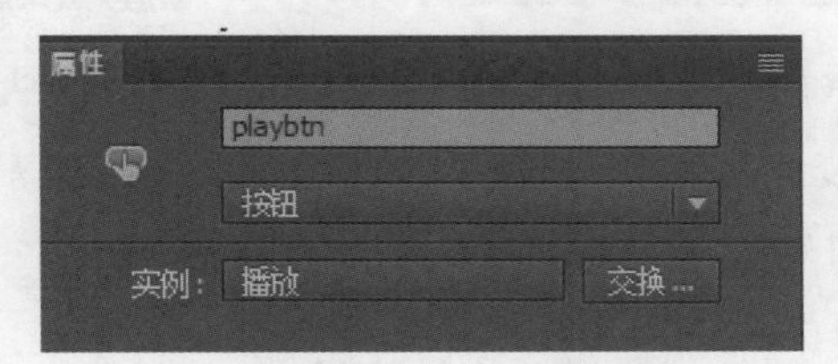

图 4-3-114 制作播放按钮

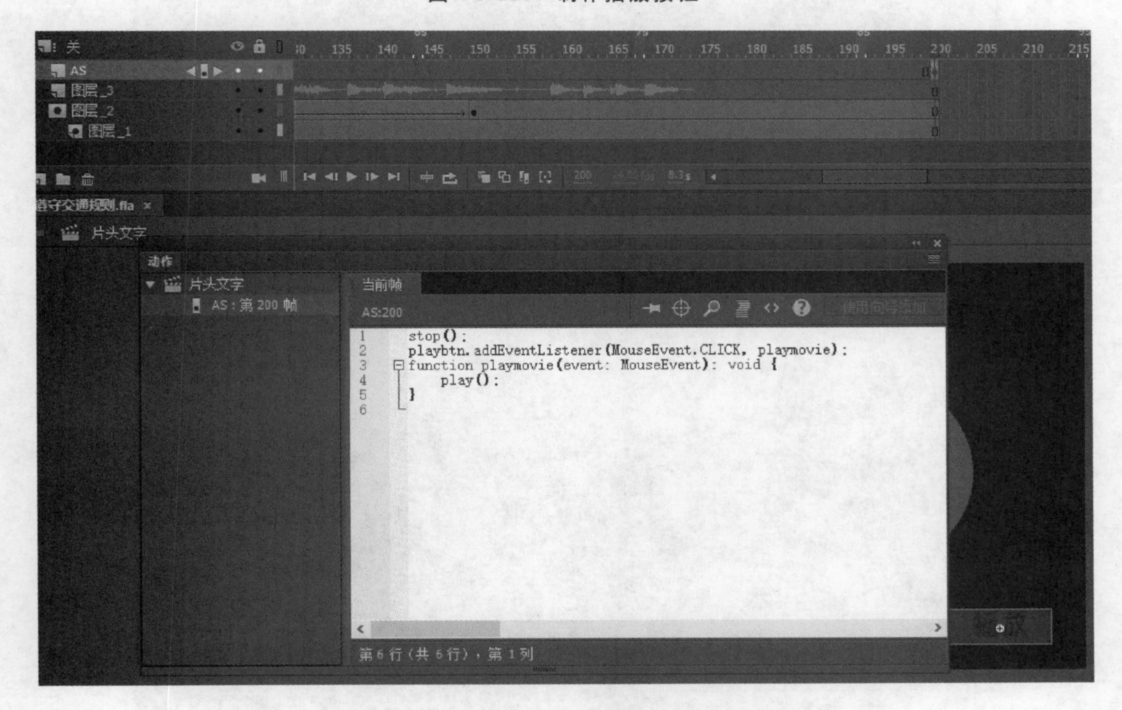

图 4-3-115 在图层 AS 第 200 帧输入指令

```
stop();
playbtn.addEventListener(MouseEvent.CLICK, playmovie);
function playmovie(event: MouseEvent): void {
play();
}
```

（4）在库中复制按钮元件“播放”，重命名为“再次播放”，如图 4-3-116 所示。进入“再次播放”元件编辑状态，修改文字为“再次播放”，如图 4-3-117 所示。

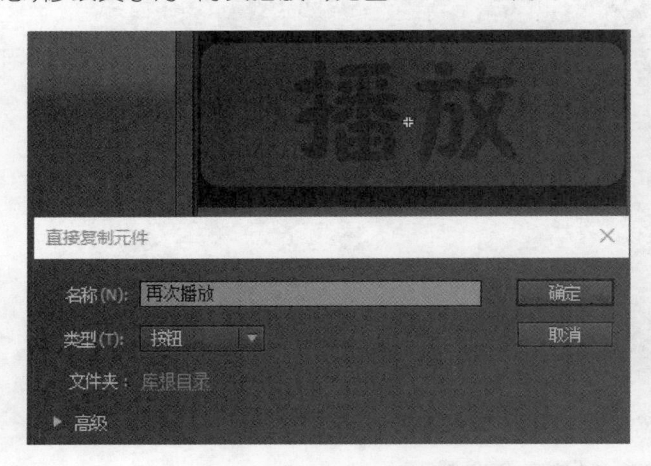

图 4-3-116 复制按钮元件

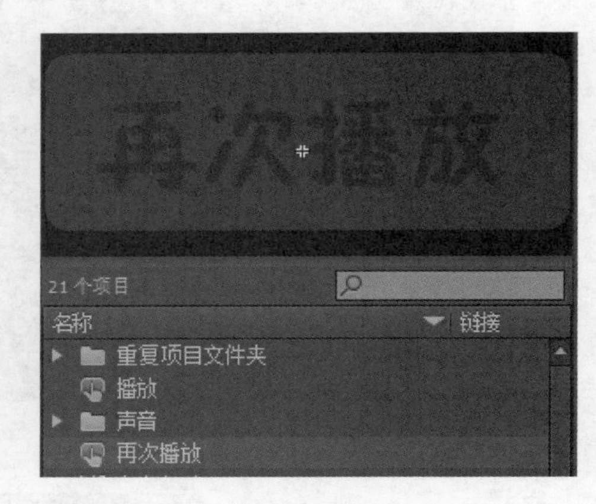

图 4-3-117 修改复制后的按钮元件

（5）选择最后一个场景“结尾文字”。同样新建一个图层“AS”，选中最后一帧即 300 帧，按【F7】插入空白关键帧，从库中拖动按钮元件“再次播放”到舞台右下角，如图 4-3-118 所示。在属性面板的实例名称框中输入“replaybtn”。

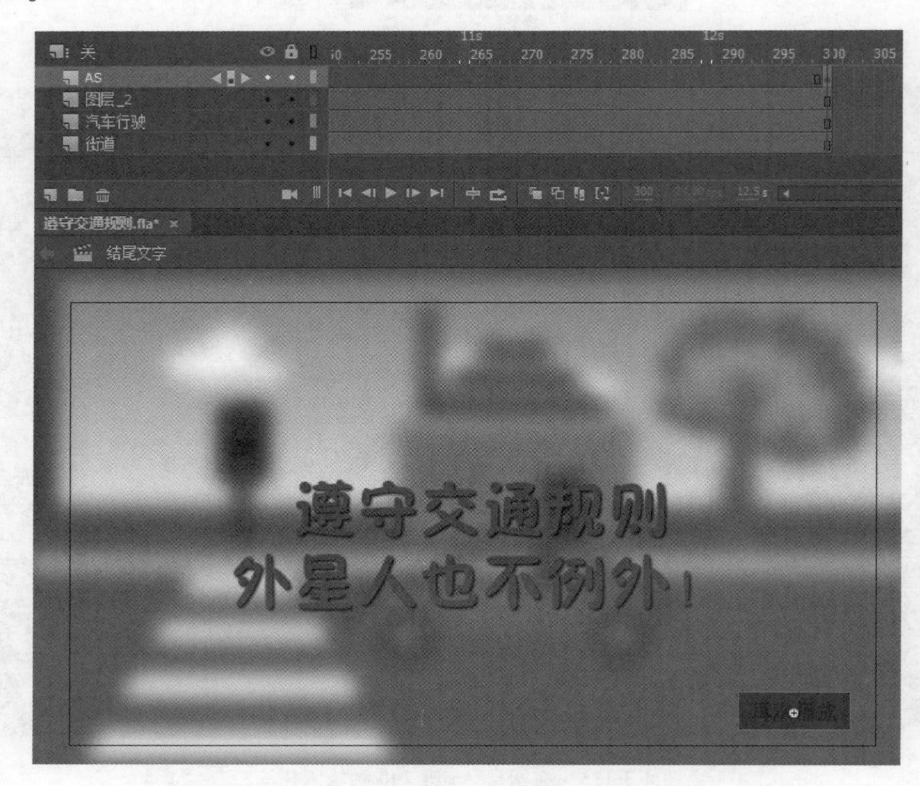

图 4-3-118 拖动按钮“再次播放”到舞台右下角

(6) 选中 300 帧，按【F9】打开动作面板，输入如下指令：

```
stop();
replaybtn.addEventListener(MouseEvent.CLICK, replaymovie);
function replaymovie(event: MouseEvent): void {
gotoAndPlay(1, "飞向地球");
}
```

(7) 测试影片，保存文件。

任务九　影片发布与视频导出

一、任务描述

作品制作完成后，要根据需要将其发布或者导出为视频。本任务主要讲解影片的发布及视频导出的操作方法。

二、预备知识

1. 影片发布

发布影片可以生成多种格式的文件，包括.swf、HTML 包装器、GIF 图像、JPEG 图像、PNG 图像、Win 放映文件和 Mac 放映文件等。其中常用的有.swf 文件(当按【Ctrl+Enter】测试影片时就已经生成了.swf 文件)和 Win 放映文件。Win 放映文件是 EXE 可执行文件，本身已经包含了 Flash Player 播放器，可以在不安装 Flash 播放器的任何 Windows 环境直接播放。

操作方法是：单击菜单“文件→发布设置”，在弹出的对话框中勾选需要发布的格式，在右侧设置发布参数。比如.swf 文件格式，可以设置播放品质、音频码率、防止导入等，如图 4-3-119 所示。其他格式的设置不再展开叙述。

2. 视频导出

导出视频，可以把影片导出为标准视频格式，便于其他视频编辑软件和后期特效制作软件使用，可导出 QuickTime(*.mov)格式、Window AVI(*.avi)格式和 GIF 序列、JPEG 序列、PNG 序列等图像序列。

其中，QuickTime(*.mov)格式是能够完整保留动画中的声音、影片剪辑等元素的视频格式，由于是无损格式，所以文件体积较大，一般 1 分钟左右的视频文件要占 1 GB 以上的存储空间。应注意的是，需要安装 QuickTime 插件(可从网上搜索 QuickTime 下载安装，此处不展开叙述)才可以导出。操作方法是：单击菜单“文件→导出→导出视频”，选择输出路径，输入文件名，单击“导出”按钮即可，如图 4-3-120 所示。

【温馨提示】需要注意的是，当导出视频时，由于视频为连续播放的时间流式媒体文件，而作品中已添加的 AS 交互脚本操作需要等待响应鼠标、键盘等操作，所以导出视频后画面中出现的按钮和添加的 AS 代码将无效，可以在导出视频前删除按钮和 AS 脚本所在图层。

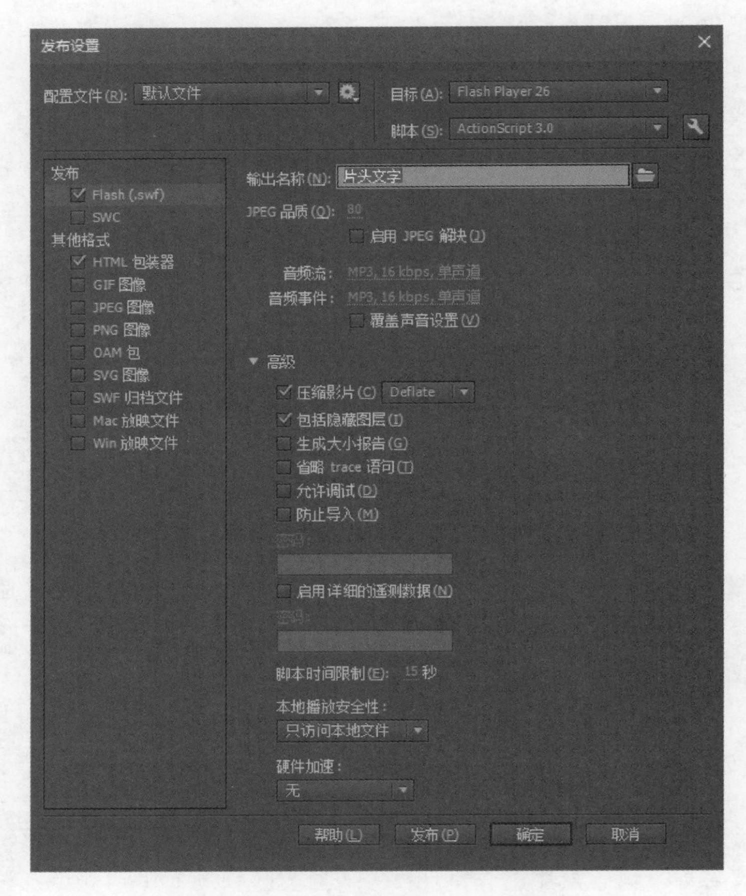

图 4-3-119　发布设置

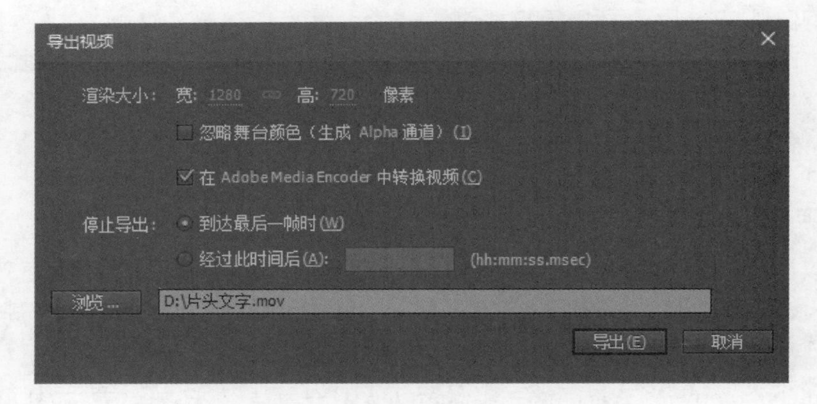

图 4-3-120　导出 MOV 格式视频

三、任务实现

子任务 1　发布 HTML 和 EXE 文件

（1）打开文件“遵守交通规则. fla”。单击菜单“文件→发布设置”，勾选“HTML 包装器”和“Win 放映文件”，在右侧设置发布参数，如图 4-3-121 所示。“HTML 包装器”的参数，用默认参数即可。

（2）参数设置完成后，单击“发布”按钮。出现“正在发布”对话框，如图 4-3-122 所示。等待发布完成后，会生成“遵守交通规则. swf”“遵守交通规则. html”“遵守交通规则. exe”三个文件。

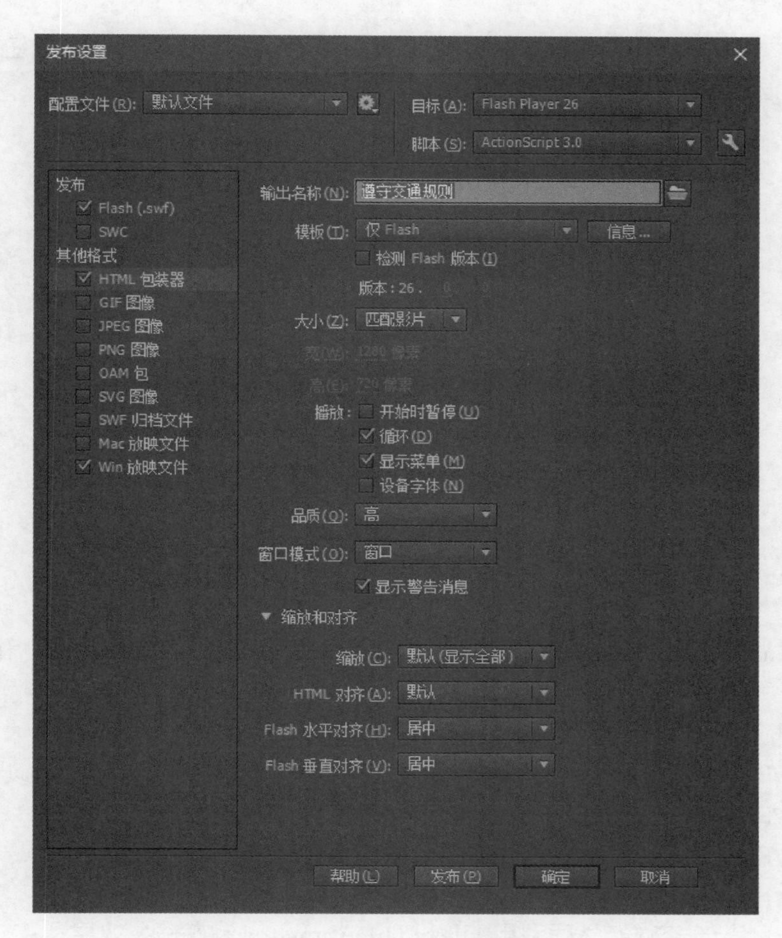

图 4-3-121　发布三种格式文件

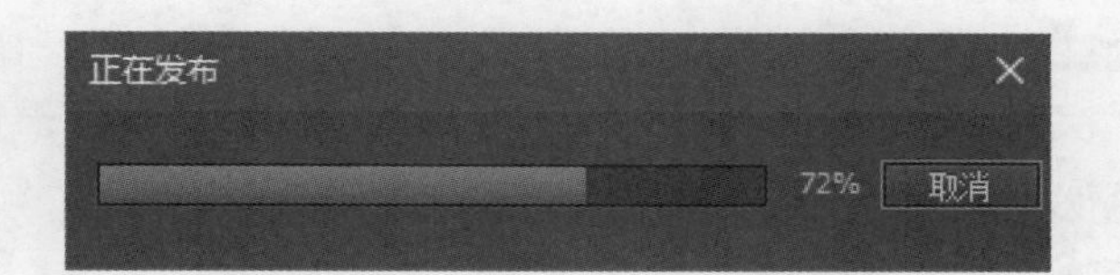

图 4-3-122　“正在发布”对话框

子任务 2　导出 MOV 视频

(1) 打开文件“遵守交通规则. fla”，删除场景“片头文字”“结尾文字”中的图层“AS”及按钮。

(2) 单击菜单“文件→导出→导出视频”，弹出“导出视频”对话框，如图 4-3-123 所示。

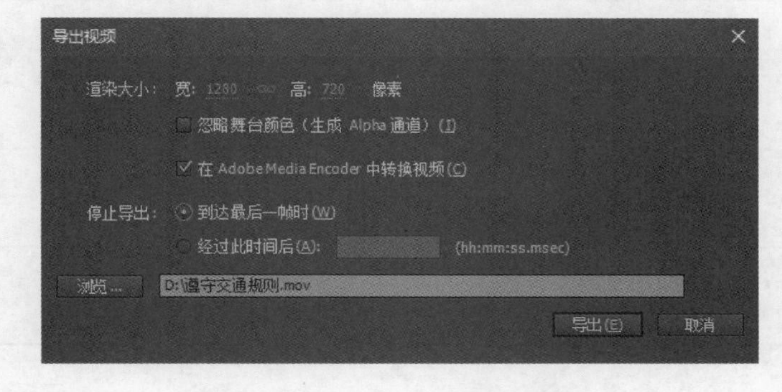

图 4-3-123　“导出视频”对话框

(3) 在图 4-3-123 中单击“浏览”按钮，选择输出路径，输入文件名，单击“导出”按钮，出现“录制 Flash 内容”对话框，如图 4-3-124 所示。完成后即可生成“遵守交通规则. mov”文件。

图 4-3-124 “录制 Flash 内容”对话框

模块练习

1. 填空题

(1) Ulead Gif Animator 窗口由菜单栏、工具栏、工作区、(　　　　)、对象管理器面板和(　　　　)几个部分组成。

(2) COOL 3D 插入(　　　　)工具可以插入以中心轴旋转而成的三维物体。

(3) 在 Animate/Flash 中，按(　　　　)键可以插入关键帧，按(　　　　)键可以插入空白关键帧。

(4) 在 Animate/Flash 中，按住(　　　　)键可以绘制水平或垂直方向的直线。

(5) 在 Animate/Flash 中测试影片的全部内容，可以按下快捷键(　　　　)。

2. 操作题

(1) 从网上下载一幅卡通头像，然后利用 Ulead Gif Animator 制作签名效果。

(2) 从网上下载你喜欢的明星的面部写真照片，然后找一副自己的面部写真照片，利用 Fun Morph 制作从明星到自己的变脸动画，保存格式为 Flash。

(3) 利用 COOL 3D 为多媒体电子相册设计制作一个片头，标题为“美丽港城欢迎您”，动画尺寸为 1280 像素×720 像素，60 帧，动态视频背景，动画效果自行设定。

3. 实训题

利用 Animate/Flash 设计一个个人简历的动画，主要栏目有“个人简介”“兴趣爱好”“自我评价”“联系方式”，这些栏目由单独的场景完成。要求场景布局合理，色彩颜色搭配协调，角色绘制形象生动，动画流畅并符合内容的需要，在主界面中调用上述四个场景。完成下列实训报告(自行设计 Word 表格)。

班级		专业		姓名	
学号		机房		计算机号	
实训项目				成绩评定	
实训目的					
实训步骤					
实训反思					

Shuzi Meiti Kaifa Xiangmuhua Jiaocheng

模块 5

数字视频编辑技术

目前，视频正日益成为网络营销和社交媒体的重要组成部分，视频的应用范围非常广泛，比如电视节目片头、教学微课、宣传短片、广告、影视作品、网络小视频等。视频的编辑处理是数字媒体作品中的一个重要应用，视频编辑处理的软件也非常多，有适合专业的，也有业余级别的。

【参考课时】

10 课时

【学习目标】

- 熟练运用 3D-Album-CS 和艾奇电子相册制作软件制作电子相册
- 熟练运用 BB FlashBack Pro 录制屏幕
- 熟练运用会声会影编辑视频

【学习项目】

- 项目一　电子相册制作
- 项目二　软件操作微课录制
- 项目三　MV 制作

项目一
电子相册制作

项目编号	No. P5-1	项目名称	电子相册制作
项目简介	随着数码相机、智能手机的普及，人们总是喜欢将某个时刻的情景拍摄下来，作为日后的留念。若用户将数码照片整理并制作成电子相册，会是一件很美的事情。随着科技的发展，制作电子相册的软件也越来越多。本项目重点是利用 3D-Album-CS 和艾奇电子相册制作软件制作效果精彩纷呈的电子相册。		
项目环境	多媒体电脑、互联网、Photoshop、3D-Album-CS、艾奇电子相册制作软件等		
关键词	电子相册、3D-Album-CS、艾奇电子相册		
项目类型	实践型	项目用途	课程教学
项目大类	职业教育	项目来源	某婚庆公司
知识准备	(1) 电子相册概念； (2) 数码照片处理。		
项目目标	(1) 知识目标： ① 了解电子相册的制作思路； ② 理解压缩编码在视频压缩中的作用。 (2) 能力目标： ① 熟练掌握 3D-Album-CS、艾奇电子相册制作方法； ② 能在实际工作项目中灵活运用不同的软件制作不同效果的视频相册。 (3) 素质目标： ① 通过案例引导，感受视频的魅力，激发学生的学习兴趣； ② 通过小组合作完成电子相册项目，提高学生解决问题的能力，培养学生团队合作精神。		
重点难点	(1) 3D-Album-CS 视频输出时的处理技巧； (2) 电子相册字幕的制作。		

任务一　童趣 3D 电子相册制作

一、任务描述

3D-Album-CS 的优势在于以多种不同的华丽的 3D 效果制作多媒体相册。下面我们以儿童 3D 电子相册的制作来详细阐述 3D-Album-CS 制作多媒体相册的流程，并介绍在制作过程中应该注意的事项。

二、预备知识

3D-Album-CS 又称声影制作家，是一款专业的 3D 相册制作软件，以多种不同的华丽的 3D 显示形态在电脑上呈现相片。3D-Album-CS 内置丰富的素材文件和多款地图模型，包括城堡、泳池、酒店、教堂等，用户可以将自己的图片放置到任何地图中，制作出的效果十分逼真，适用于影楼、照相馆、个人等使用。由于相册画廊实际是基于游戏引擎制作出来的，因此在场景中如何移动、浏览图片，完全是用户自己控制的，就像玩游戏一般，可以在三维场景里浏览、查看照片。

1. 软件界面

3D-Album-CS 的主要操作界面可分为三个部分，即上层菜单区、主要功能区、工作区，如图 5-1-1 所示。

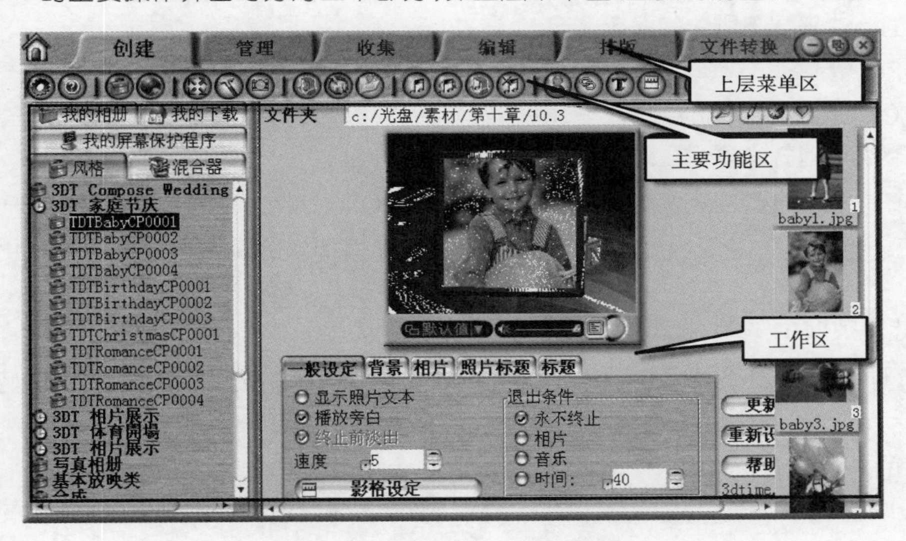

图 5-1-1　3D-Album-CS 操作界面

- 上层菜单区：位于操作窗口的上方，包含六大工作区域：①创建区，②管理区，③收集区，④编辑区，⑤排版区，⑥文件转换区。这个菜单列表窗口可以自由控制最大化、最小化，也可以利用鼠标来任意拖曳窗口的位置。
- 主要功能区：位于上层菜单区的下方，包含所有最常使用的功能键，在六大工作区中会有各种不同的功能键以方便用户操作。
- 工作区：软件的主要区域(黑色框线部分)，提供给用户非常简单明了的工作环境，包含风格选择、文件夹选项、图片缩略图栏、特殊设定、效果预览等。

2. 工作流程

利用 3D-Album-CS 制作 3D 多媒体相册很简单，只需要几步操作就可以实现，如图 5-1-2 所示。

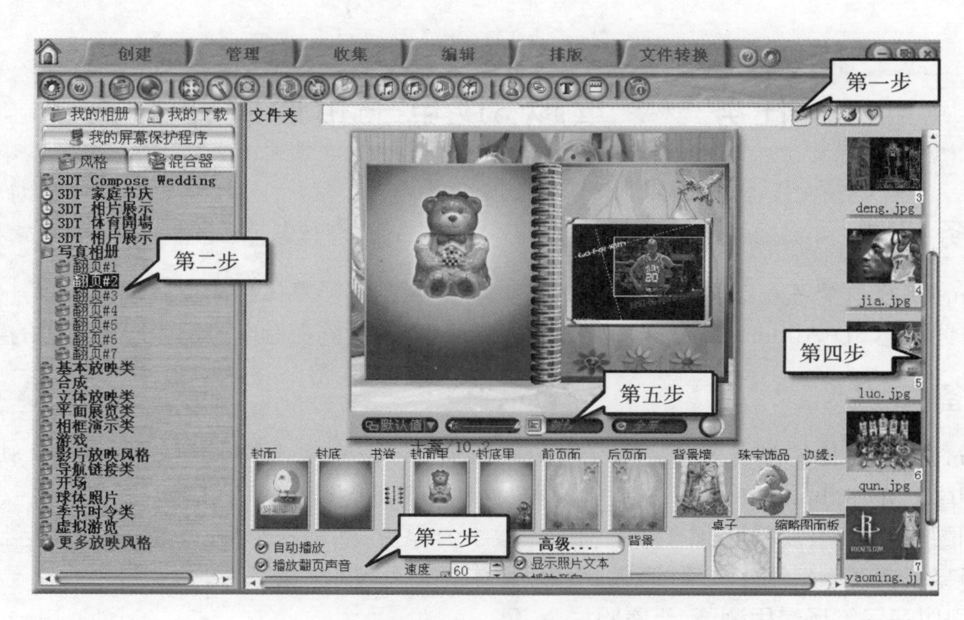

图 5-1-2 操作步骤

1）选择图片文件夹

选择需要制作相册的图片所在的文件夹，确定选择的文件夹后，所选择的图片缩览图会出现在视窗右边，可以用拖曳的方式来调整图片的播放顺序。

2）选择展示类型

3D-Album-CS 内建了多种 3D 风格供用户选择，用户可以在左方风格功能列表中，选择任何一种类别当中的风格模型，展示类型就会套用在图片上。

3）特殊设定

特殊设定位于预览屏幕的下方，各种不同的展示类型都有不同的设定供用户调整变化，达到个性设置的要求。

4）更改图片播放顺序

当图片预览时，用户发现图片播放顺序不太符合要求，可以通过右方的缩略图栏以拖曳的方式来调整图片的播放顺序。

5）输出作品

预览觉得没问题后，用户可以选择预览画面下的“制作”按钮或位于功能列表上的“制作”按钮输出作品。

3. 其他主要功能

通过管理区可以查看图片基本信息，为每张图片加入名称、描述和配音等。

通过编辑区可以针对图片做基本的编辑与修饰，比如更改图片尺寸、裁切、分类、去红眼、修改色彩、曝光、添加文本等。

通过排版区可以制作个人的通信录、目录、月历和更多不同样式的图片文字排版。

相册制作完成，最后转换成视频时，源文件不要随意更改；退出条件如果采用默认的“永不终止”，则必须在结束帧处设置一个合适的数值（如 3000，不能设为 0）；请关闭各种杀毒软件，否则无法正常转换；Divx Codec 4.12 压缩编码能有效地改善 3D 相册的画面质量，使用前需要先下载并安装。

三、任务实现

（1）启动 3D-Album-CS。

(2) 单击工作区中文件夹选项的“浏览”功能键，在弹出的选择相册文件夹管理对话框中，选择制作相册的图片所在的文件夹，所选择的图片缩览图将会出现在视窗右边，单击“确定”按钮确认。

(3) 单击“风格”选项卡，在风格选项中，单击“3DT 家庭节庆”，在展开的风格列表中选择“TDTBabyCP0003”。

(4) 单击上层菜单区中的“管理”，选定“baby1. JGP”，在“照片标题”中输入文本“宝宝在海边”，如图5-1-3所示。

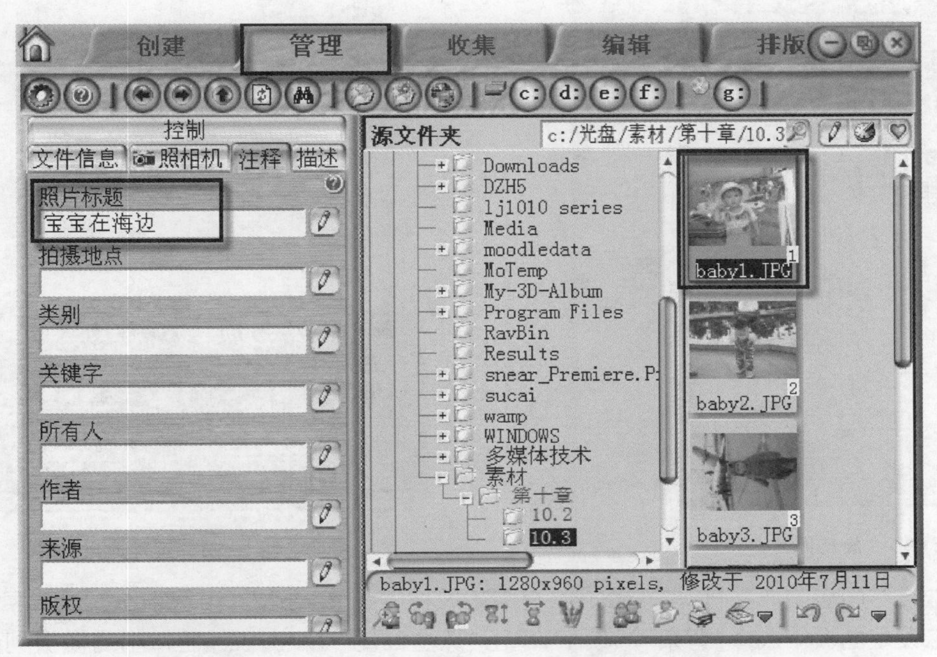

图 5-1-3 添加照片标题

(5) 单击上层菜单区中的“编辑”，双击“baby3. JPG”，在“基本”编辑列表中选择“旋转照片”命令，如图5-1-4 所示。

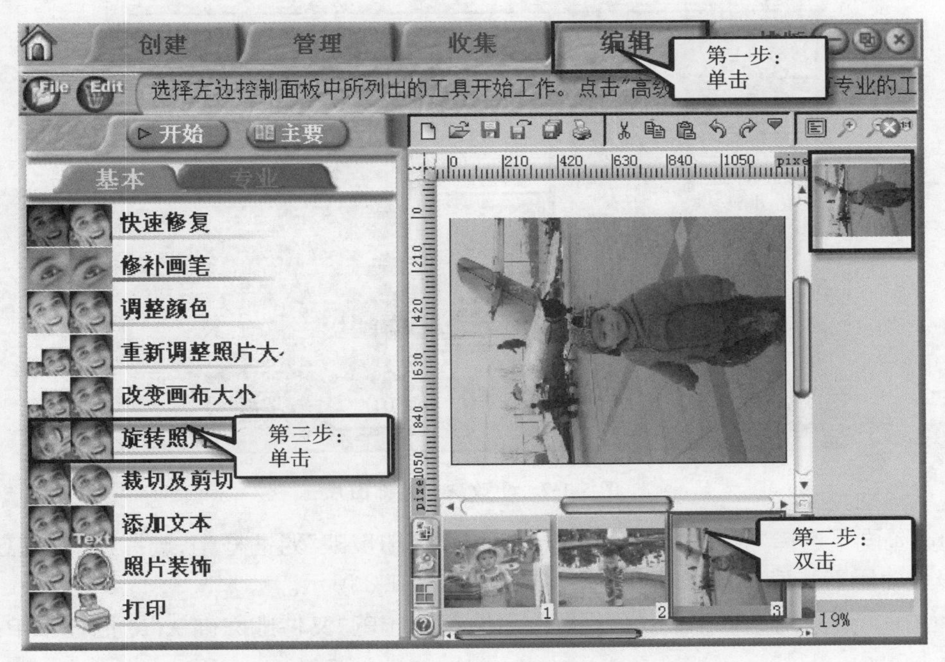

图 5-1-4 编辑照片

(6) 在弹出的对话框中，选择“顺时钟旋转 90 度”命令，并单击右下方的“完成”按钮，如图 5-1-5 所示。在警告对话框中单击“是”按钮确认修改，将照片顺时针调整 90 度。

(7) 单击上层菜单区中的“创建”，在特殊设定面板中选择“一般设定”选项卡，将“退出条件”设置为“相片”(这点很重要，表示以相片为相册放映的结束标志，也可以选择其他退出方式，但是会影响后面结束帧的设置)，如图 5-1-6 所示。

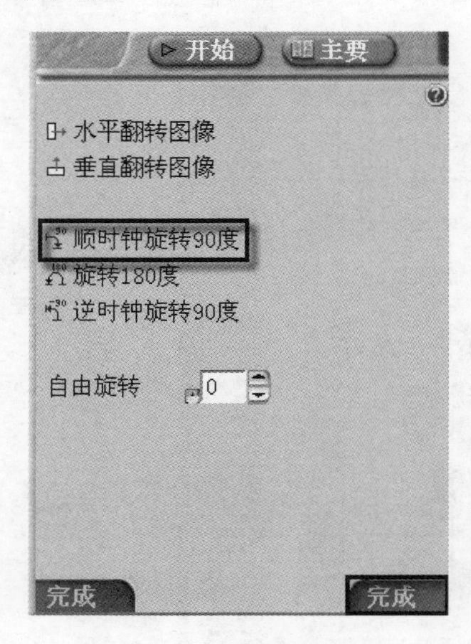

图 5-1-5　旋转照片

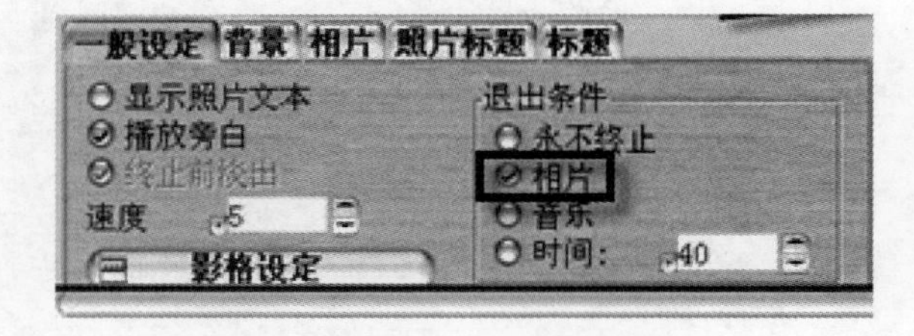

图 5-1-6　设置退出条件

(8) 在特殊设定面板中选择“标题”选项卡，将原始风格中的文字改为“宝宝相册”，设置字体为楷体。

(9) 在特殊设定面板中选择“背景”选项卡，单击“珠宝饰品”下的小熊，在弹出的模板列表中，选择“装饰”下的“角度”，然后在右侧的图片模板中选择第一幅图片，单击“确定”按钮确认，如图 5-1-7 所示。

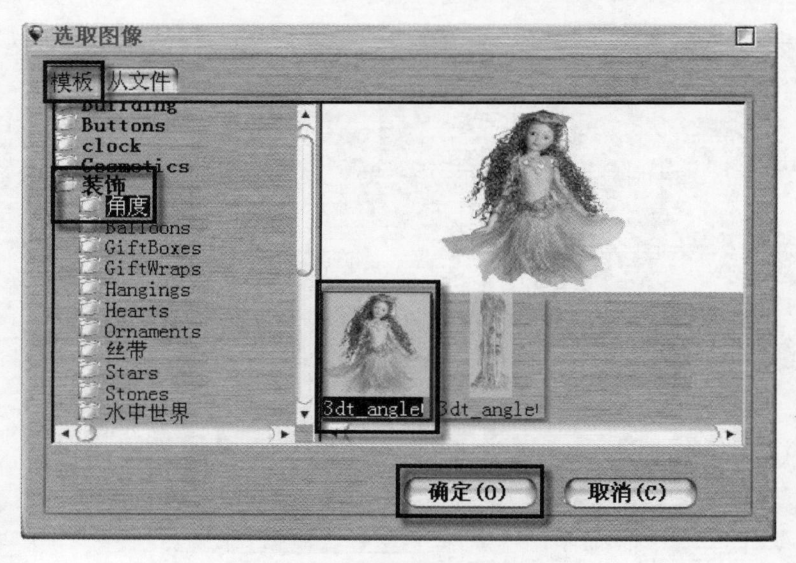

图 5-1-7　更改珠宝装饰图片

(10) 在预览画面下选择“制作”按钮，在弹出的“创建相册放映”对话框中，选择“制作独立应用程序”应用类型，其他设置使用默认值，最后单击“制作”按钮，如图 5-1-8 所示。

(11) 在弹出的“注意”对话框中，选择“删除”按钮，在弹出的“文件删除确认”对话框中单击“是”按钮确认删除，如图 5-1-9 所示。

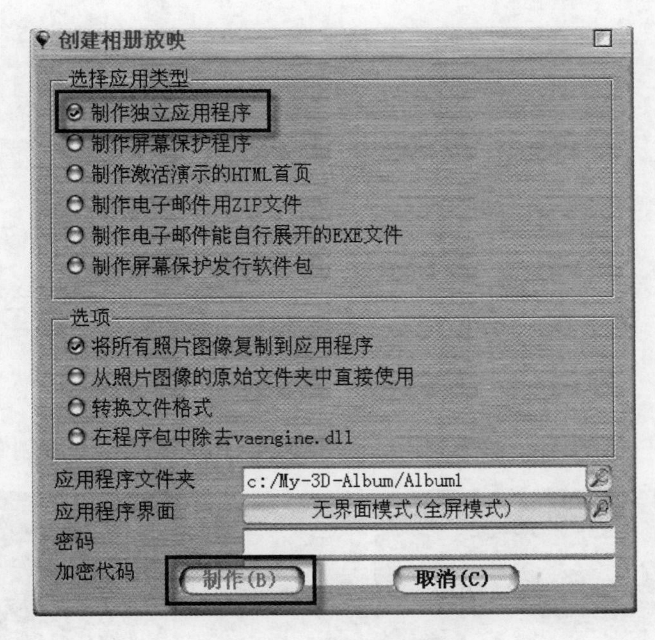

图 5-1-8　创建放映方式

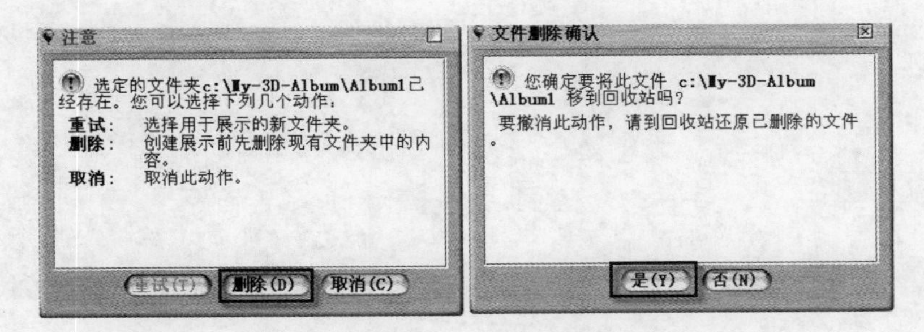

图 5-1-9　确认删除

(12) 在弹出的"消息"对话框中单击"否"按钮，不在桌面创建快捷方式，如图 5-1-10 所示。

(13) 单击上层菜单区中的"文件转换"，将相册转换成视频，源文件处保持默认值，其他设置如图 5-1-11 所示。由于采用 PAL 制，所以"帧频"设置为 25，"帧大小"为 720×576，"电影质量"为 100。由于退出条件为"相片"，所以"开始帧"与"结束帧"均设置为 0。设置好后单击"开始"按钮开始转换。

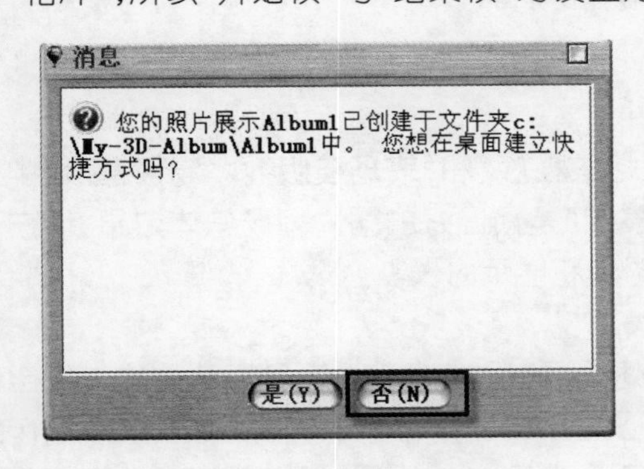

图 5-1-10　不在桌面创建快捷方式

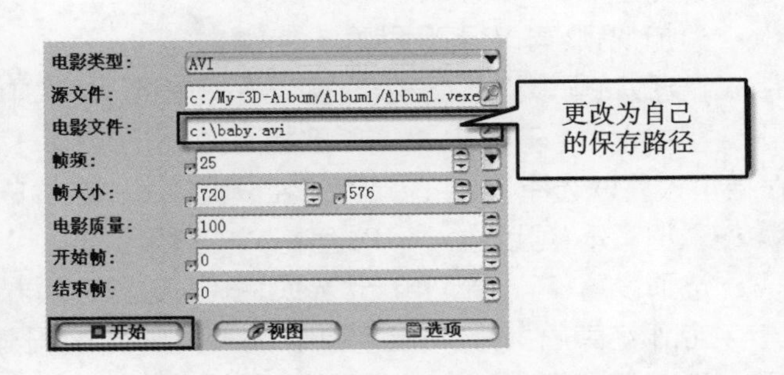

图 5-1-11　设置参数

(14) 在弹出的视频压缩对话框中选择"Divx Codec 4.12"压缩程序(需读者先行下载并安装)，单击"确定"按钮开始转换。

任务二　婚纱照电子相册制作

一、任务描述

给照片配上音乐，加上炫酷的过渡效果，可以轻松制作各种视频格式的电子相册。下面我们以婚纱相册的制作来详细阐述用艾奇电子相册制作软件制作多媒体相册的流程。

二、预备知识

艾奇电子相册制作软件操作简单，只需简单的三步就可以完成电子相册的制作，如图 5-1-12 所示。

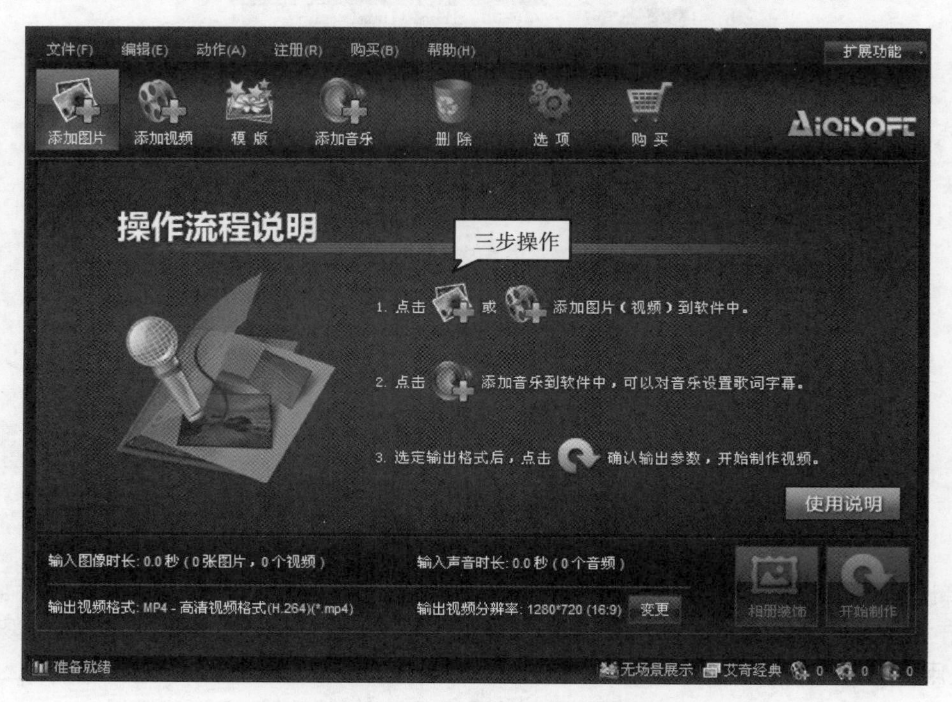

图 5-1-12　艾奇电子相册制作软件操作界面

- 添加图片：可以导入图片。
- 添加视频：可以导入视频。
- “模版”：可以进入“模版设置”界面，“模版设置”中包含“场景模版”和“转场模版”。“场景模版”中可以设置图片显示所在场景，根据所做相册主题进行选择；“转场模版”是预设好的图片转场总体效果，用户可以根据个人喜好选择，软件也允许单独设置每一张图片的转场时长和显示时长。
- 添加音乐：可以插入 MP3 等格式的背景音乐。
- 选项设置：在主界面单击“选项”按钮，进入选项界面，在这里可以对软件的一系列默认功能进行自由设置。“制作结束后执行”下拉菜单中，默认选项为打开输出电子相册的目录。同时，用户可以选择制作结束后关机、电脑休眠、关闭软件等操作，可用于无人值守的时候自动制作。“输出目录”默认为软件安装目录下自带的文件保存路径，用户可以更改为符合自己习惯的目录来存放制作的文件。勾选“自动裁剪图片和视频画面(避免输出视频出现黑边)”，可以避免出现输出视频有黑边的现象，如图 5-1-13 所示。

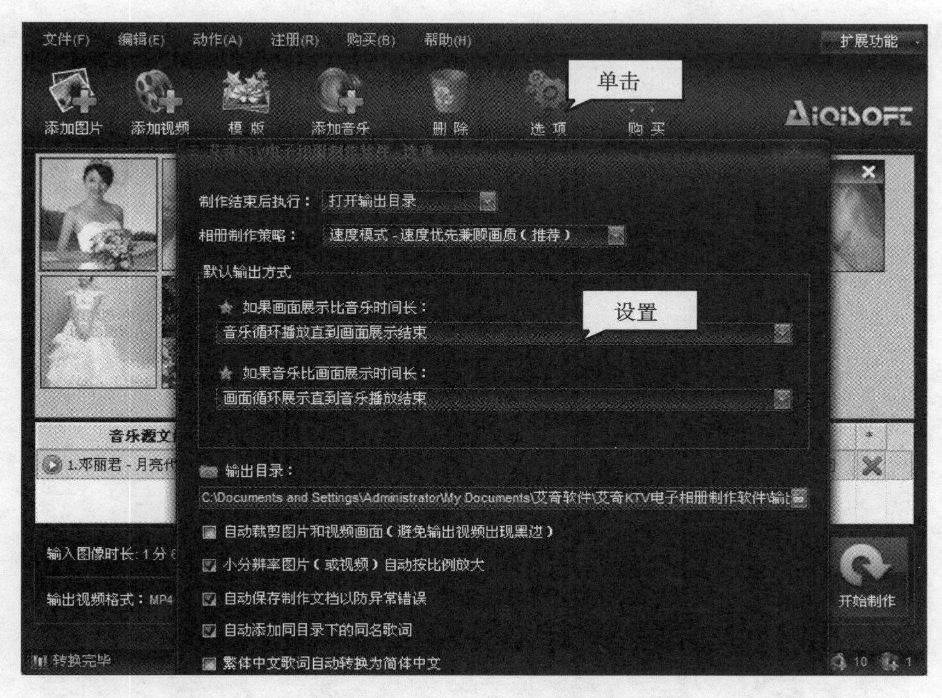

图 5-1-13 选项设置

三、任务实现

(1) 启动艾奇电子相册制作软件。

(2) 单击顶部工具栏中的"添加图片"或"添加视频"按钮，选择制作电子相册所需要的图片或者视频文件，将其导入软件列表中(此处插入素材中的婚纱图片)。鼠标左键单击并拖曳列表内的缩览图可以对图片或视频进行排序。然后，对导入的图片或视频做进一步处理，比如转场效果、编辑图片、添加文本说明等。图 5-1-14 所示为进入图片不同编辑的方式。

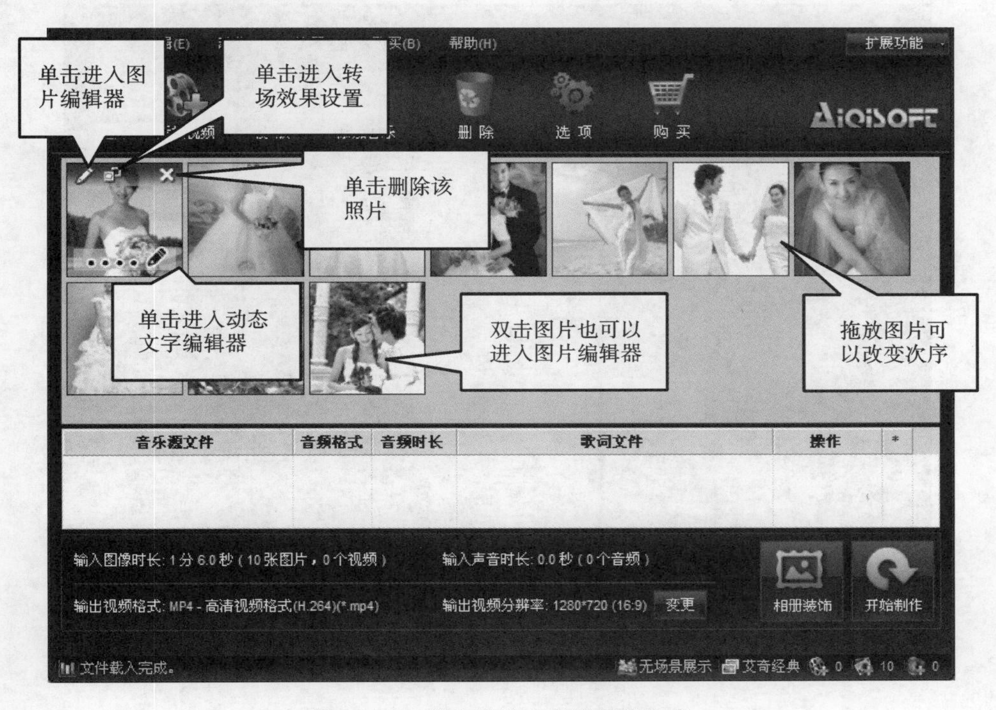

图 5-1-14 进入图片不同编辑的方式

① 图片编辑设置：可以通过双击添加到列表中的图片，或者单击图片左上角的“铅笔”按钮进入“图片编辑”对话框。在“图片编辑”对话框中可以对图片进行裁剪、旋转、添加文字、添加点缀图、画中画、添加边框等操作，如图 5-1-15 所示。

图 5-1-15 “图片编辑”对话框

② 图片转场效果设置：将鼠标移到图片列表的图片上，单击“转场效果”按钮进入转场效果设置窗口，在此用户可以根据自己的需求对每张单独的图片的转场效果、显示方式、展示时长、转场时长等参数进行调整，如图 5-1-16 所示。

图 5-1-16 转场效果设置

③ 图片动态描述文字设置：在主界面图片列表中单击图片中的带有四个小点和铅笔的半透明条即可进入添加动态描述文字窗口，如图 5-1-17 所示。利用添加图片动态描述文字功能，可以给相册的每一张图片添加一些动态描述文字。与图片编辑中的添加文字不一样的地方是，该文字独立于图片，固定地显示在“视频层”，动态描述文字的大小和位置不随图片变化而变化。

【温馨提示】选择“图片编辑”对话框底部的“应用到所有”，可以把以上所有针对某张图片的编辑操作，应用到列表内的所有图片上，无须逐一操作。

图 5-1-17 动态文字编辑器

(3) 单击“添加音乐”按钮，可导入一个或多个 MP3 等常见格式的音乐歌曲文件到软件中，用于制作电子相册的背景音乐。单击“设置歌词”按钮可以进行歌词设置，如图 5-1-18 所示。进入歌词设置界面，在顶部通过“导入歌词”可以为歌曲配上相应的歌词文件或替换当前的歌词文件。如果用户没有合适的歌词文件，通过单击“制作歌词”按钮启动艾奇歌词字幕制作软件，重新制作一个 AKS 或 LRC 格式的歌词。在该界面还可以预览歌词和调整歌词时间。

(4) 相册制作好后，根据自己的需要，选择一个视频输出格式，如图 5-1-19 所示。单击“相册装饰”按钮，进入相册装饰设置界面，可以对整个相册视频进行一系列的美化和完善操作，如添加图形片头、片尾、相册视频边框、背景图、相册图文水印等。完成了各项设置后，单击主界面右下角的“开始制作”按钮，进入最终输出设置界面，开始制作电子相册。在弹出的输出设置界面上部提示图片和视频文件时间总长度、音乐时间总长度信息并提示相差的时间信息。根据这些信息用户在“输出方式”里选择一种最符合需求的输出方式。在“文件名”框中可以给这个即将开始制作的电子相册视频文件命名。然后单击右下角的“开始制作”按钮进入电子相册的正式制作流程。

【温馨提示】对于输出视频的分辨率，根据导入的图片大小，一般情况下设置越大（不超过图片分辨率），输出视频越清晰，当然这样输出速度就会越慢；另外，视频分辨率的宽高比与图片分辨率的宽高比尽可能保持一致，否则输出视频周围会有黑边。

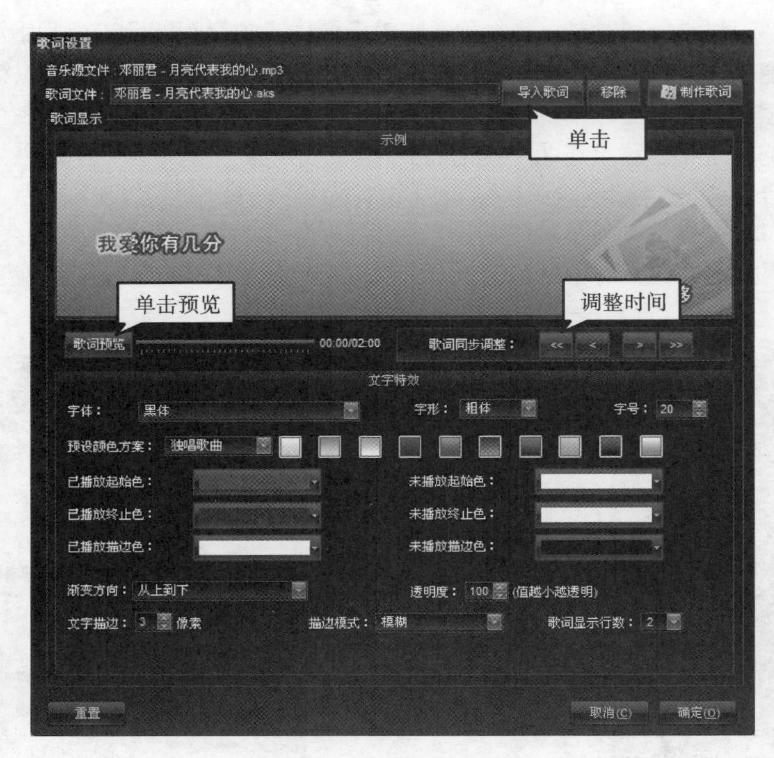

图 5-1-18　歌词设置界面

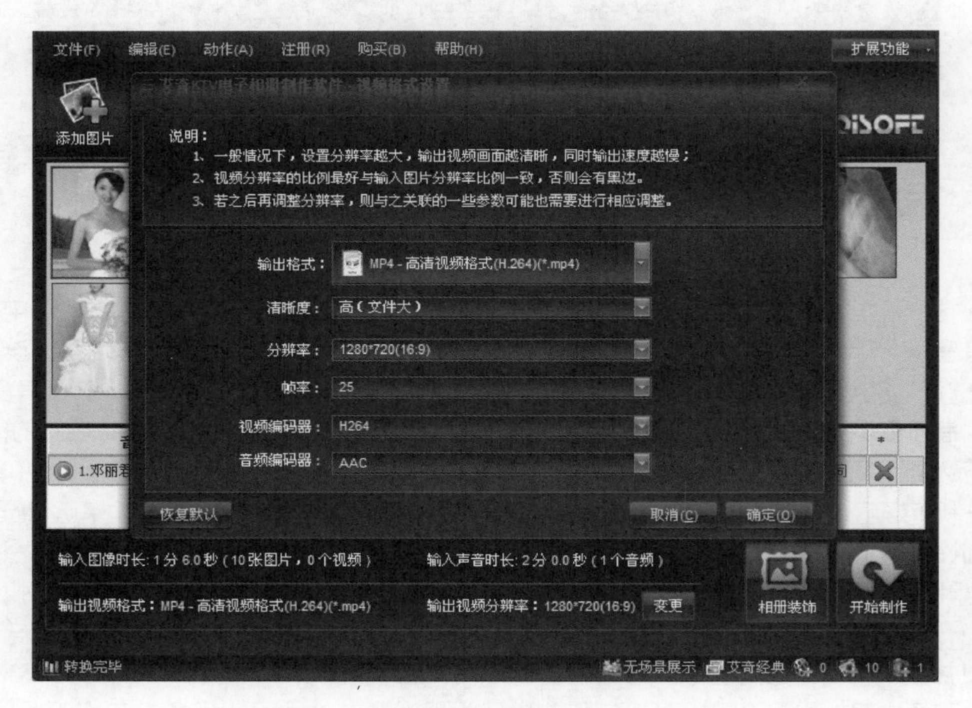

图 5-1-19　输出设置

(5) 在“文件”菜单中，选择保存并设置文档。可以把用户当前导入列表的图片、视频、音乐和歌词文件信息，图片编辑设置、输出格式设置、相册装饰设置等一系列设置保存成“. pad”格式的设置文档文件，方便用户下次制作同样相册时直接打开，无须重新制作内容，但只限于本机使用。完整文档“. padx”格式，是把所有当前制作相册的实体文件和各种设置完整保存，原始文件删除或者移动后也不会造成导入丢失。. padx 格式的完整文档可以在其他安装过艾奇 KTV 电子相册软件的电脑上使用。

【温馨提示】保存的.pad设置文档中不包含实体文件，如果用户本机的图片、视频、音乐、歌词等文件删除或移动，再次导入.pad文件的时候会出现文件丢失。保存完整文档会打包所有图片、视频、音乐、歌词等实体文件，所以保存所用时间相对较长，文件较大。

项目二
软件操作微课录制

项目编号	No. P5-2	项目名称	软件操作微课录制
项目简介	某出版社出版立体化电子教材《计算机应用基础》，需要为配套教材制作软件操作类微课，用于翻转课堂教学。本项目主要是利用 BB FlashBack Pro 制作“Word 文本格式化”微课视频。		
项目环境	多媒体电脑、BB FlashBack Pro、Word 等软件		
关键词	微课、BB FlashBack Pro、Word		
项目类型	实践型	项目用途	课程教学
项目大类	职业教育	项目来源	某出版社
知识准备	(1) Word 基本操作； (2) 多媒体软件的安装注册。		
项目目标	(1) 知识目标： ① 了解微课的概念； ② 了解微课的类型。 (2) 能力目标： ① 掌握 BB FlashBack Pro 基本操作； ② 熟练利用 BB FlashBack Pro 制作微课。 (3) 素质目标： ① 通过案例引导，让学生学会制作微课，激发学生的学习兴趣； ② 通过具体任务的实现，体会完成作品后的成就感，培养学生的自主学习能力和审美意识。		
重点难点	(1) 微课中细节的处理； (2) 微课的教学设计。		

任务一　BB FlashBack Pro 介绍

一、任务描述

现在很多的地方都需要用到电脑屏幕录制软件，比如做游戏视频解说、网络直播、微课视频等，屏幕录制软件层出不穷，有国外的，也有国内的，各种软件功能及难度也有所不同。本任务主要介绍 BB FlashBack Pro 的基本功能、操作界面等，为后续的任务打下基础。

二、预备知识

目前，电脑屏幕录制软件非常多，常用的有 BB FlashBack Pro、Camtasia Studio、Bandicam、ScreenFlash、屏幕录像专家、超级捕快等，这些软件各有特点，在使用时可以根据电脑配置、用户需求等选择合适自己的软件。

Camtasia Studio 是美国 TechSmith 公司出品的屏幕录像和编辑的软件套装，它提供了强大的屏幕录像、视频编辑、视频菜单制作、视频剧场和视频播放功能等。使用该套装软件，用户可以方便地进行屏幕操作的录制和配音、视频的剪辑和过场动画、添加说明字幕和水印、视频压缩和播放等。Camtasia Studio 自带 PPT 插件，可以开启 PPT 播放，然后开启插件录制 PPT 讲解视频。除了像其他录屏软件一样具有录屏功能外，它还具备视频剪辑、编辑功能。所以，该软件是制作微课视频的首选，目前国内许多微课大赛、信息化教学设计等都是采用该软件录制屏幕视频的。但是该软件的新版本对电脑配置要求较高，体积较大，操作相对来说具有一定难度。

Bandicam 是一款由韩国开发的高清录制视频的工具，它的优势在于对电脑配置要求低。Bandicam 录制的视频体积小，而且画面清晰，可以录制分辨率高达 2560 像素×1600 像素的高画质视频，录制的时候可添加自己的 Logo 到视频中，是一款游戏录制神器。

ScreenFlash 是一款小巧、方便、工作速度快的录屏软件，可以将屏幕上的窗口、区域或全屏动作以及 PowerPoint 幻灯片放映录制成 Flash 动画，并且可以编辑，如加入注解、声音、图片、箭头等，创建一个完整的交互式演示。如果用户需要录制 GIF 文件的屏幕操作发送给微信、QQ 好友，可以考虑该软件。

屏幕录像专家是国内的一款十分不错的录屏软件，能够最大化地支持声音与画面同步，帧数可以自己调试，使得视频更加流畅，可以轻松地将屏幕上的软件操作过程、网络教学课件、网络电视、网络电影、聊天视频等录制成 Flash 动画、WMV 动画、AVI 动画或者自动播放的 EXE 动画，也支持摄像头录像。网上很多课程教学视频都是使用它录制的，但是该软件需要购买才可以使用全部功能。

超级捕快是国内梦幻科技出品的优秀软件，它可以捕捉视频，可以屏幕录像，还可以播放视频音频。此外，它还支持对视频的简单编辑，如加文字、加水印以及添加日期等，兼容性好。超级捕快内置广播软件功能，用户通过浏览器即可同时共享收看，当然也可以作为远程监控软件使用。此外，它还具备 DJ 广播功能，可以将电脑上的视频、音频文件广播到网络供大家收看或收听，并支持节目列表编辑，应用范围较广。

三、任务实现

BB FlashBack Pro 是一款功能非常强大的屏幕录像软件，它可以录制全屏幕、区域和窗口，同时还可以录制声音及摄像头等。它可以帮助用户录制屏幕中的所有动态图像，包括鼠标动作、视频、音频、游戏、Flash 动画等。录制结果将保存为 Flash 动画、QuickTime、WMV、AVI、MP4、独立的 EXE、微软 PowerPoint 等多媒体视频文件。它和 Camtasia Studio 一样，也带有一个编辑器，可以对录制的视频、音频进行添加、删除、剪裁、插入操作，可以插入文字、图像、视频、画中画、箭头、水印、标题等，也可以进行放大镜、淡入淡出、定时录制等特效处理。

1. 软件操作界面

BB FlashBack Pro 的主要操作界面如图 5-2-1 所示，主要工作区域分为菜单栏、功能选择区、时间轴区、舞台、媒体库和状态栏。

- 菜单栏：提供操作命令。
- 功能选择区：提供软件常用操作工具，比如添加文本、删除帧、局部放大、导出视频等。
- 时间轴区：可以在此对媒体文件进行编辑修改，比如改变出场时间、裁剪媒体对象长度、添加注释等。
- 舞台：可以在舞台观看编辑修改后的实时效果，也可以很方便地对视频中的各个媒体对象的位置和大小进行改变。

- 媒体库：软件自带的一些主题，比如注释、效果、编辑等。
- 状态栏：可以观察选定的帧和视频的长度。

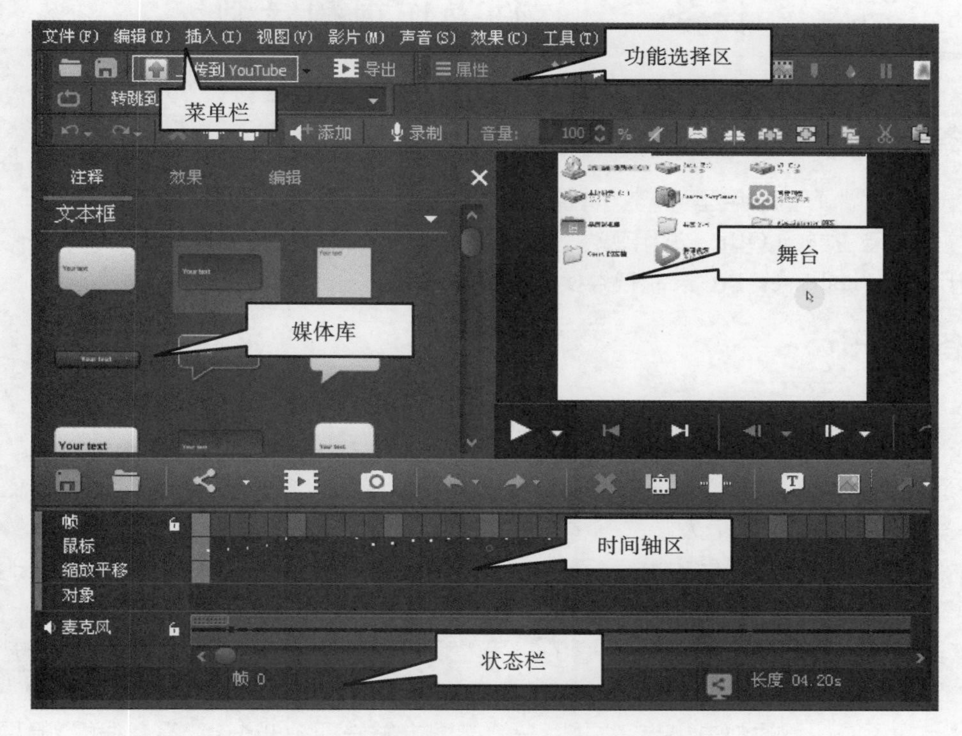

图 5-2-1 BB FlashBack Pro 操作界面

2. 软件屏幕录制界面

BB FlashBack Pro 录像机可以录制全屏幕、区域和窗口，同时还可以录制声音及摄像头，如图 5-2-2 所示，录制时参数根据需要选择即可。

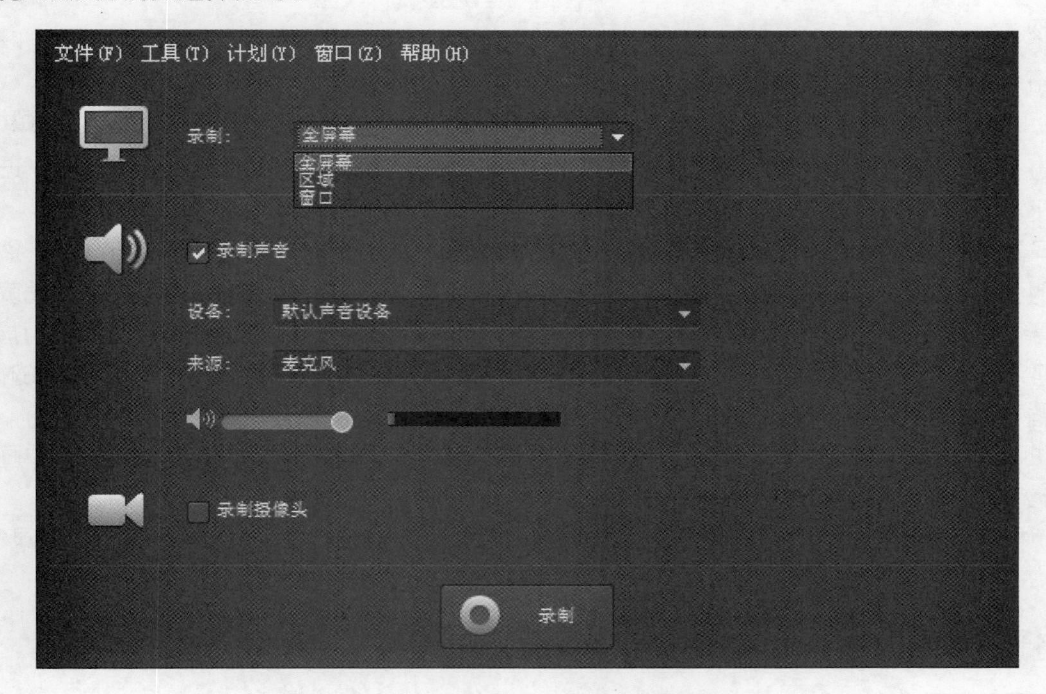

图 5-2-2 BB FlashBack Pro 录像机界面

任务二　软件操作视频录制

一、任务描述

某出版社出版了《计算机应用基础》教材，需要配套建设立体化教学资源，特别是扫描书中二维码即可在线观看教学视频，自主学习 Office 常用软件的基本操作。下面主要通过“Word 文本格式化”微课的制作来讲解如何利用 BB FlashBack Pro 录制软件操作视频。

二、预备知识

1. 微课

微课是指运用信息技术，按照认知规律，呈现碎片化学习内容、过程及扩展素材的结构化数字资源，核心组成内容是教学视频。南京师范大学张一春教授提出了微课具有如下四个特点：

(1) 微课“位微不卑”：微课虽然短小，比不上一般课程宏大丰富，但是它意义非凡，效果明显，是一个非常重要的教学资源。

(2) 微课“课微不小”：微课虽然短小，但它的知识内涵和教学意义非常巨大，有时一个短小微课比几十节课都有用。

(3) 微课“步微不慢”：微课都是小步子原则，一个微课讲解一两个知识点，看似很慢，但稳步推进，实际效果并不慢。

(4) 微课“效微不薄”：微课有积少成多、聚沙成塔的作用，通过不断的微知识、微学习，能得到大道理、大智慧。

2. 微课制作方法

不同类型的微课有不同的制作方法。微课制作方式可以分为实景拍摄式、屏幕录制式、可汗学院式、动画式和手机平板 APP 式等。软件操作类的微课，一般更适合利用屏幕录制的方法。

(1) 实景拍摄式：首先针对微课主题，进行详细的教学设计，形成教案；然后使用 DV、智能手机等设备对教学过程进行录制；最后利用视频编辑软件（如会声会影等）对视频进行简单的后期制作，可以进行必要的编辑和美化。

(2) 屏幕录制式：首先针对所选定的教学主题，搜集教学材料和媒体素材，制作 PPT 课件；然后在电脑屏幕上同时打开视频录像软件和教学 PPT，执教者一边演示一边讲解，录制视频；最后对录制完成的教学视频进行必要的处理和美化。当然，如果只是制作软件操作方面的微课，可以直接对操作步骤进行屏幕录制。

(3) 可汗学院式：使用手写板等硬件结合汉王手写板等相关绘图软件，录制边书写边讲解的微课，比较适合数学推导、美术绘画等课程。

(4) 动画式：使用一些动画制作软件，比如 3D 演示软件 Prezi、动画制作软件 Flash、快速动画软件万彩动画师、手绘软件 Easy Sketch Pro 等制作课件，然后将作品导出为视频格式。

(5) 手机平板 APP 式：目前有很多优秀的微课制作 APP，比如 ShowMe、Ask3、快讲、我要录微课等，安装后就可以直接录制微课。

三、任务实现

(1) 打开需要录制的 Word 文档，并调整窗口到合适的大小。

（2）启动 BB FlashBack Pro 软件，将录制区域设置为“窗口”，录制声音来源为“麦克风”，如果需要主讲教师出镜，制作画中画的效果，可以勾选“录制摄像头”。

（3）单击红色圆形“录制”按钮，进入“选择窗口”，然后单击 Word 窗口，此时 Word 窗口周围会出现红色边框，表示红色边框区域是录制区域。单击“录制”按钮，开始屏幕录制，如图 5-2-3 所示。

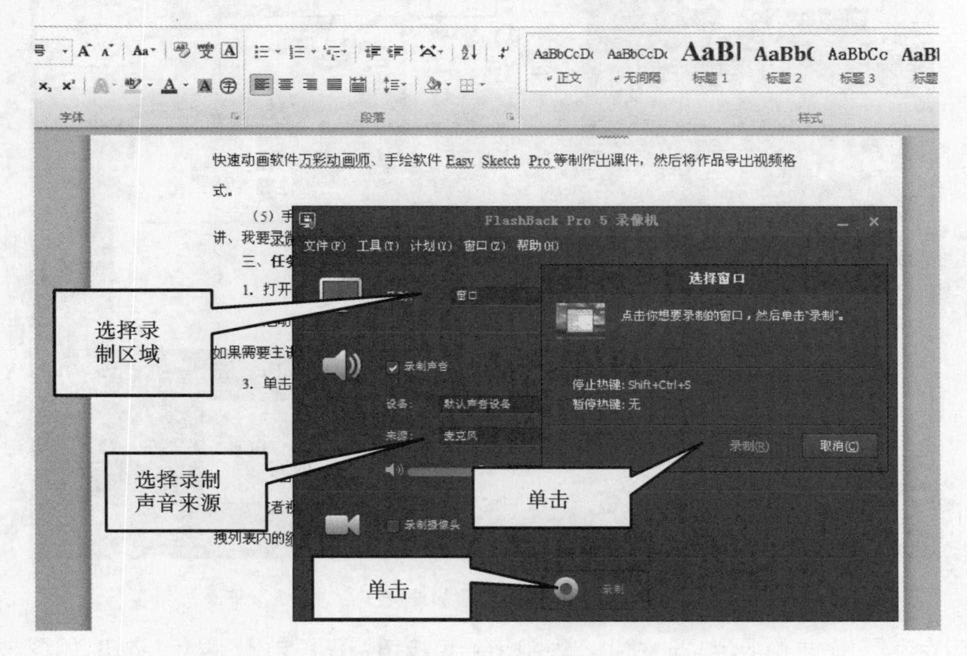

图 5-2-3　录制设置

（4）在 Word 窗口讲解文本格式化操作，讲解完成后，按【Ctrl＋Shift＋S】结束录制，然后单击“预览”按钮进入播放器窗口。

（5）在播放器窗口对录制的视频进行编辑处理。

① 删除多余部分。由于录制过程中可能会出现误操作，这时不用取消录制，而是把正确的操作重新讲解一遍，在编辑过程中删除多余部分即可。选中需要删除的帧，单击右键，选择“删除帧”命令，如图 5-2-4 所示。此时，还可以对帧进行裁剪、复制和合并等操作。

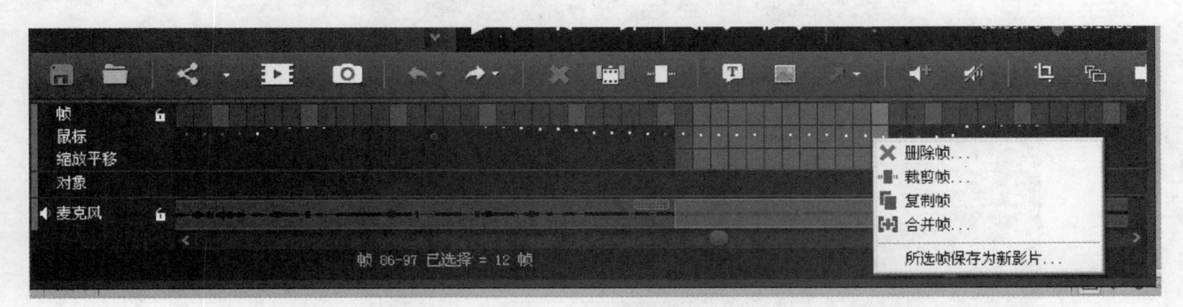

图 5-2-4　删除帧

② 添加注释。在微课制作中，经常需要对重点部分添加注释。首先选定需要添加注释的帧，然后在左侧“注释”选项卡中选择某一种文本框，并将它拖入需要添加注释的区域，双击该文本框，进入编辑文本对话框，输入注释文本，并设置格式，最后根据需要，设置持续时间选项，如图 5-2-5 所示。完成后，单击“确定”按钮。可以根据情况调整文本框的大小和位置。如不需要该注释，选中文本框，删除即可。

③ 缩放效果。在微课制作中，有些操作由于字体太小，学习者可能看不清楚，此时可以在微课中对该部分进行放大处理。首先选定需要缩放的帧，然后单击“效果”选项卡中的“添加缩放 /平移”命令，在弹出的对

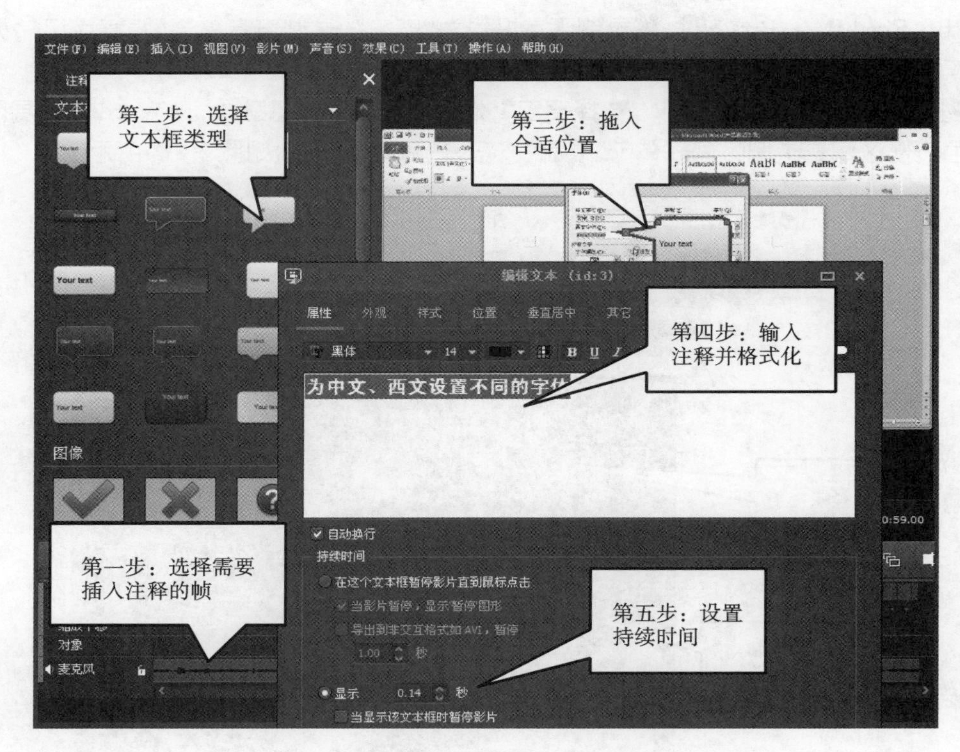

图 5-2-5　添加注释

话框中选择“自定义区域-调整绿色矩形大小之后单击确定按钮”，然后单击“确定”按钮，如图 5-2-6 所示。调整绿色方框到合适的位置。由于该缩放效果会在所有帧有效，如果需要在某帧回到全屏显示状态，则首先选择该帧，然后单击“效果”选项卡中的“添加缩放/平移”命令，在弹出的对话框中选择“整部影片”，然后单击“确定”按钮。如果需要删除该效果，则先在时间轴上选择该效果，单击鼠标右键，选择“删除缩放/平移”命令。

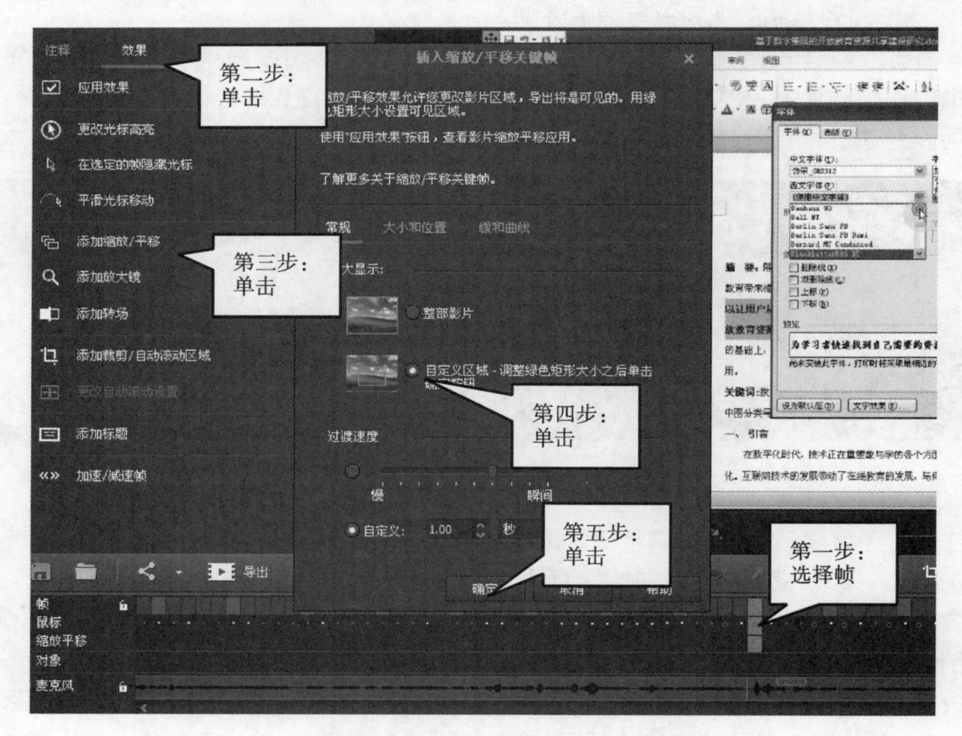

图 5-2-6　添加缩放效果

④ 编辑声音。在微课制作中，如果对录音不满意，比如有杂音等，可以进行编辑处理。单击“声音”菜单，选择相应的命令即可对声音进行相应的处理，如图 5-2-7 所示。

图 5-2-7 编辑处理声音的命令

⑤ 添加标题。如果在微课开头和结尾需要输入标题，单击“效果”选项卡下的“添加标题”命令，然后输入标题并格式化，设置淡入淡出效果(也可以插入图片)，如图 5-2-8 所示。

⑥ 添加字幕。单击“插入→仅文本”命令，弹出“插入文本”对话框，然后在输入框中输入需要的字幕，设置格式，单击“确定”按钮，如图 5-2-9 所示。最后，将字幕拖放到视频合适位置。

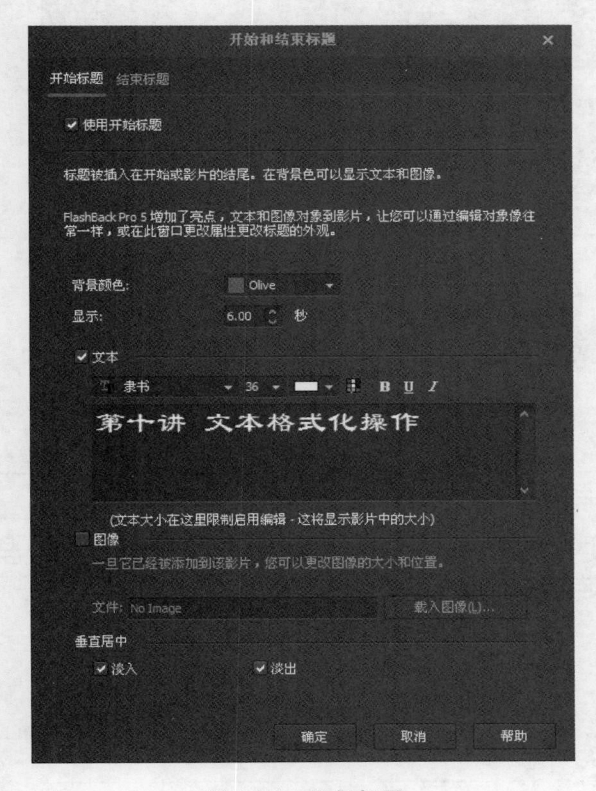

图 5-2-8 添加标题

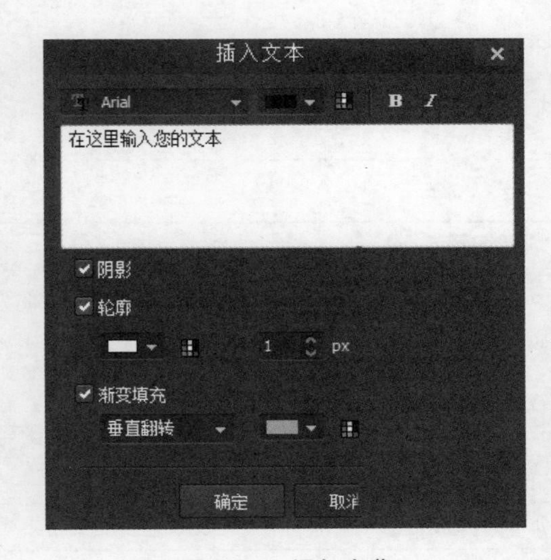

图 5-2-9 添加字幕

(6) 输出文件。单击“文件→导出”命令，弹出图 5-2-10 所示的对话框。选择需要的视频格式，单击“确定”按钮。然后在弹出的对话框中选择合适的参数，导出视频文件。

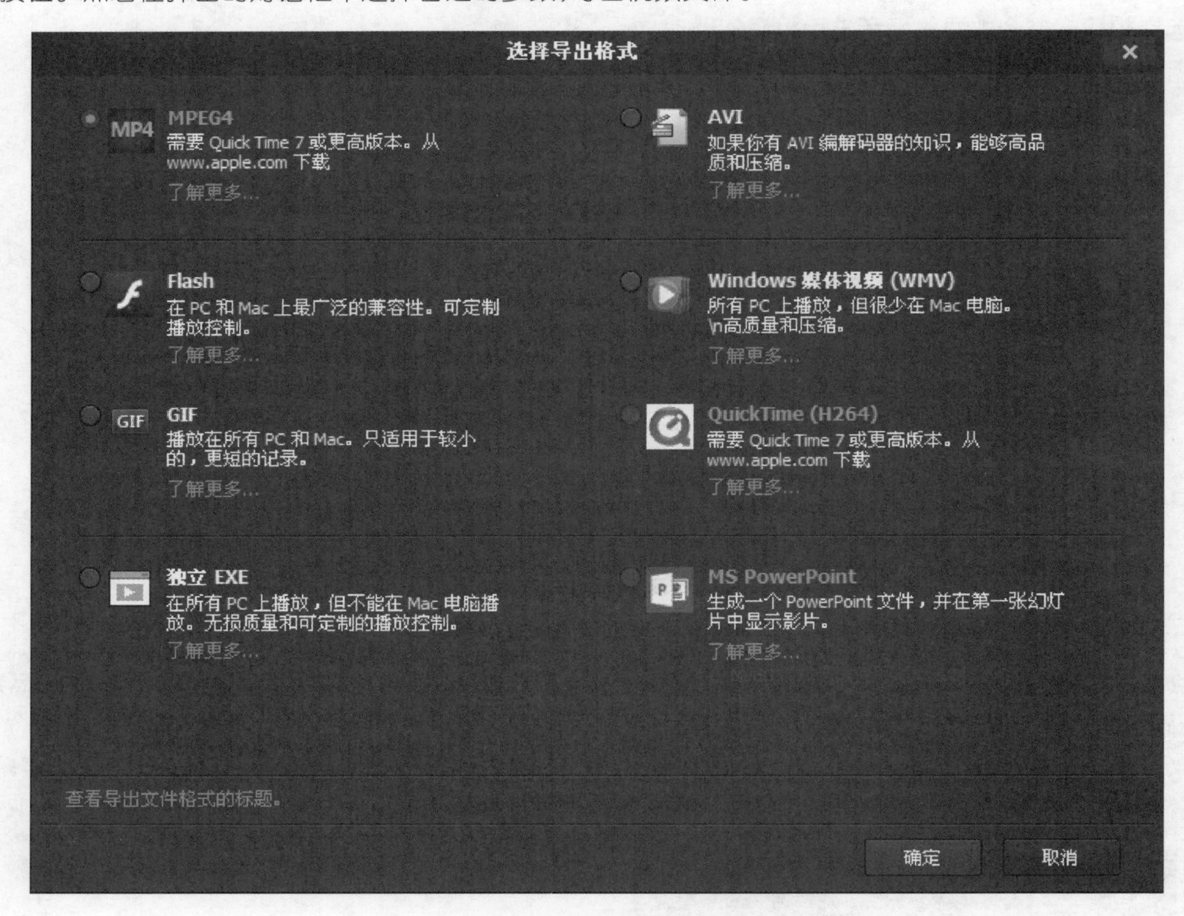

图 5-2-10 选择导出格式

（7）保存文件。单击“文件→保存”命令保存文件，选择合适的路径和文件名。

项目三 MV 制作

项目编号	No. P5-3	项目名称	《My Heart Will Go On》MV 制作
项目简介	我们经常可以看到很多 MV 视频，常被它们动听的音乐和唯美的画面深深地吸引。影片《泰坦尼克号》是一部优秀的电影作品，获得奥斯卡 11 项大奖，而且是一件展示电脑特技水平的杰作。利用会声会影可以轻松地制作该影片主题曲的 MV。		
项目环境	多媒体电脑、互联网、会声会影等多媒体软件		
关键词	MV、非线性编辑、会声会影		
项目类型	实践型	项目用途	课程教学
项目大类	职业教育	项目来源	数字媒体大赛

续表

知识准备	(1) 网络资源下载； (2) LRC 歌词的理解。
项目目标	(1) 知识目标： ① 了解常用的视频编辑软件； ② 掌握会声会影的基本功能。 (2) 能力目标： ① 掌握会声会影的基本操作； ② 能熟练地在实际工作项目中根据需要编辑处理视频。 (3) 素质目标： ① 通过案例引导，感受数字视频的魅力，激发学生的学习兴趣； ② 通过具体任务的实现，体会完成作品后的成就感，培养学生的自主学习能力和审美意识； ③ 通过小组合作完成项目，提高学生分析问题、解决问题的能力，培养学生团队合作精神和学以致用的意识。
重点难点	(1) 视频编辑； (2) 字幕的应用。

任务一　会声会影介绍

一、任务描述

视频剪辑软件可实现视频剪辑、裁剪、分割、合并、添加马赛克、调整视频速度和亮度等视频编辑操作，还可以给视频配音、添加特效、添加字幕等。本任务主要介绍会声会影的基本功能、工作界面等，为后续的任务打下基础。

二、预备知识

目前，视频剪辑软件非常多，主要分为以下三类：

1. 专业类

专业类主要有 Adobe Premiere Pro、After Effects、Vegas、EDIUS 等，这类软件功能强大，涵盖了各种功能，目前是专业视频编辑常用的软件，但是这些软件对硬件要求较高，操作比较复杂。

2. 初级类

初级类主要有会声会影、万兴神剪手、威力导演等为代表的一些软件。这些软件对于初级用户是非常不错的，内置很多片头、片尾、音效之类的素材，能够直接调用，上手比较容易，常用的功能都有，完全能够满足非专业人士的需要，但是要制作特别的效果就显得功能上有所欠缺。

3. 入门类

入门类以爱剪辑、快剪辑等为代表。这类软件非常容易上手，基本上打开软件以后就能按提示直接使用，使用人群比较多，缺点就是专业性不够强，还会强制加入片头、片尾或水印。

三、任务实现

1. 会声会影基础

会声会影是加拿大 Corel 公司制作的一款功能强大的视频编辑软件，具有图像抓取和编修功能，主要的特点是：操作简单，适合家庭日常使用，拥有完整的影片编辑流程解决方案，从拍摄到分享，处理速度很快。

会声会影适合普通大众使用，操作简单易懂，界面简洁明快。该软件具有成批转换功能与捕获格式完整的特点，虽然无法与 EDIUS、Adobe Premiere、Adobe After Effects 和 Sony Vegas 等专业视频处理软件媲美，但它简单易用、功能丰富的作风赢得了良好的口碑，在国内的普及率较高。影片制作采用向导模式，只要三个步骤就可快速做出 DV 影片，入门新手也可以在短时间内体验影片剪辑；同时会声会影的编辑模式从捕获、剪接、转场、特效、覆叠、字幕、配乐，到刻录，能全方位剪辑出好莱坞级的家庭电影。

2018 年 3 月，Corel 官方发布了会声会影 2018 中文版，该版本新增了如下功能：

(1) 分屏视频。可以同时显示多个视频流，轻松拖放可创作出令人印象深刻的宣传或旅游视频，同时也可以使用模板创建器来创建自定义分屏界面。

(2) 多摄像头视频编辑器。轻松合并、同步和编辑来自多台摄像机的素材，并可以选择视频播放时的角度。

(3) 增强了定格动画。支持所有流行的佳能及尼康相机和增强型控制功能，插入相机并逐帧捕捉动画，完美捕捉用户的定格动画。

(4) 增强了跟踪透明度。直接在时间轴上轻松调整轨道的不透明度，一次显示多个剪辑。创建自定义淡入、淡出或叠加效果。

(5) 增强自定义运动路径。沿定义的路径创建和自定义图形、标题等的移动。

(6) 过滤器和效果。通过数百种拖放效果、动画标题和转场，创建画中画效果，覆盖层以及更多视频效果和滤镜。

(7) 运动跟踪。使用精确的运动跟踪工具跟踪对象，并在视频中添加移动文字、图形或模糊面、标志或车牌。

(8) 绿色屏幕/色度键。使用绿色屏幕效果调整叠加层对象与背景的融合方式。使用视频蒙版，设置透明色，轻松换出背景并添加效果。

2. 会声会影工作区

会声会影有三个工作区：捕获、编辑和共享。

(1) 捕获工作区：媒体素材可以直接录制或导入计算机的硬盘驱动器中，该步骤允许捕获和导入视频、照片和音频素材。

(2) 编辑工作区：编辑工作区和时间轴是会声会影的核心，可以通过它们排列、编辑、修整视频素材并为其添加效果。

(3) 共享工作区：在共享工作区可以保存和共享已完成的影片。

3. 会声会影工作界面

不同的工作区界面稍有不同，下面以编辑工作区为例介绍相关界面，如图 5-3-1 所示。

1) 菜单栏

菜单栏提供了用于自定义会声会影、打开和保存影片项目、处理单个素材等的各种命令。

2) 播放器面板

播放器面板包括预览窗口和导览区域。在预览窗口中，除了可以预览制作的效果，还可以输入标题。

图 5-3-1 编辑工作区工作界面

导览区域提供了用于回放和精确修整素材的按钮，使用修整标记和滑轨可以编辑素材。在捕获工作区中，该面板也可用作 DV 或 HDV 摄像机的设备控制。

3）素材库面板

素材库面板存储影片创建所需的全部内容，包括视频样本、照片和音乐素材以及已导入的素材，还包括模板、转场、标题、图形、滤镜和路径。左侧功能区从上到下分别是媒体、模板、转场、标题、图形、滤镜、路径。具体如下：

- 媒体：存放素材。
- 模板：提供一些开始、结尾或者自定义的模板。
- 转场：提供素材直接切换的方式，有点像 PPT 切换的那种效果。也可以应用到视频和视频的转场，或者视频和图片的转场。要合理使用合适的转场，不宜使用过多。
- 标题：为视频添加文字、字幕。
- 图形：给素材加上一些图形特效。
- 滤镜：滤镜的效果可以预览后再使用。
- 路径：可以选择某个素材怎么进入，在停留期间如何运动，怎么出镜。

4）选项面板

选项面板主要提供相关参数设置，可与素材库面板共享空间，通过单击相应按钮实现切换。

（1）编辑选项卡。

- 区间：以“时：分：秒：帧”的形式显示所选素材的区间。可以通过更改素材区间，修整所选素材。
- 素材音量：可用于调整视频中音频片段的音量。
- 静音：使视频中的音频片段不发出声音，但不将其删除。
- 淡入/淡出：逐渐增大/减小素材音量，以实现平滑转场。
- 旋转：旋转视频素材。
- 反转视频：从后向前播放视频。
- 速度/时间流逝：调整素材的回放速度和应用“时间流逝”和“频闪”效果。
- 变速：按不同时间间隔调整素材的回放速度。
- 分离音频：可用于分离视频文件中的音频，并将其放置在“声音轨”上。

• 按场景分割：根据拍摄日期和时间，或者视频内容的变化（即动作变化、镜头转换、亮度变化等），对捕获的 DV AVI 文件进行分割。

• 多重修整视频：从视频文件中选择并提取所需片段。

• 重新采样选项：设置视频的宽高比。

（2）校正选项卡。

• 色彩校正：调整视频素材的色调、饱和度、亮度、对比度和 Gamma，还可以调整视频或照片素材的“白平衡”，或者进行自动色调调整。

• 透镜校正：访问用于校正广角镜头拍摄失真的预设值和控件。

（3）特效选项卡。

• 遮罩和色度键：可应用覆叠选项，如遮罩、色度键和透明度。

• 替换上一个滤镜：在将新的滤镜拖动到素材上时，允许替换上一个应用于该素材的滤镜。如果要向素材添加多个滤镜，则取消选中此选项。

• 已用滤镜：列出已应用于素材的视频滤镜。单击 ▲ 或 ▼ 可排列滤镜的顺序；单击 ✕ 可删除滤镜。

• 预设值：提供各种滤镜预设值，从下拉列表中选择预设值。

• 自定义滤镜：定义滤镜在整个素材中的方式。

• 音频滤镜：应用滤镜，提升音质。例如，可以放大、添加回声、调整音调或选择不同的调校选项。

• 对齐选项：可在预览窗口调整对象位置，通过对齐选项弹出菜单设置选项。

• 显示网格线：选择显示网格线，单击 打开用于指定网格线设置的对话框。

• 方向/样式：可设置素材进入/退出的方向和样式。

• 高级动作：打开自定义动作对话框，允许自定义覆叠和标题的动作。

5）时间轴面板

时间轴面板包含工具栏和时间轴。工具栏在与时间轴中内容相关的多种功能中进行选择，时间轴是组合视频项目中的媒体素材的位置。时间轴有两种可用的视图类型：故事板视图和时间轴视图。整理项目中的照片和视频素材最快和最简单的方法是使用故事板视图。故事板中的每个略图都代表一张照片、一个视频素材或一个转场。时间轴视图为影片项目中的元素提供最全面的显示，它按视频、覆叠、标题、声音和音乐将项目分成不同的轨。

• 视频轨：主轨，可以在这个轨道里添加视频素材、图片素材。这两种素材可以互相间隔着放。直接可以加转场，素材本身可以添加滤镜、转场等。

• 覆叠轨：主要是对视频轨的辅助。不需要每时每刻轨道里都得有内容，只需要在想放的时间点上放素材即可。比如把一张图片放到一个视频里，就是把图片放在这个轨道里。在同一时间点图片就会和上面的视频同时出现。这里也可以实现画中画。有时候一个覆叠轨不够，可以在轨道管理器里增加轨道。

• 标题轨：用来写文字，视频里的文字都在这个轨道里完成。可以用会声会影自带的文字特效来生成文字，也可以自定义文字效果。想在同一个时间点上在视频两处或多处添加文字，可增加标题轨数目。

• 声音轨：用来放配音。

• 音乐轨：用来放背景音乐。

轨道基本操作如下：

（1）显示和隐藏轨。

可以显示或隐藏轨。当轨隐藏时，回放过程中以及渲染视频时不会显示轨。通过选择性地显示或隐藏轨，可以在项目中看到每个轨的效果，而无须重复删除和重新导入媒体素材。单击要显示或隐藏的轨的轨按钮 ，隐藏时轨道在时间轴上变暗。

（2）添加和交换轨。

在轨道管理器中，可以对时间轴进行更多控制，如插入与删除覆叠轨、标题轨和音乐轨，以及在时间轴上直接交换覆叠轨。

用轨道管理器增加轨：单击工具栏上的轨道管理器，从每个轨的下拉列表中指定要显示的轨道数量，单击"设为默认"将当前设置保存为所有新项目的默认设置。

在时间轴中插入或删除轨道：在时间轴上，右键单击要插入或删除的轨道类型的轨道按钮，并选择以下菜单命令之一：

- 插入上方轨道：插入所选轨道上的轨道。
- 插入下方轨道：插入所选轨道下的轨道。
- 删除轨道：从时间轴上删除轨道。

只有在允许此操作时，以上所列的菜单项才会出现。例如，如果未在项目中添加可选轨道，则不可使用删除轨道。如果所选轨道类型的轨道数量已达到最大值，则不会显示插入轨道菜单命令。

(3) 交换覆叠轨。

在覆叠轨按钮上右击并选择对调轨道，选择要交换的相应覆叠轨，所选覆叠轨中的所有媒体均进行交换。

(4) 轨道重命名。

在时间轴中，单击轨标题中列出的轨名称，出现插入文本光标时，为轨输入新的名称。

任务二　MV 制作

一、任务描述

我们经常可以看到很多 MV 视频，常被它们动听的音乐和唯美的画面深深地吸引。影片《泰坦尼克号》是一部优秀的电影作品，获得奥斯卡 11 项大奖，而且是一件展示电脑特技水平的杰作。本任务以制作电影主题曲《My Heart Will Go On》为例，讲解 MV 作品的制作。

二、预备知识

1. 项目管理

打开会声会影时，它会自动打开一个新项目供创建新影片。新项目总是基于应用程序的默认设置，还可以创建 HTML 5 项目并将其发布到网上。可以打开之前保存的项目，如果要合并多个项目，可以将之前保存的项目添加至新项目。

单击"文件"菜单，可以进行新建、打开、保存文件等操作。

2. 捕获和导入媒体

在捕获工作区，会声会影显示素材库和捕获选项面板，其中有各种可用的媒体捕获和导入方法，如图5-3-2所示。

- 将视频镜头和照片从摄像机捕获到计算机中。
- 扫描 DV 磁带并选择场景。
- 从 DVD-Video、AVCHD、BDMV 格式的光盘或从硬盘中添加媒体素材。
- 使用从照片和视频捕获设备中捕获的图像制作即时定格动画。

图 5-3-2　捕获和导入素材方法

- 创建捕获所有计算机操作和屏幕上显示元素的屏幕捕获视频。

3. 编辑媒体

在素材库中，可以存储影片创建所需的全部内容，可以在素材库中选择、添加和删除媒体。视频素材、照片和音频素材是构建项目的基础，处理素材是需要掌握的最重要的技巧。

1）添加媒体

有几种方法可以将媒体素材插入时间轴：

- 在素材库中选择素材并将它拖放到视频轨或覆叠轨上。按住【Shift】键可以选取多个素材。
- 右击素材库中的素材，然后选择“插入到：视频轨”或“插入到：覆叠轨”。
- 在 Windows 资源管理器中选择一个或多个视频文件，然后将它们拖放到视频轨或覆叠轨上。
- 将素材从文件夹直接插入视频轨或覆叠轨，右击时间轴，选择媒体插入。

2）视频和图片的大小调整

（1）在时间轴中，单击一个视频素材或照片。

（2）在播放器面板中，单击调整大小/裁剪下拉菜单下的缩放模式工具。

（3）在预览窗口中，执行下列任意操作，如图 5-3-3 所示：

- 大小/缩放：拖动大小节点调整矩形的角上的橙色大小调整节点来调整大小，拖动橙色侧节点，可压缩或拉伸视频或照片。
- 变形：拖动绿色节点对视频或照片进行变形。

3）替换素材

时间轴中的媒体素材可以在其当前位置被替换。当替换素材时，原素材的属性会应用到新素材上。

（1）在时间轴中，右击想要替换的媒体素材。

（2）从右击菜单中选择替换素材，将显示替换/重新链接素材对话框。

（3）查找替换媒体素材，然后单击打开，会自动替换时间轴中的素材。

4）分割素材

（1）在故事板视图或时间轴视图中选择想要分割的素材。

（2）将滑轨拖到要分割素材的位置。

（3）单击可以将素材分割成两部分。要删除这些素材之一，可选中不需要的素材，然后按【Delete】。

5）修整素材

（1）在时间轴中，选择一个素材。

图 5-3-3 大小调整

(2) 拖动素材某一侧的修整标记来改变其长度。

6) 视频和照片的平移和缩放

可以对照片和视频素材应用平移和缩放效果。例如,可以选择开始播放具有完整帧的视频素材,然后逐步放大以显示视频中的特定主题,然后平移,以显示视频中的其他主题。相反,开始也可以选择播放视频中某个主题的特写,然后逐渐缩小,以显示整个场景。还可以创建不会随着视频播放而改变的静态变焦效果。例如,可以应用静态变焦来吸引人们对视频的主要动作的注意,拍摄该视频最初是为了捕捉大块区域,例如用三脚架拍摄的场景。

平移和缩放有三种编辑模式,分别是静态、动画和及时。

- 静态:在整个视频中保持设置的缩放级别。

(1) 在时间轴中,选择一个照片或视频素材并单击时间轴工具栏上的平移和缩放按钮,"平移和缩放"对话框打开。

(2) 在"编辑模式"下拉菜单中选择静态。

(3) 在预览窗口的原始面板中使用选取框设置缩放区和位置,如图 5-3-4 所示。

(4) 单击"确定"按钮,应用效果并返回至主工作区。

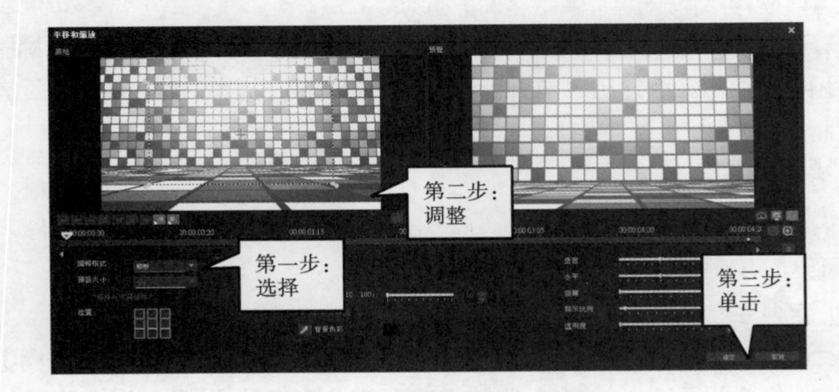

图 5-3-4 "平移和缩放"对话框

- 动画:使用十字精确调整平移和缩放关键帧。

(1) 在时间轴中,选择一个照片或视频素材并单击时间轴工具栏上的平移和缩放按钮 ,“平移和缩放”对话框打开。

(2) 在“编辑模式”下拉菜单中选择动画。

(3) 确保在效果时间轴(显示为红色菱形)中选择起始关键帧 (第一个关键帧)。如果未选择起始关键帧,请单击它。

(4) 在原始面板中单击设置选取框的位置,会显示红色的十字,以显示当前选择的关键帧。使用控件设置缩放率和需要的任何其他设置。

(5) 在效果时间轴中,单击结束关键帧 (最后一个关键帧),重复步骤(4)。

(6) 单击播放按钮 预览效果。

(7) 双击时间轴,添加所有附加的关键帧,重复步骤(4)。

(8) 单击“确定”按钮,应用效果并返回至主工作区。

- 及时:视频播放时采用交互的方式调整平移和缩放设置。

(1) 在时间轴中,选择一个照片或视频素材并单击时间轴工具栏上的平移和缩放按钮 ,“平移和缩放”对话框打开。

(2) 在“编辑模式”下拉菜单中选择及时。

(3) 在原始面板(在窗口左上角)调整选取框的起始大小和位置。结果将显示在右侧的预览面板中。

(4) 单击播放按钮。

(5) 当视频播放时,根据自己的需要重新定位选取框并调整其大小。每一次更改都会自动添加关键帧。

(6) 通过使用关键帧和调整设置对结果进行微调。

(7) 单击“确定”按钮,应用效果并返回至主工作区。

4. 遮罩创建器

遮罩创建器可以帮助用户通过使用笔刷或者形状工具应用遮罩,还可以反转遮罩从而调换选定区域和未选定区域。可以从两种遮罩类型中选择:静态和视频。静态遮罩在视频播放时保持静态(不会更改)并且可以用于图片。视频遮罩可以根据播放的视频中的动作进行移动和变更。

1) 使用遮罩创建器创建静态遮罩

使用遮罩创建器创建静态遮罩,如图 5-3-5 所示。

(1) 在时间轴视图中(编辑工作区),单击“遮罩制作” 。

(2) 在弹出的“遮罩制作”对话框中,单击“静态”选项。

(3) 在工具区域,选择遮罩笔刷、智能遮罩笔刷、矩形工具或者椭圆工具,比如选择椭圆工具。

(4) 在回放窗口中,拖向想要选择的区域,此时选定区域会高亮显示,还可以使用工具微调遮罩从而修改选定区域。

(5) 单击“确定”按钮退出。

2) 使用遮罩创建器创建视频遮罩

(1) 在时间轴视图中(编辑工作区),单击“遮罩制作” 。

(2) 在弹出的“遮罩制作”对话框中,单击“视频”选项。

(3) 在工具区域,选择遮罩笔刷、智能遮罩笔刷、矩形工具或者椭圆工具,比如选择椭圆工具。

(4) 在回放窗口中,拖向想要选择的区域,此时选定区域会高亮显示,还可以使用工具微调遮罩从而修改选定区域。

(5) 在检测动作区域中,选择下一帧 、素材终点 或在时间码框中输入时间码,然后单击指定的时

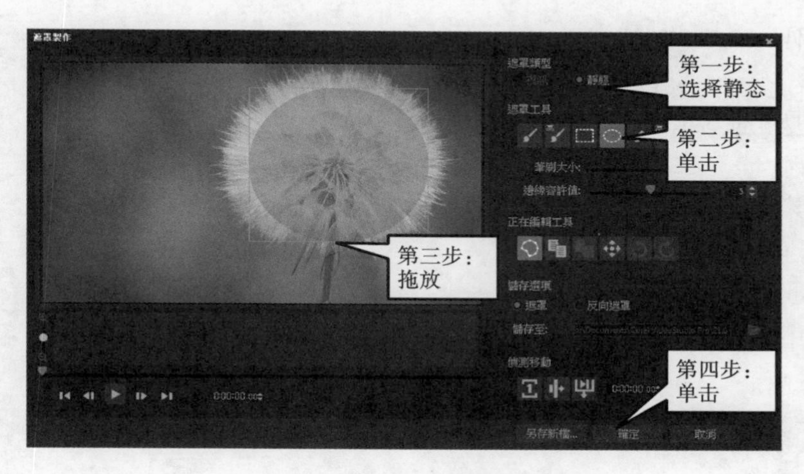

图 5-3-5 创建静态遮罩

间码 。

(6) 可以拖曳视频并使用擦除工具和笔刷工具进行微调从而修改选定区域。

(7) 单击“确定”按钮退出。

5. 轨道透明度

可以使用轨透明度模式精确控制轨的透明度，可以使用关键帧变更轨透明度从而获得想要的效果。例如，可以调整轨的透明度以便生成覆盖效果（底层轨显示时）或者生成定制淡入和淡出效果。具体操作如图5-3-6 所示。

(1) 在编辑工作区选择想要调整的时间轴的轨。

(2) 在轨标题中单击轨透明度按钮 ，轨透明度模式打开。

(3) 执行以下任一操作：

• 如需调整完整轨的透明度，将黄色线拖至一个新的垂直位置。顶部不透明度值为 100%，顶部至底部不透明度范围为 100% 至 0%（完全透明）。

• 如需变更整条轨的透明度，单击黄色线设置关键帧。可以根据需要添加任意多个关键帧，将方形关键帧节点拖至需要的透明度。

• 如需删除一个关键帧，右击关键帧节点，然后选择移除关键帧。

• 如需删除全部关键帧，右击关键帧节点，然后选择移除全部关键帧。

(4)单击时间轴右上角的“关闭” 按钮 退出。

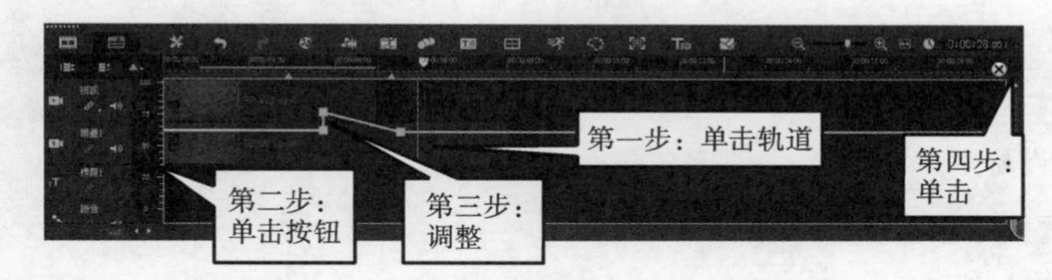

图 5-3-6 调整透明度

6. 音频处理

会声会影允许为项目添加音乐、画外音和声音效果。会声会影中的音频功能由四个轨组成，可将画外音插入声音轨，将背景音乐或声音效果插入音乐轨。

1）添加音频文件

可以用以下任一方法将音频文件添加到项目中：

- 将音频文件从本地或网络驱动器添加到素材库。
- 转存 CD 音频。
- 录制画外音素材。
- 使用自动音乐。

注意：也可以从视频文件中提取音频。

2）从视频素材中分离音频轨

(1) 选择视频素材。

(2) 右击视频素材并选择"分离音频"。

3）调整素材音量

(1) 在时间轴中，选择音频素材(或带有音效的视频)。

(2) 执行以下其中一项操作：

- 右键单击素材，从上下文菜单中选择调整音量，并在音量对话框中输入一个新的值。
- 在时间轴工具栏上，单击混音器按钮，在选项面板中，调整音量滑块。

4）修整、分割音频素材

(1) 在时间轴上，选中的音频素材有两个拖柄，可用它们来修整音频素材。另外，通过拖动修整标记也可以修整音频素材。

(2) 先拖动滑轨到需要分割音频的地方，然后单击分割素材按钮分割素材，如图 5-3-7 所示。

图 5-3-7　分割音频素材

5）应用音频滤镜

(1) 在素材库中，单击滤镜按钮 FX 以显示滤镜。

(2) 单击显示音频滤镜按钮以只显示音频滤镜。

(3) 将音频滤镜拖放到时间轴，并拖放到音频素材或包含音频的视频素材中。

7. 标题和字幕

会声会影可在几分钟内创建出带特殊效果的专业化外观的标题。例如，可以添加开场和结尾鸣谢名单、标题或字幕。

1）项目添加预设标题

(1) 在素材库面板中单击标题 T。

(2) 将预设文字拖放到时间轴。

(3) 在预览窗口双击预设标题，对其进行修改并输入新的文字，同时可以旋转、移动标题。

(4) 可以在属性面板中对标题进行格式化操作。

(5) 选中标题，按【Delete】键可以删除标题。

(6) 重复步骤(2)和(4)，可以添加更多标题，如图 5-3-8 所示。

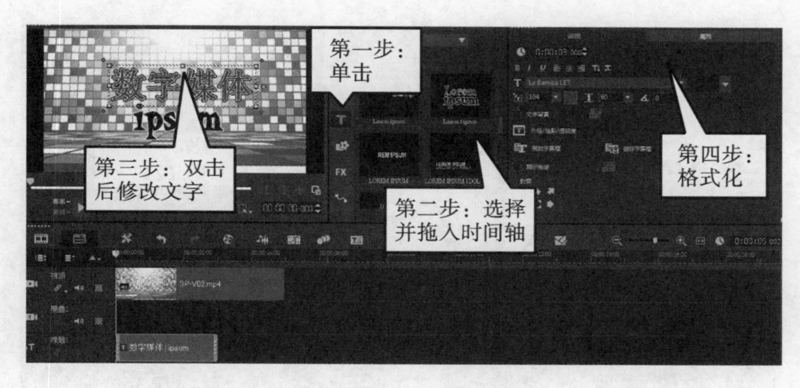

图 5-3-8 添加标题

2）通过字幕编辑器添加标题

通过字幕编辑器，可为视频或音频素材添加标题。可以为幻灯片轻松添加屏幕画外音，或为音乐视频轻松添加歌词。手动添加字幕时，使用时间码以精确匹配字幕和素材。还可以使用声音检测，自动添加字幕，在较短时间内获得更为精确的结果。另外，还可以导入字幕文件 LRC、SRT、UTF 等。

8. 转场

转场使影片可以从一个场景平滑地切换为下一个场景，这些转场可以应用到时间轴中的所有轨道上的单个素材上或素材之间。在素材库中有多种类型的转场，每一种类型均可通过使用略图选择特定的预设效果。

1）添加转场

在编辑工作区中，执行以下其中一项操作：

- 单击素材库中的转场，从下拉列表的各种转场类别中进行选择。滚动查看素材库中的转场，选择一个效果并将其拖到时间轴上两个视频素材之间，松开鼠标，此效果将进入此位置。一次只能拖放一个转场。
- 双击素材库中的转场会自动将其插入两个素材之间的第一个空白转场位置。重复此过程会将转场插入下一个位置。要替换项目中的转场，在故事板视图或时间轴视图中将新的转场拖动到转场略图进行替换。
- 在时间轴中覆叠两个素材。

2）删除转场

执行以下其中一项操作：

- 单击要删除的转场并按【Delete】键。
- 右击转场并选择删除。
- 拖动分开带有转场效果的两个素材。

9. 图形

图形库包含色彩素材、对象、边框和 Flash 动画。添加这些对象，可提高视频的视觉吸引力。操作方法很简单，如图 5-3-9 所示，给视频添加边框。其他操作类似。

（1）从素材库面板中选择图形，从画廊下拉列表中选择对象或边框。

（2）从素材库中选择一个对象或边框，然后将其拖到时间轴的覆叠轨上。

（3）在播放器面板中，调整预览窗口中对象或边框的尺寸或位置。如果需要应用其他修改，在选项面板中，从编辑、校正或特效选项卡中选择需要的选项。

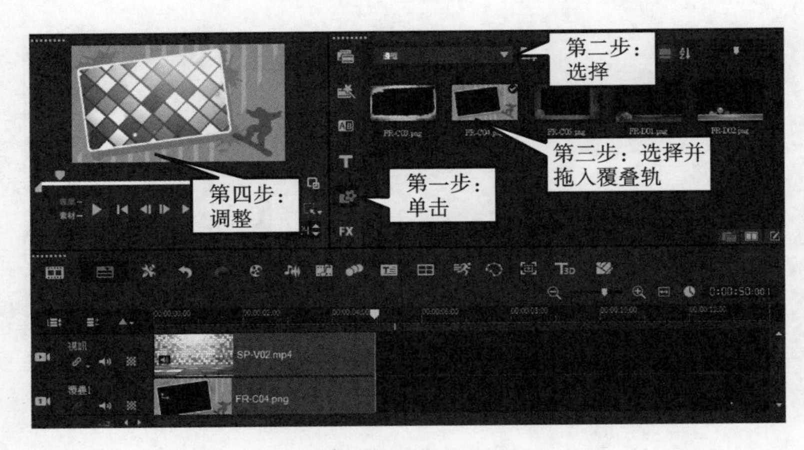

图 5-3-9　添加边框

10. 视频滤镜

视频滤镜是可以应用到素材的效果，用来改变素材的样式或外观。使用滤镜是增强素材或修正视频中的缺陷的一种有创意的方式。

(1) 单击素材库中的滤镜按钮 FX，显示各种滤镜样本的略图。如果要按类别显示素材库中的滤镜，从画廊下拉列表框中选择滤镜类别。

(2) 选择时间轴中的素材，然后选择素材库显示的略图中的视频滤镜。

(3) 将该视频滤镜拖放到素材上。

(4) 在选项面板中，单击特效选项卡中的自定义滤镜。可用的选项取决于所选的滤镜。

(5) 用导览工具可预览应用了视频滤镜的素材的外观。

11. 保存和共享

影片项目完成后，要进行保存和共享。项目保存后，所有文件通过渲染过程整合在一起，创建一个视频文件。这里的选项有计算机、设备、网络、DVD、3D 影片 5 种方式。

(1) 计算机选项是渲染出的视频可以在计算机上播放，主要是 AVI、MPEG-4、MOV、WMV、音频、自定义等形式。其中画质最好的当属 AVI，但是渲染之后文件太大；MOV 渲染之后的文件最小，但是画质相对比较差；而 MPEG-4 则比较居中，如图 5-3-10 所示。也可以自定义设置，即自行选择格式，方法是：单击右侧的齿轮图标，对输出参数进行设置。

(2) 设备的渲染只能在移动设备如手机和摄像机上播放，主要有 DV、移动设备、游戏主机样式，这个根据自己的设备选择即可。

(3) 网络是直接将视频发到网络上。

(4) DVD 选项主要用来将视频刻录到光盘中。

(5) 3D 影片主要是渲染出 3D 效果的视频，前面制作的 3D 效果的视频就可以选择这种渲染方式。

三、任务实现

1. 打开软件

启动会声会影软件，进入编辑工作区。

2. 添加素材

(1) 在时间轴的视频轨上单击鼠标右键，在弹出的快捷菜单中选择“插入视频”命令，选择素材中的两段

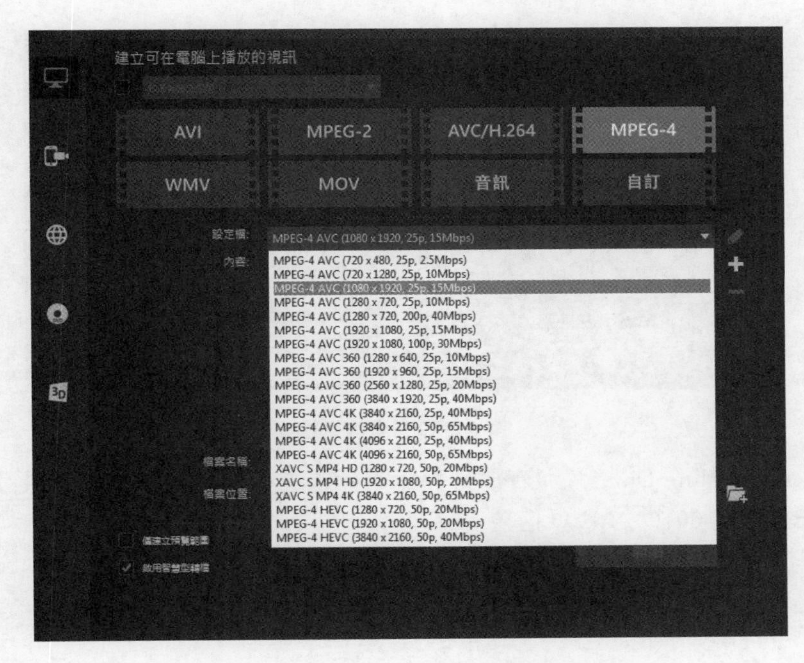

图 5-3-10　保存和共享为 MPEG-4

视频，将其导入视频轨中。

（2）单击素材库中的图形按钮，然后在下拉列表中选择“色彩”，选择其中的“黑色”色块，将其拖入视频轨视频的后面，如图 5-3-11 所示。

（3）在时间轴的音乐轨上单击鼠标右键，插入素材中的 MP3 音乐。

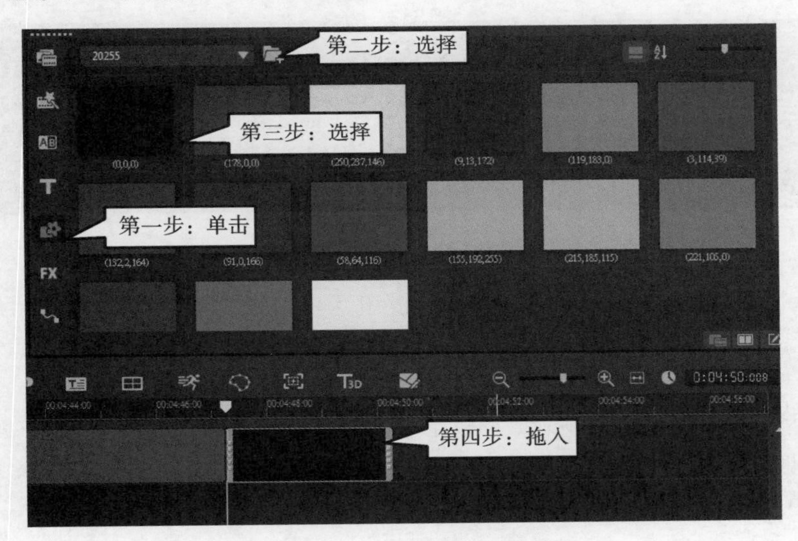

图 5-3-11　添加黑色色块

3. 制作镜头 1 的主场景画面

（1）将时间轴上的滑块移到起始位置。

（2）单击素材库中的标题按钮，将预设文字拖放到时间轴（任选一个），在预览窗口双击预设标题，输入“My Heart Will Go On”，并在属性面板对标题进行格式化操作，拖动标题到居中位置，最后在时间轴面板延长标题到第一个视频结束位置，如图 5-3-12 所示。

（3）将时间轴上的滑块移到第二个视频开始位置，然后用同样的方法再添加一个新的标题（样式另选一

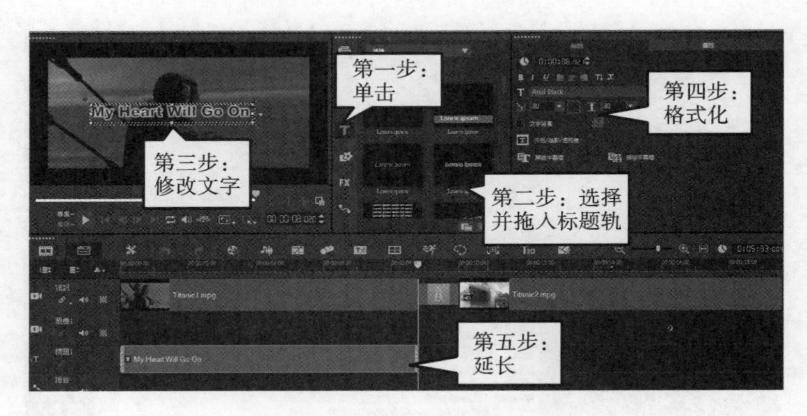

图 5-3-12　添加标题

个)，输入文本“Sung By "Celine Dion"”，并在属性面板对标题进行格式化操作，拖动标题到右下角位置，最后在时间轴面板延长标题到 00:00:18:00 位置。

(4) 单击“播放”按钮预览标题效果，可以根据效果进行修改。

4. 制作镜头 2 的主场景画面

(1) 切换到故事板视图。

(2) 单击素材库中的转场按钮，选择“交错淡化”效果，然后将其拖到视频 1 和视频 2 之间。用同样的方法为视频 2 和黑色色块添加“交错淡化”转场效果。

(3) 切换到时间轴视图。

(4) 将时间轴上的滑块移动到 00:03:21:06 位置，如图 5-3-13 所示。

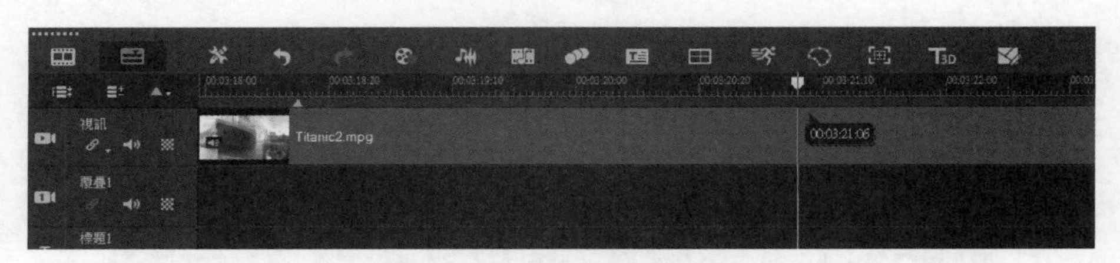

图 5-3-13　调整滑块位置

(5) 单击视频素材，在预览面板单击“分割素材”按钮，剪断视频素材，如图 5-3-14 所示。

(6) 将时间轴上的滑块移动到 00:03:30:06 位置，在预览面板单击“分割素材”按钮，再次剪断视频素材。

(7) 选择以上两个剪辑位置中间的视频片段，按【Delete】键删除该片段。

(8) 为第二段和第三段视频直接添加“交错淡化”转场效果。

5. 添加歌词

(1) 会声会影可以直接导入 LRC 歌词，所以首先百度搜索 LRC 歌词，并下载。

(2) 将时间轴上的滑块移动到 00:00:20:00 位置

(3) 单击音乐轨中的音乐，然后单击字幕编辑器图标，如图 5-3-15 所示。

(4) 在字幕编辑器中，单击“导入字幕”按钮导入下载的 LRC 歌词，单击“删除选取的字幕”按钮 3 次，删除掉前面歌曲题目、电影名、演唱者三处字幕，然后单击“确定”按钮，插入字幕标题轨，如图 5-3-16 所示。

【温馨提示】如果没有合适的字幕下载，可以利用字幕编辑器制作该字幕。

图 5-3-14　剪断视频

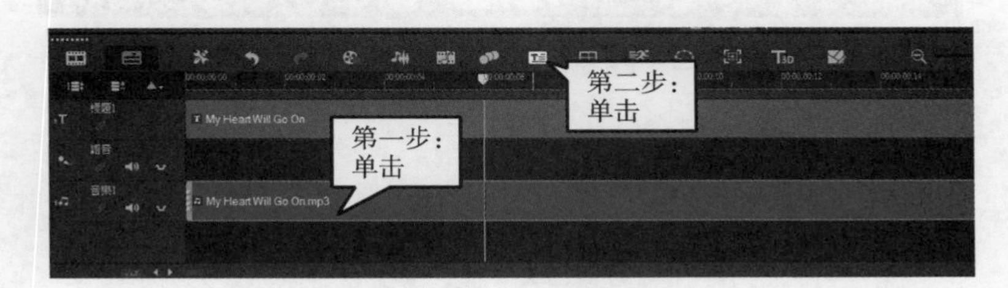

图 5-3-15　打开字幕编辑器

图 5-3-16　插入字幕

（5）单击“播放”按钮预览效果。

6．输出视频

（1）单击“输出”命令。

（2）单击“计算机”按钮，然后单击“MPEG-4”，选择合适的格式，输入文件名，选择输出位置，单击“开始”按钮渲染视频，如图 5-3-17 所示。

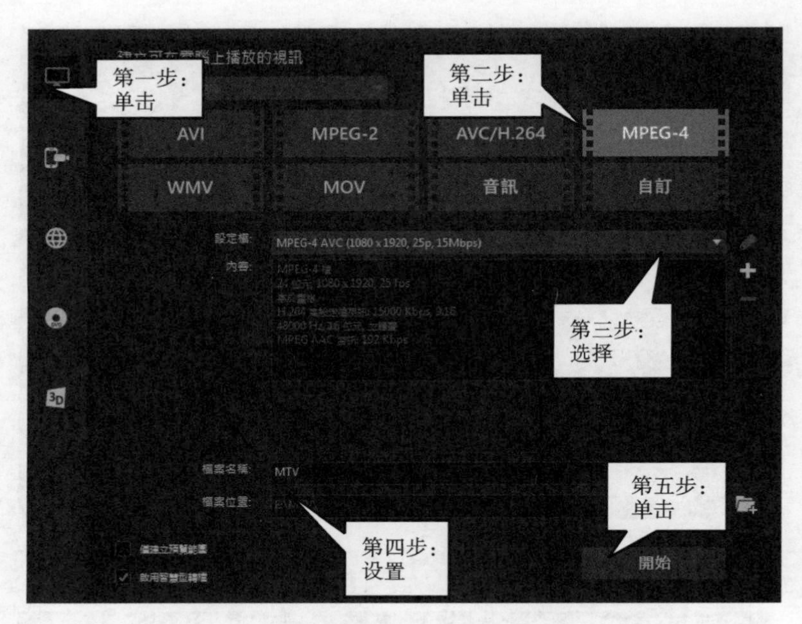

图 5-3-17　输出设置

模 块 练 习

1. 填空题

(1) 3D-Album-CS 的主要操作界面可分为三个部分:上层菜单区、主要功能区和(　　　　　)。

(2) 艾奇电子相册制作软件中的动态描述文字,与图片编辑中的添加文字不一样的地方是,该文字独立于图片,固定地显示在(　　　　　),动态描述文字的大小和位置不随图片变化而变化。

(3) 微课是指运用信息技术,按照认知规律,呈现碎片化学习内容、过程及扩展素材的结构化数字资源,核心组成内容是(　　　　　)。

(4) 不同类型的微课有不同的制作方法,微课制作方式可以分为实景拍摄式、(　　　　　)、可汗学院式、动画式和手机平板 APP 式等。

(5) 世界上主要使用的电视广播制式有 PAL、NTSC、SECAM 三种,中国大部分地区使用(　　　　　)。

2. 操作题

(1) 在你所在校园拍摄一组照片,然后下载歌曲《校园的早晨》,利用艾奇电子相册制作软件将其制作成 MV 电子相册。

(2) 选择你熟悉的一个软件,选择一个知识点,然后利用录屏软件制作一段 5 分钟左右的教学微课视频。

3. 实训题

以"绿色校园"为主题,利用会声会影制作一个校园宣传短片,要充分运用宣传片的制作理念,通过制作电影的表现手法对绿色校园要表现的绿色理念、绿色文化、绿色环境这几个方面有重点、有秩序地进行策划、拍摄、剪辑、配乐、合成、输出,制作成片,充分体现该校园的绿色理念、绿色文化、绿色环境等内容。视频时长 3 分钟左右,标题美观大方,背景音乐选择合理,重要部分可以添加字幕,适度使用转场效果,输出 MP4 格式。完成下列实训报告(自行设计 Word 表格)。

班级		专业		姓名	
学号		机房		计算机号	
实训项目				成绩评定	
实训目的					
实训步骤					
实训反思					

Shuzi Meiti Kaifa Xiangmuhua Jiaocheng

模块 6

新媒体技术应用与实践

新媒体是相对于传统媒体而言的，是继报刊、广播、电视等传统媒体以后发展起来的新的媒体形态，是利用数字技术、网络技术、移动技术，通过互联网、无线通信网、有线网络等渠道以及电脑、手机、数字电视机等终端，向用户提供信息和娱乐的传播形态和媒体形态。严格地说，新媒体应该称为互动式数字化复合媒体，如电子杂志、虚拟现实、H5 交互融媒体、数字广播、网络视频、数字电视、触摸媒体等。随着科技的飞速发展，新媒体越来越受到人们的关注，成为人们议论的热门话题。本模块主要从电子杂志、VR 虚拟漫游、H5 交互融媒体及个人网络（手机）电台四个方面来讲解新媒体的应用技术。

【参考课时】

12 课时

【学习目标】

- 熟练利用 iebook 制作电子杂志
- 掌握 VR 全景漫游制作技术
- 熟练利用木疙瘩制作 H5 交互融媒体
- 了解喜马拉雅个人网络（手机）电台的使用

【学习项目】

- 项目一　城市旅游电子杂志制作
- 项目二　公园 VR 全景漫游制作
- 项目三　电子邀请函 H5 交互融媒体制作
- 项目四　个人网络（手机）电台创建

项目一
城市旅游电子杂志制作

项目编号	No. P6-1	项目名称	城市旅游电子杂志制作
项目简介	连云港是一个风景秀丽的海港城市，本项目通过数字媒体以电子杂志的形式将城市的基本情况、美景、特产、美食等展示出来，通过新媒体向外界推广，让有意愿来连云港旅游的游客足不出户就可以提前了解该城市，做好旅游攻略。		
项目环境	多媒体电脑、互联网、Photoshop、Flash、会声会影、iebook 等多媒体软件		
关键词	电子杂志、城市旅游、iebook		
项目类型	实践型	项目用途	课程教学
项目大类	职业教育	项目来源	省数字媒体大赛
知识准备	（1）Photoshop 编辑处理图片； （2）Flash 制作特效动画； （3）会声会影编辑处理视频； （4）网络下载资料。		

续表

项目目标	(1) 知识目标： ① 了解电子杂志的概念； ② 了解电子杂志常用的制作软件。 (2) 能力目标： ① 掌握模板的下载及使用方法； ② 熟练利用各类多媒体软件编辑处理各类原始素材； ③ 精通电子杂志的制作。 (3) 素质目标： ① 通过案例引导，感受电子杂志的魅力，激发学生的学习兴趣； ② 通过具体任务的实现，体会完成作品后的成就感，培养学生的自主学习能力和审美意识； ③ 通过小组合作完成项目，提高学生分析问题、解决问题的能力，培养学生团队合作精神和学以致用的意识。
重点难点	(1) Photoshop 编辑处理素材； (2) 模板的编辑修改。

任务一　iebook 超级精灵介绍

一、任务描述

电子杂志，又称网络杂志、互动杂志，目前的电子杂志主要以 HTML 5 技术独立于网站。电子杂志兼具平面与互联网两者的特点，且融入了文字、图像、声音、视频、游戏等元素。此外，还有超链接、实时互动等网络元素，并且其延展性强，未来可移植到 PDA、MOBILE、MP4、PSP 及 TV(数字电视、机顶盒)平板电脑等多种个人终端进行阅读。本任务主要介绍 iebook 的基本功能、工作界面、工作流程等，为后续的任务打下基础。

二、预备知识

目前主流的电子杂志制作软件有 iebook 超级精灵、PocoMaker 魅客、ZineMaker、ZMaker 等，这些软件大同小异。

PocoMaker 魅客：一款完全免费的电子杂志制作工具，使用该软件可以制作电子相册、电子杂志等多种个性电子读物。运用 PocoMaker，加上炫酷的动态效果，很快就可以将精美相片整理成册。

ZineMaker：一款专业的电子杂志制作工具，该软件提供了简约的视窗编辑制作窗口，内置各种电子杂志制作元素，能够生成 EXE 杂志文件直接打开，支持加密保护和插件功能等。自带多套精美 Flash 动画模板和大量的 Flash 页面特效，让更多普通用户也能一起制作属于自己的电子杂志。

ZMaker：一款以全民制作杂志为目的的电子杂志制作软件，完全免费，没有任何使用限制，简单易学。该软件以社区的形式，为制作者提供了丰富的资源，从模板、特效到教程，一步一步帮助用户打造属于自己的电子杂志。

三、任务实现

1. 软件介绍

iebook 超级精灵基于移动互联网的连接引擎技术，是一种全新的基于用户场景的信息连接方式。它采用移动互联网用户思维的产品设计理念，迎合了手机用户的使用习惯，为用户提供极其简单的连接和体验方式。它革命性地采用国际前沿的构件化设计理念，整合 H5 制作工序，将部分相似工序进行构件化设计，使得软件使用者可重复使用、高效率合成标准化的 H5；同时软件中建立构件化模板库，自带超多套精美动画模板及页面特效，使用者通过更改图文、视频即可实现页面设计，自由 DIY 组合，呈现良好的制作效果；操作简单方便，可协助软件使用者轻松制作出集高清视频、音频、动画、图文等多媒体效果于一体的互动 H5（微杂志、微场景等）。iebook 视窗系统的操作界面风格更切合用户习惯，简单易学，适合专业广告、设计及网络制作公司或者个人使用。可以独立生成 EXE 文件或者直接在线浏览，生成的杂志不需要任何阅读器或插件就可以直接观看。

从传播属性来说，iebook 超级精灵以社交网络为传播路径，极速连接用户，重构企业与用户之间的商业关系。

2. 软件工作界面

iebook 超级精灵的主要工作界面如图 6-1-1 所示，主要工作区域分为菜单栏、常用工具栏、快捷菜单、页面元素、属性面板、舞台和状态栏。

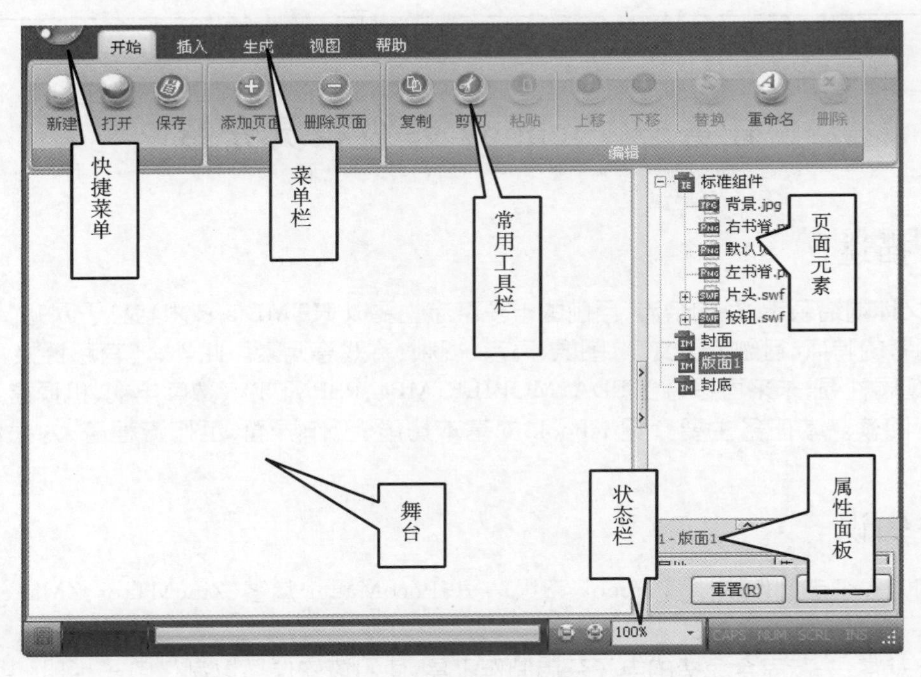

图 6-1-1　iebook 工作界面

- 菜单栏：iebook 超级精灵包含 5 个菜单，分别是开始、插入、生成、视图、帮助。
- 常用工具栏：位于菜单栏的下方。iebook 超级精灵将常用的命令以图标按钮的形式组成了一个常用工具栏。
- 页面元素：罗列出当前电子杂志组件的所有页面元素，并进行级别分类。
- 属性面板：设置整本杂志的属性及单页面属性选项。
- 舞台：电子杂志主要工作区。
- 状态栏：调整舞台显示比例及显示软件运行缓存进度条。

3. 按钮界面

按钮界面主要提供电子杂志的阅读功能，如图 6-1-2 所示。

- 封面：单击此按钮，直接翻到封面。

- 目录：单击此按钮，跳转到目录，目录页位置可以在软件中任意设置。
- 封底：单击此按钮，直接翻到封底。
- 音量：调节杂志背景音乐的音量大小。
- 上一页：翻到上一页。
- 下一页：翻到下一页。
- 在线交流：每本杂志都可以独立拥有一个在线交流程序，也可以几本杂志共用同一个交流程序（发布SWF在线到iebook时程序自动获取ID）。
- 即时通信：如果对展示的产品感兴趣，可以通过即时通信（MSN/QQ）对话框与企业进行沟通，随时洽谈生意，时刻把握商机。
- 书签/涂鸦：如果对展示的产品感兴趣，可以使用书签/涂鸦功能做个记录，方便下次阅读时能准确及时找到，也可以用作设计稿校稿、涂鸦等方面。
- 打印功能：打印当前页面，可以将电子杂志商刊作为彩色宣传资料派发给客户。
- 帮助：阅读者可以查看帮助，了解相关按钮功能的使用。
- 设置：即使企业电子杂志已经生成为EXE文件，也可以通过设置功能进行自动翻页设置（并可随意调节自动翻页速度）和页缝显示设置，以满足不同场合、不同阅读习惯的要求。
- 统计系统：iebook第一门户对每本企业电子杂志都进行了详细数据统计，包括杂志总阅读次数、每一页访问停留时间、单击位置、单击次数、阅读者地区等，并根据会员阅读习惯分析用户喜好。

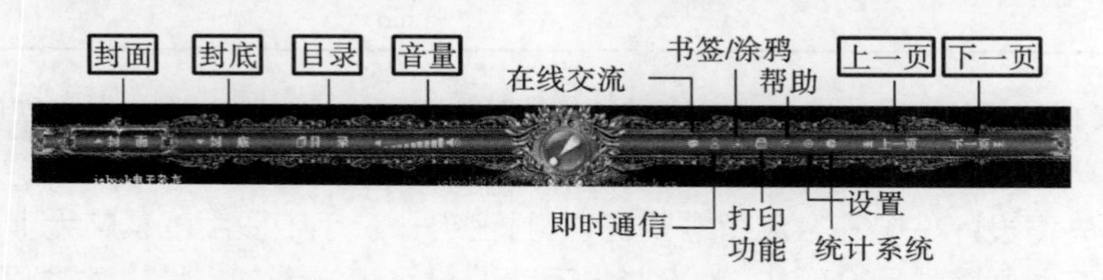

图 6-1-2 按钮界面

4. 工作流程

iebook超级精灵的基本工作流程分为片头动画制作、封面/封底制作、栏目版块制作，最后整合成EXE可执行文件，或者发布为在线电子杂志。

任务二 城市旅游电子杂志制作

一、任务描述

旅游城市需要通过不同的媒介向外界推广。电子杂志兼具了平面与互联网两者的特点，且融入了图像、文字、声音、视频等媒体，将其动态结合来呈现给读者，非常适合作为旅游城市推广的新形式。本任务以“城市旅游电子杂志”为例，介绍如何利用iebook制作电子杂志。

二、预备知识

1. 组件尺寸

电子杂志尺寸一旦确定，在设计过程中是不能再修改的。组件尺寸如表6-1-1所示。

表 6-1-1　组件尺寸表

组件	内页整版	封面(底)	背景
iebook 标准组件尺寸	750×550 pixels	388×550 pixels	1280×1024 pixels
iebook 方版组件尺寸	950×550 pixels	475×550pixels	1280×1024 pixels
iebook 超大版(全屏)尺寸	950×650 pixels	490×550pixels	1280×1024 pixels
iebook 自定义组件	自由输入	自由输入	1280×1024 pixels

2. 素材准备

iebook 素材要求格式如表 6-1-2 所示。

表 6-1-2　素材格式

素材	格式
图片	. jpg、. png
音乐	. mp3
视频	. flv
动画	. swf(包括片头、按钮、游戏、特效、页面动画等)
图标	. ico

以上为 iebook 素材的标准格式,设计前先将素材转换成相应的格式,转换格式的软件推荐使用“格式工厂”。

制作电子杂志首先得设计好电子杂志所需要的素材,在电子杂志中使用的素材无非是文字、图像、Flash 动画、视频、声音等。在前面的项目介绍中,对这些内容都做过比较详细的介绍。大家在制作电子杂志的过程中,可以使用 Word 编辑杂志的文本,使用 Photoshop 处理图像,比如杂志的封面、封底,片头及特效可以使用 Flash 制作,视频可以采用会声会影,音乐的处理则可以采用 Adobe Audion。

在制作素材的过程中,请注意素材尺寸的问题。下面以 Photoshop 制作杂志封面为例讲解怎么制作电子杂志素材(其他素材制作方法相似,不再累述,请参考前面模块教学内容)。

(1) 进入 iebook,如图 6-1-3 所示,观察到原杂志的封面高为 550 像素,宽为 388 像素。

(2) 在互联网上下载制作封面所需要的图片,或者自行拍摄相关图片。

(3) 打开 Photoshop,新建一个宽为 388 像素、高为 550 像素、分辨率为 300 像素/英寸的文件,导入素材,并利用前面学习的 Photoshop 知识设计杂志封面,如图 6-1-4 所示。

(4) 保存封面到电子杂志制作目录。

3. 模板下载

当然,iebook 软件主要是以模板的形式来展现的,而且内置的一些常用模板,对于普通用户来说已经完全够用了。模板的下载:先进入官网 http://sc.iebook.cn/,然后在官网的“素材中心”栏目找到需要的模板类别,比如“组合模板”,然后在“组合模板”页面找到需要的模板,单击下载按钮,进入下载页面,将模板下载到电子杂志制作目录并解压缩。下载模板时,要注意模板的尺寸是否与自己的电子杂志页面一致。

三、任务实现

1. 启动软件

启动 iebook 超级精灵。

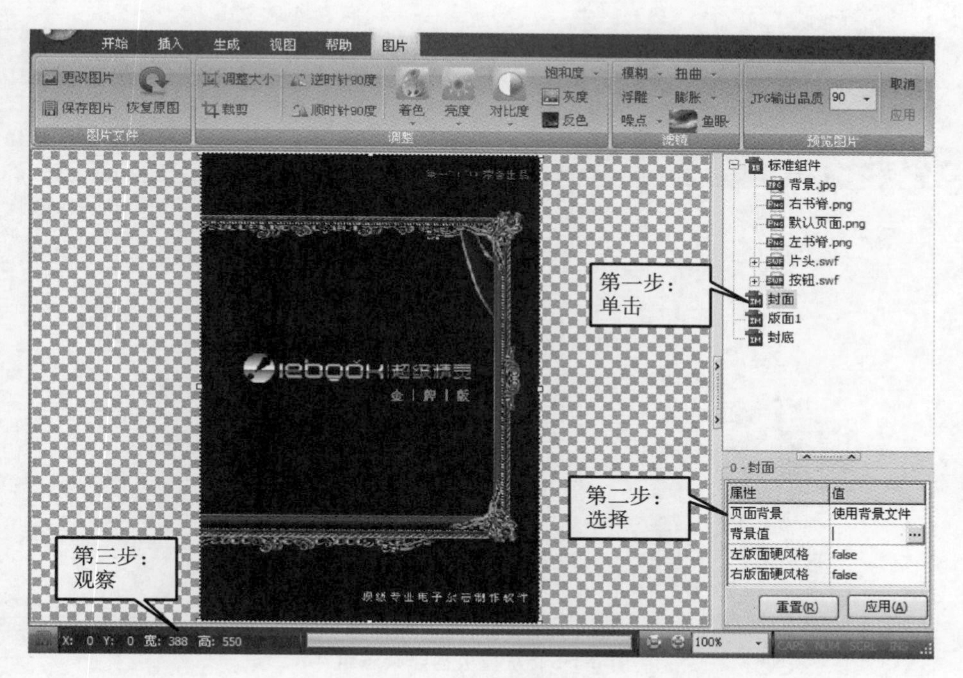

图 6-1-3 观察封面图片大小

图 6-1-4 杂志封面制作

2. 新建电子杂志组件

iebook 超级精灵中新建杂志的方法有很多，而且还有自定义尺寸功能。现在我们就新建一个杂志组件。在软件默认启动界面“从模板创建”栏，单击“华丽高贵风格”，如图 6-1-5 所示。

3. 取消片头动画

通过模板创建的电子杂志都会提供一个片头动画，该片头动画可以修改，也可以替换成自己从官网下载的其他片头动画，还可以使用 Flash 软件制作具有个性的 Flash 片头动画。当然，也可以将其取消，即不播放该动画直接进入电子杂志。这里不使用片头动画，所以将其取消。

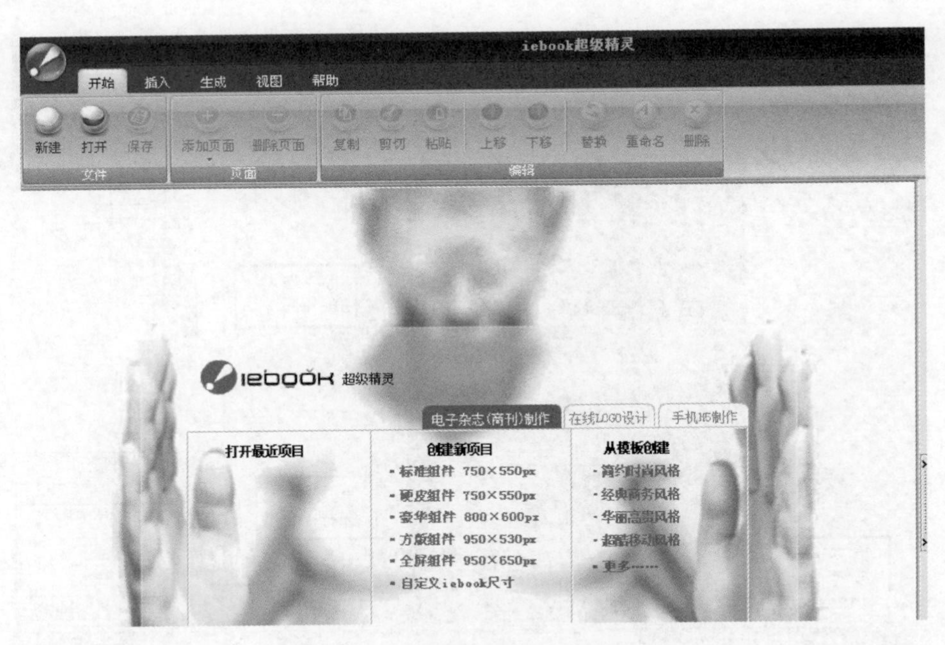

图 6-1-5　从模板创建杂志组件

首先在页面元素面板中选择“标准组件”,在“标准组件”的属性面板中将“显示片头”设置为“false”即可,如图 6-1-6 所示。

4. 添加页面

新建一个电子杂志组件后,会自动加入一个空白的页面,所以我们得根据自己的需要添加其余的页面来完成杂志的制作。在“开始”菜单下单击“添加页面”。可以选择添加一个页面,也可以选择同时添加多个页面。这里添加单个页面,如图 6-1-7 所示。

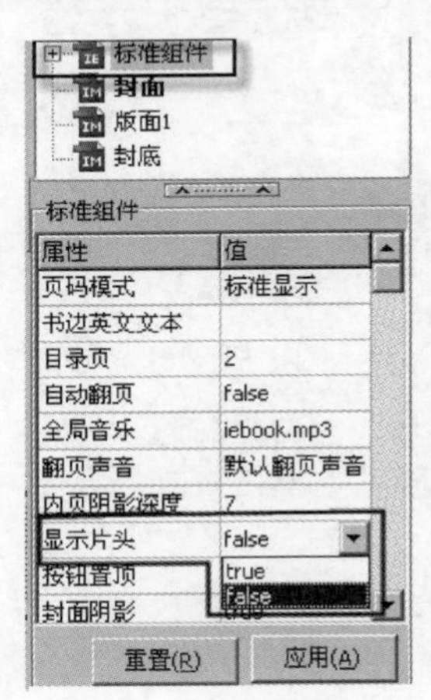

图 6-1-6　取消片头动画

图 6-1-7　添加单个页面

5. 替换电子杂志封面、封底

(1) iebook 超级精灵支持在封面导入多个元素,如动画、特效、视频等,可以很方便地将模板中的内容替换成自己设计好的内容。在设计过程中,必须保持和原始封面同样的大小,即 388 像素×550 像素(所有需要替换的素材均须保持和原始素材一样的大小,否则替换后会变形)。原始素材的大小可以在选中该素材的状态下查看状态栏左下角,如图 6-1-8 所示。

X: 0 Y: 0 宽: 388 高: 550

图 6-1-8　状态栏显示

(2) 在页面元素面板中选择“封面”，在属性面板的“页面背景”栏选择“使用背景文件”，然后单击 ··· 按钮，如图 6-1-9 所示。在图片工具栏中单击“更改图片”按钮，如图 6-1-10 所示。在弹出的“打开”对话框中选择“素材\模块 6\项目一\封面.jpg”。最后单击“应用”按钮确认替换，效果如图 6-1-11 所示。

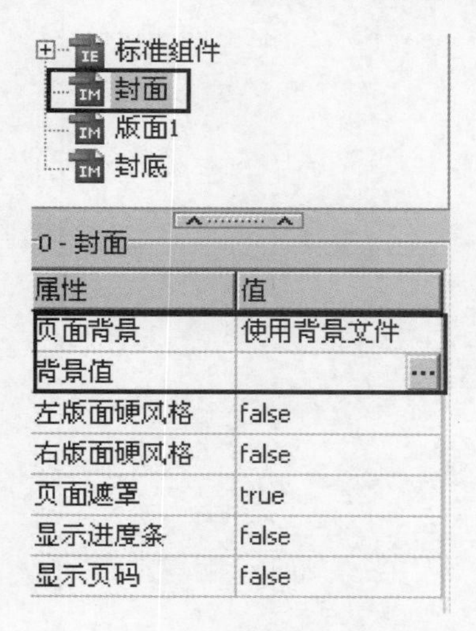

图 6-1-9　使用背景文件

图 6-1-10　更改图片

图 6-1-11　封面替换效果

(3) 使用同样的方法替换封底图片为“封底.jpg”，如图 6-1-12 所示。

图 6-1-12　封底替换效果

iebook 超级精灵还可以简单地处理图片，如果对制作的图片效果不满意，利用图片工具栏中的工具可以对其进行简单的处理，如图 6-1-13 所示。

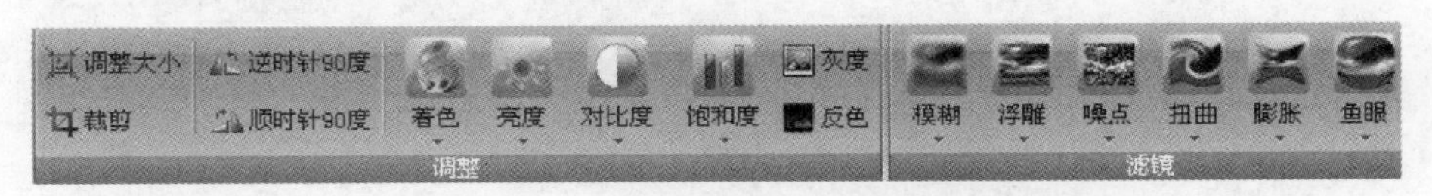

图 6-1-13　图片编辑工具

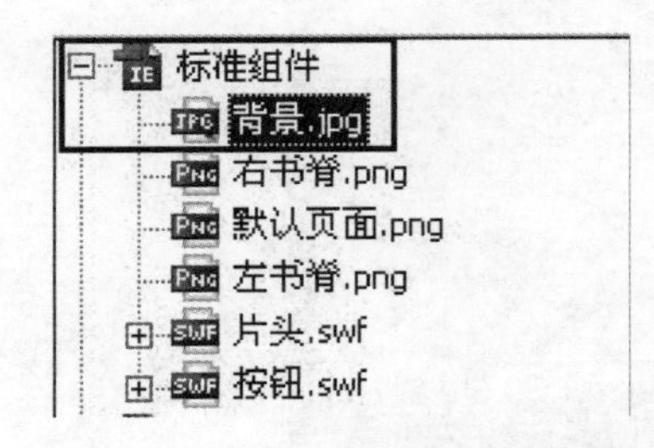

图 6-1-14　展开并双击背景图片

6. 替换背景

如果对模板中的背景图片不是很满意，可以自己利用 Photoshop 等图像处理软件制作一个相关主题的背景进行替换，注意保持和原始背景大小一致。选中背景后在状态栏查看背景大小为 1280 像素×1024 像素，然后打开 Photoshop 设计背景并将其保存为 JPG 格式。

背景制作好后，首先在页面元素面板中单击“标准组件”前面的 ⊞，展开组件，双击背景图片，如图 6-1-14 所示。然后在图片工具栏中单击“更改图片”按钮，在弹出的“打开”对话框中选择“素材\模块 6\项目一\背景.jpg”，最后单击“应用”按钮确认替换。

7. 利用自定义方式插入版面

页面添加好后，里面没有任何内容，我们可以以两种不同的方式添加内容，一种是以自定义的方式插入杂志内容，一种是使用模板。所有的操作都可以通过插入工具栏完成，如图 6-1-15 所示。

图 6-1-15 插入工具栏

下面我们以“欢迎”版面为例，通过第一种方式来介绍相关内容的插入。

(1) 插入页面背景。首先选择需要添加内容的页面，这里选择“版面 1”，如图 6-1-16 所示。按【F2】键，将“版面 1”改名为“欢迎”，然后设置页面背景为“素材\模块 6\项目一\欢迎背景. jpg”，如图 6-1-17 所示。

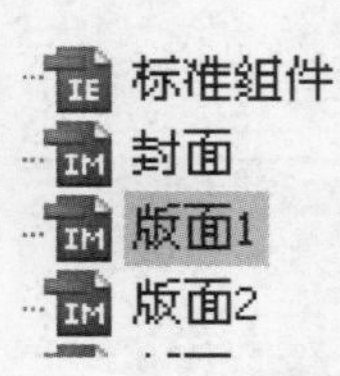

图 6-1-16 选择版面

图 6-1-17 插入欢迎背景

(2) 插入文字模板。在插入工具栏单击“文字模板”命令，然后在下拉列表中单击“文字标题 14”，如图 6-1-18 所示。接下来对标题模板内的内容进行修改，在“欢迎”版面展开标题模板，然后选择“文本 0”，双击，进入文本编辑区，在文本编辑区更改文本并格式化，满意后单击“应用”按钮，如图 6-1-19 所示。最后在版面中调整标题到合适的位置。

(3) 插入 Flash 动画。在插入工具栏单击“Flash 动画”命令，在弹出的对话框中选择素材中“Flash”文件夹下的“枫树. swf”，单击“打开”按钮，插入该动画。然后调整动画到合适的位置。Flash 动画可以在官网下载，也可以利用前面模块中介绍的 Flash 软件制作具有个性的 Flash 动画。

(4) 添加音乐。音乐可以说是电子杂志的灵魂。想让电子杂志会声会影，那么添加一首自己喜欢的音乐是必需的。iebook 在音乐功能方面很强，可以设置成每页都有一首不同的音乐，也可以设置成整本电子杂志用一首音乐，当然也可以设置成无声。这里我们为整个电子杂志设置一首音乐。

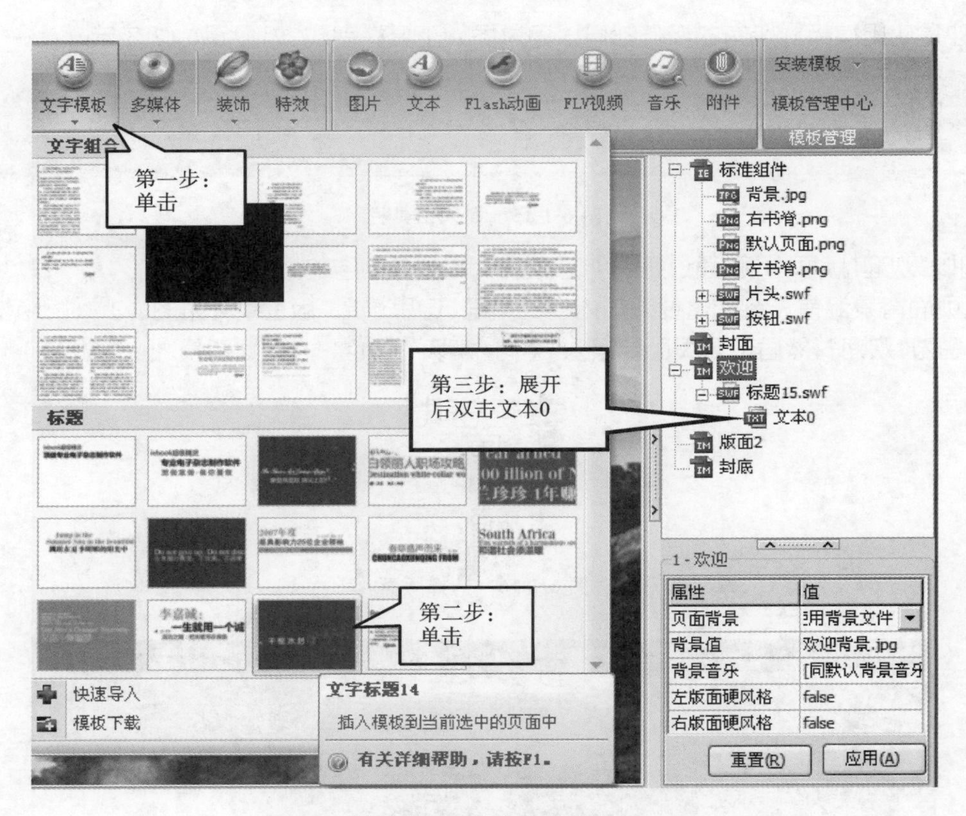

图 6-1-18　插入文字模板

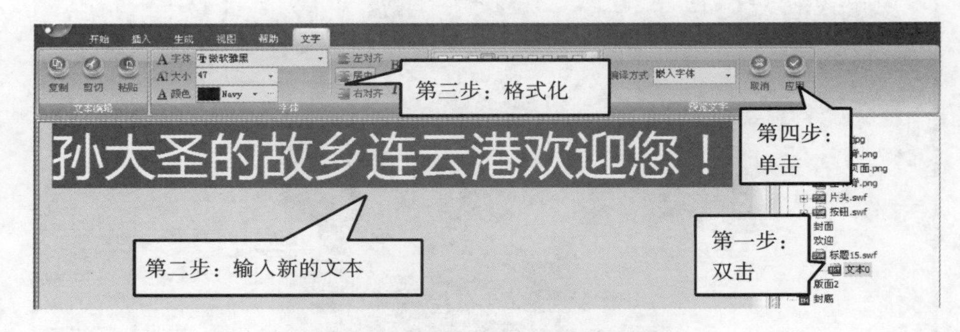

图 6-1-19　插入新标题文本

音乐添加的方法很简单，首先在“标准组件”下的“全局音乐”属性中选择“添加音乐文件”，然后在“音频设置”对话框中单击“添加”按钮，选择导入的音乐文件，最后单击“确定”按钮确认。

【温馨提示】如果给单独某个页面设置其他音乐，选择该页所在版面，如“版面 2”，然后在“背景音乐”属性中设置背景音乐。

8. 插入组合模板来增加版面

前面介绍了怎样在空白版面中插入杂志内容，这里我们介绍如何使用组合模板来添加版面。

(1) 下载模板(具体参考前面介绍内容)。

(2) 激活插入工具栏，在插入工具栏单击“组合模板”命令，选择“快速导入”命令，如图 6-1-20 所示。在弹出的“打开”对话框中选择素材目录已经下载好的组合模板“美丽海滩. im”，单击“打开”按钮即可。

(3) 再次单击“组合模板”，在下面选择刚导入的“美丽海滩”模板，插入组合模板后 iebook 软件会自动为其新建一个版面，然后将其改名为“连云港简介”。

(4) 组合模板插入后，将版面下面的图片和文本依次修改成自己制作好的素材，如图 6-1-21 所示。内容的修改和前面介绍的方法相似，此处不再重复。

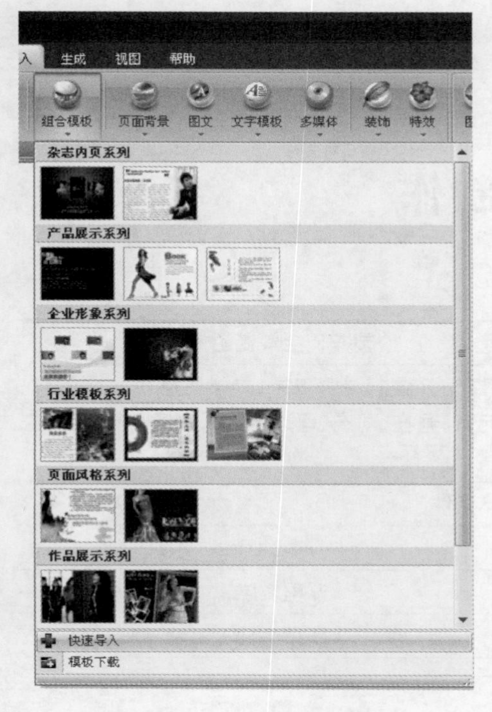

图 6-1-20 插入组合模板

图 6-1-21 修改模板内容

9. 制作其他版面

使用步骤 8 或者步骤 9 的方法完成其他版面。为了增加版面效果，可以在部分版面中加入视频。

10. 插入目录

杂志版面内容制作好后，下面的工作就是为该杂志制作目录页面。

(1) 插入目录模板。选中页面，激活插入工具栏，在插入工具栏单击“目录”命令，选择“精选目录 3”模板。

(2) 移动目录。按【Ctrl＋U】多次，将新插入的目录版面移动到“封面”与“欢迎”之间，并按【F2】键，重命名为“目录”，如图 6-1-22 所示。

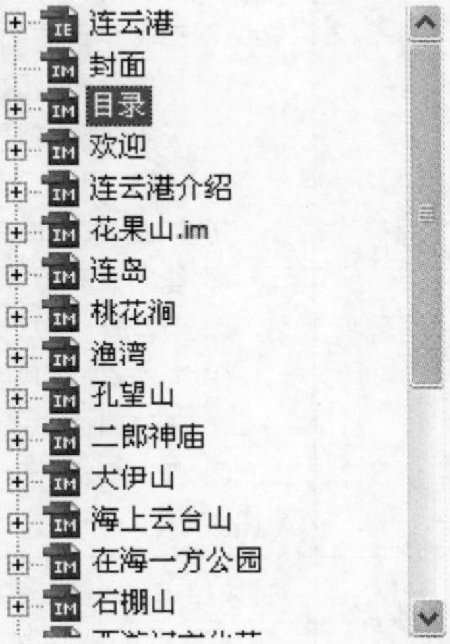

连云港
封面
目录
欢迎
连云港介绍
花果山.im
连岛
桃花涧
渔湾
孔望山
二郎神庙
大伊山
海上云台山
在海一方公园
石棚山

图 6-1-22 插入目录版面

(3) 修改目录内容。导入电子杂志“目录”模板后，根据电子杂志的需求进行文字替换、Logo 替换、目录标题文字更改、目录跳转更改，或对元素进行放大、缩小、移动、旋转、复制、粘贴、延迟播放、色系更改等操作，操作方法与前面的操作相似。电子杂志“目录模板”标题前面的数字“06、08、10”表示单击标题时跳转至相对应的电子杂志第 6 页、第 8 页、第 10 页。双击更改标题前的数字即可跳转到相对应的电子杂志页面(建议输入偶数页码，如 8、08、008)。

11. 发布作品

生成杂志前首先得对其进行输出设置。在“生成”菜单单击“杂志设置”按钮，弹出电子杂志“生成设置”

对话框，在杂志选项框可以对电子杂志进行保存路径、文件图标、任务栏标题、播放窗口尺寸、安全设置等设置。在“版权信息”设置对话框可以对电子杂志的文件版权、EXE 电子杂志版权进行相关设置。

设置好后，在“生成”菜单单击“生成 EXE 杂志”按钮，生成电子杂志。

iebook 同时也可以发布 SWF 在线电子杂志至 iebook 服务器。

项目二
公园 VR 全景漫游制作

项目编号	No. P6-2	项目名称	公园 VR 全景漫游制作
项目简介	某校新建了一个供学生休息的小公园，学校宣传部需要制作一个虚拟漫游效果，为学生展示公园的景色。展示时，学生可通过触摸或用鼠标和键盘控制观察全景的方向，可左、可右、可近、可远，就像在真实的环境当中浏览景物一样。		
项目环境	多媒体电脑、互联网、Photoshop、PTGui、Pano2VR 等多媒体软件		
关键词	VR、PTGui、Pano2VR		
项目类型	实践型	项目用途	课程教学
项目大类	职业教育	项目来源	校宣传部
知识准备	(1) Photoshop 编辑处理图片； (2) 摄影技术。		
项目目标	(1) 知识目标： ① 理解全景图的概念； ② 了解全景图原始图片的来源； ③ 了解全集漫游软件。 (2) 能力目标： ① 掌握 PTGui 拼接全景图的方法； ② 能熟练利用 Pano2VR 制作全景漫游效果。 (3) 素质目标： ① 通过案例引导，感受 VR 全景漫游的魅力，激发学生的学习兴趣； ② 通过具体任务的实现，体会完成作品后的成就感，培养学生的自主学习能力； ③ 通过小组合作完成项目，提高学生分析问题、解决问题的能力，培养学生团队合作精神和学以致用的意识。		
重点难点	(1) PTGui 拼接全景图片； (2) Pano2VR 制作全景漫游，特别是热点链接的制作。		

任务一　全景照片拼接

一、任务描述

现在的社会飞速发展，互联网信息技术更是日新月异，涌现了许多丰富人们生活和工作的技术，比如

VR 技术。VR 技术通过虚拟现实的方式，使人们真切地体会各种各样的场景。人们在 VR 基础上又衍生出许多新技术，比如全景图片和视频，使用全景拼接软件可以将拍摄的鱼眼照片拼接成全景图。下面主要介绍如何利用 PTGui 拼接全景图片。

二、预备知识

1. 全景图

全景图通过广角的表现手段，以及绘画、相片、视频、三维模型等形式，尽可能多地表现出周围的环境。360 全景，即使用软件进行图片（专业相机捕捉整个场景的图像信息或者使用建模软件渲染过后的图片）拼合，并用专门的播放器进行播放，即将平面照片或者计算机建模图片变为 360 度全观，用于虚拟现实，把二维的平面图模拟成真实的三维空间，呈现给观赏者。

要制作全景图，需要有原始的图像素材，原始图像素材的来源可以是：

- 建模渲染得到的虚拟图像，主要通过 3ds Max、MAYA 等软件制作渲染生成。
- 在现实的场景中通过设备拍摄的图片，通过全景拼接软件合成全景。全景照片拍摄需要专门的设备，标准设备包含单反相机＋鱼眼（超广角）镜头＋全景云台＋三脚架。拍摄时，采用 8 mm 鱼眼镜头水平一圈拍 4 张；采用 14 mm 超广角镜头水平一圈拍 6 张，天上拍 1 张，地上拍 1 张。

2. 软件介绍

PTGui 通过为全景制作工具提供可视化界面来实现图像的拼接，从而创造出高质量的全景图像。该软件能自动读取底片的镜头参数，识别图片重叠区域的像素特征，然后以控制点的形式进行自动缝合，并进行优化融合。该软件的全景图片编辑器有更丰富的功能，支持多种视图的映射方式，用户也可以手工添加或删除控制点，从而提高拼接的精度。该软件支持多种格式的图像文件输入，输出可以选择为高动态范围的图像，拼接后的图像明暗度均一，基本上没有明显的拼接痕迹。

工作流程非常简便，通过三步就可以生成全景图片，如图 6-2-1 所示：

（1）单击“1. 加载图像”按钮，导入一组原始照片；

（2）单击“2. 对准图像”按钮运行，自动对齐控制点，可以预览效果；

（3）单击“3. 创建全景图”按钮生成并保存全景图片文件。

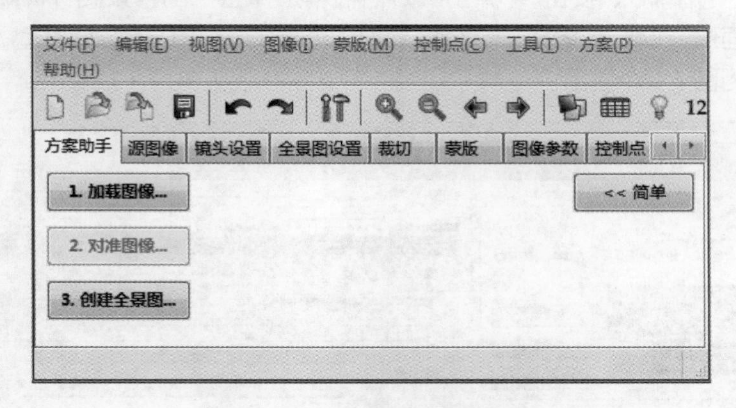

图 6-2-1 PTGui 工作流程界面

三、任务实现

（1）启动 PTGui。

（2）单击“1. 加载图像”按钮，选中“素材\模块 6\项目二\任务一”中的八幅图片，将它们加载进来。

(3) 单击“2. 对准图像”按钮，等待进度条处理完。然后单击“全景图编辑器”超链接预览全景图。

(4) 单击“3. 创建全景图”按钮，完成全景图。

(5) 局部修补，如果拼接完成的 JPG 照片有一些污点、影子等，就需要用 Photoshop 进行简单的修复。

任务二　公园全景漫游制作

一、任务描述

Pano2VR 是一款优秀的全景漫游制作软件，可以把任务一中利用拼接软件制作好的全景图像转换成 QuickTime 或者 Flash 格式，而且可以实现全景间的漫游。下面利用 Pano2VR 导入三幅制作好的全景图（方法参考任务一），分别是公园中心区、公园的亭子、公园的喷泉三个不同的景点，然后通过热点交互来实现三个不同景点间的漫游，利用软件自带的皮肤实现对全景图的控制。

二、预备知识

全景漫游制作软件，主要是把多张全景图制作成可以互相切换，并且有地图导航指示，漫游全景的漫游制作软件。常用的全景漫游制作软件有 Pano2VR、乐麦 Video Tour 全景视频漫游软件、杰图漫游大师等。

乐麦 Video Tour 全景视频漫游软件是一款非常强大的全景漫游制作软件，该软件可以轻松实现制作、浏览和漫游全景视频，支持 VR 和 3D，还可以挂载 SRT 字幕，可以随意地在视频里添加热点标识，可以是图片，也可以是 Flash，让全景视频更加完美。

杰图漫游大师是一款三维全景漫游展示制作软件，它可以实现从一个场景走入另一个场景的虚拟漫游效果，并且可以在场景中加入图片、文字、视频、Flash 等多媒体元素，让场景变得更鲜活。杰图漫游大师可以发布 Flash VR、EXE、SWF 格式以及在移动设备上观看的 HTML 5 格式。

三、任务实现

(1) 启动 Pano2VR。

(2) 在界面中单击“选择输入”按钮，在弹出的对话框中选择做好的全景图“park. jpg”，在输入类型里有矩形球面投影、立方体面片、柱型、图像条、十字型、T 型、QuickTime VR 等 7 种类型，这里我们直接选择“自动”，由软件自动判断，如图 6-2-2 所示。

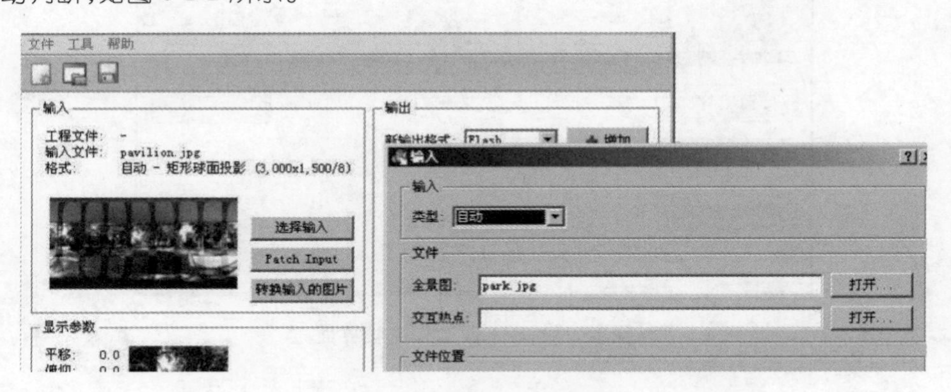

图 6-2-2　输入全景图

(3) 单击主界面的“显示参数”的“修改”按钮，可以设置默认播放的初始角度。首先在全景图上按住左键旋转图片到需要的角度，然后单击“设定”按钮，最后单击“确定”按钮确认修改，如图 6-2-3 所示。

(4) 单击主界面的“用户数据”的“修改”按钮，可以添加相应的版权信息。

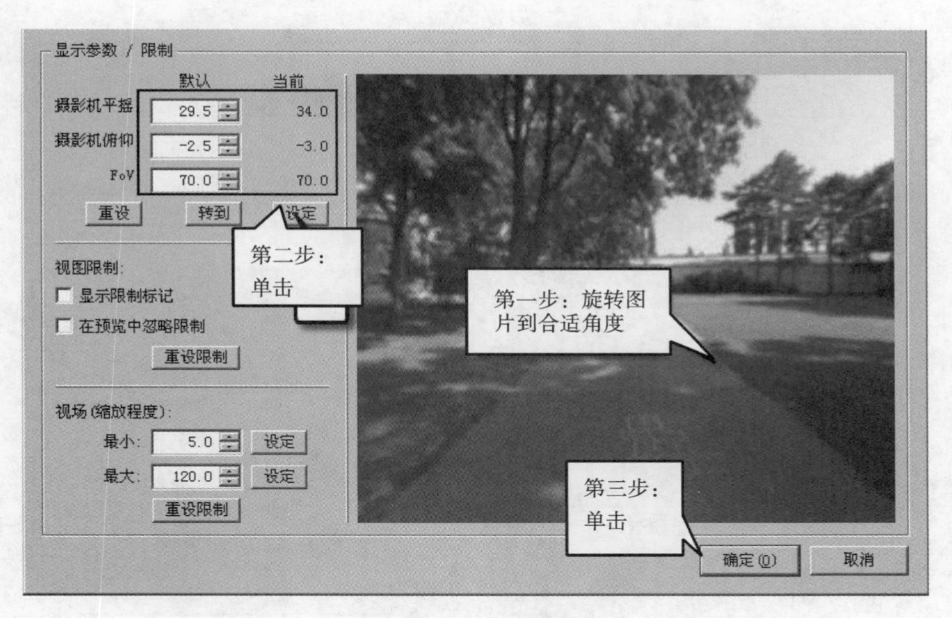

图 6-2-3　修改参数

（5）单击主界面的“交互热区”的“修改”按钮，可以为全景图添加交互，实现不同全景图间的漫游。首先单击“Point Hotspots”选项卡，在亭子所在区双击鼠标，出现热点标识，然后在“标题”区输入该热点标题“<b>亭子</b>”，在“Url”区输入需要跳转到的文件“ting. swf”，如图 6-2-4 所示。用同样的方法在喷泉所在位置设置第二个热点并交互到文件“quan. swf”。

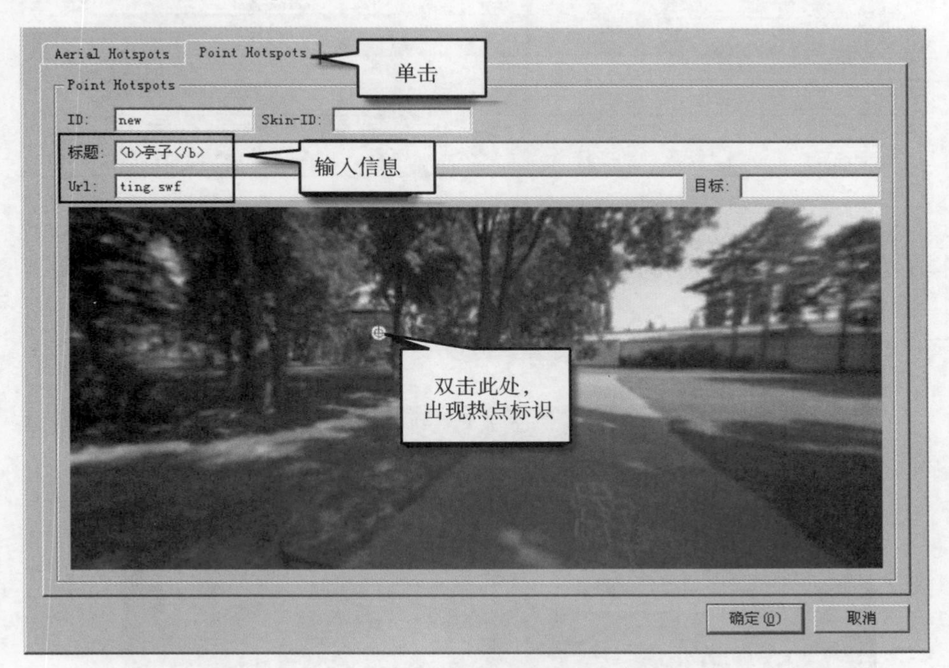

图 6-2-4　交互热区设置

（6）数据都修改完毕后，单击主界面右边“新输出格式”下拉列表，从中选择“Flash”，如图 6-2-5 所示。

（7）单击“增加”按钮，对输出文件做相应的修改，如图 6-2-6 所示。可以根据实际需要修改图像质量、显示大小和播放帧数，如无特殊需要，直接默认设置。如果需要全景自动旋转，可以单击右边的“开启自动旋转”功能，并选中“窗口被激活时旋转”选项。在“皮肤/控制器”区可以选择播放器的控制按钮。最后在“输出文件”处输入文件名为“park. swf”。全部设置好后直接单击“确定”按钮。

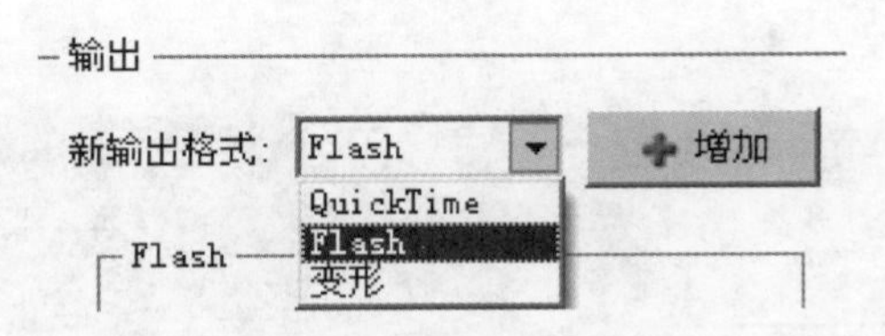

图 6-2-5　选择输出格式

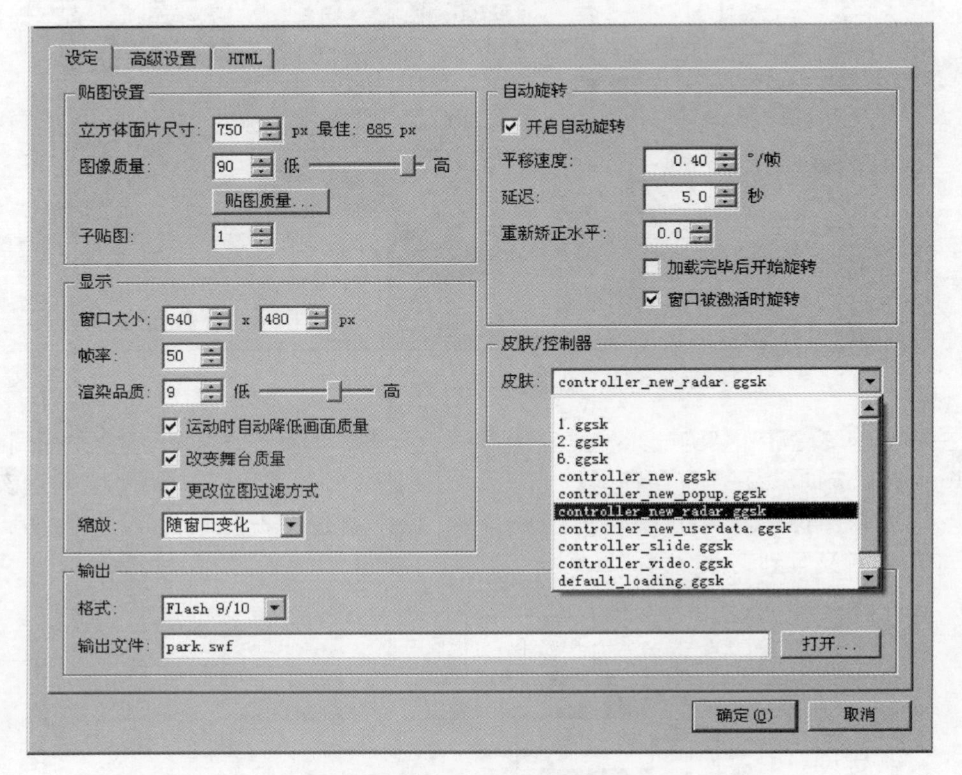

图 6-2-6　输出设置

(8) 用同样的方法分别导入"pavilion. jpg"和"fountain. jpg"两幅全景图,为其制作交互,并分别导出文件为"ting. swf"和"quan. swf"。

(9) 打开文件夹,预览效果,图 6-2-7 所示是其单帧效果图。

图 6-2-7　单帧效果

项目三
电子邀请函 H5 交互融媒体制作

<table>
<tr><td>项目编号</td><td>No. P6-3</td><td>项目名称</td><td>校庆电子邀请函制作</td></tr>
<tr><td>项目简介</td><td colspan="3">光影流转，岁月如歌，历经了一百载的峥嵘岁月，从江苏省立第八师范到今天的连云港师专，连云港师专砥砺前行，2019 年 10 月 20 日将迎来 105 周年华诞。学校校友会需要制作电子邀请函，分发给各校友，从而得到各校友给予的反馈信息。</td></tr>
<tr><td>项目环境</td><td colspan="3">多媒体电脑、H5 融媒体制作工具、Photoshop 等多媒体软件</td></tr>
<tr><td>关键词</td><td colspan="3">电子邀请函、融媒体交互作品制作</td></tr>
<tr><td>项目类型</td><td>实践型</td><td>项目用途</td><td>课程教学</td></tr>
<tr><td>项目大类</td><td>职业教育</td><td>项目来源</td><td>学校校友会</td></tr>
<tr><td>知识准备</td><td colspan="3">(1) Photoshop 编辑处理图片；
(2) 融媒体平台选择；
(3) 校庆文案选择；
(4) 网络下载资料。</td></tr>
<tr><td>项目目标</td><td colspan="3">(1) 知识目标：
① 理解 H5 交互融媒体的概念；
② 了解 H5 交互融媒体常用的制作软件。
(2) 能力目标：
① 掌握 H5 多页面作品的制作流程；
② 熟练利用各类多媒体软件编辑处理各类原始素材；
③ 精通 H5 交互融媒体的制作。
(3) 素质目标：
① 通过案例引导，感受 H5 交互融媒体的魅力，激发学生的学习兴趣；
② 通过具体任务的实现，体会完成作品后的成就感，培养学生的自主学习能力和审美意识；
③ 通过小组合作完成项目，提高学生分析问题、解决问题的能力，培养学生团队合作精神和学以致用的意识。</td></tr>
<tr><td>重点难点</td><td colspan="3">(1) 多页面的跳转；
(2) 输入信息的提交。</td></tr>
</table>

任务一　H5 融媒体交互作品的设计平台

一、任务描述

H5(HTML 5 的简称)是 HTML 的最新标准，是非营利性的标准制定组织 W3C 在 HTML 5 之上制定的语言标准，是 HTML 的扩充。95％的移动端、Web 端页面开发是基于 HTML 5 标准的。移动端已成为时下最主要的信息获取渠道，H5 可视化新闻、H5 移动广告、H5 科普内容、H5 微课件等，已成为颇受欢迎的移动端内容。

二、预备知识

目前 H5 的各制作平台的特点已经初步稳定，除了本项目采用的木疙瘩制作平台，其他常见的 H5 制作平台如下：

1. 初页

初页制作 H5 作品时操作简单，功能简单。在初页的 APP 界面可以完成主要的操作，可以通过套用模板来实现所有 H5 的成品。初页成为大多数普通个人用户的首选。

2. 易企秀

易企秀是一款针对企业的 H5 工具，该软件的各项设计都是针对企业用户的。选择易企秀的企业除了可以使用工具的各项功能外，还可以获得技术支持、课程培训、推广流量等多项立体化的服务。易企秀比较适合制作企业报告、演示 PPT 和日常活动 H5 页。

3. MAKA

MAKA 同样以服务企业用户为主要方向，在 UI 设计和用户体验等方面远远优于其他同类的 H5 工具。该平台聚集了数量可观的轻量级设计师用户。MAKA 有忠实的用户群。

4. 兔展

兔展比较适合设计师使用，该工具的界面和体验比较友好，整个工具的使用也非常贴合设计师的使用习惯，尤其是兔展的数据展示部分，可以说是简单 H5 工具中最丰富的了。兔展会员费用较低，并且拥有非常完善的数据后台。

5. Hbuilder 编译器

Hbuilder 是一款免费开发的编译器，通过完整的语法提示快速完成 H5 的开发。

6. 北侧-HTML5 交互融媒体内容制作实训平台

专业级的可视化 H5 内容制作工具，支持文字、图片、音频、视频、网页、全景、直播等多种媒体形式，支持触屏、陀螺仪、定位、拍照、录音等所有移动交互方式，提供了时间轴动画、遮罩动画、进度动画、滤镜动画等多种专业动画模式，通过媒体、动画和交互的组合，可以制作新媒体新闻、创意广告、数字出版、教育课件、小游戏、微站等丰富的 H5 内容。

三、任务实现

1. 木疙瘩(Mugeda)软件介绍

Mugeda 为一款专业 H5 设计工具，学习成本很低，有强大的动画设计功能和手机交互功能，基本能用到的功能都能实现，为 APP、微信公众号和网站提供简单而强大的内容制作、发布和统计服务。

1) 完整的内容制作套件

木疙瘩提供了 3 个操作简单、功能强大的可视化编辑器，可以创建长图文和交互 H5 内容，并且支持将 PPT 一键转换为 H5，只需一个账号马上就可以使用。

2) 灵活的内容发布方法

木疙瘩提供了高速 CDN 发布用户制作的内容，用户可绑定自己的域名和公众号，也可以导出作品部署到自有服务器。通过第三方接入，用户也可以直接将内容发布到自己的 APP 和公众号。

3）深入的统计分析服务

木疙瘩可详细分析内容的流量、设备、地域和微信传播途径，还可精准分析用户的浏览行为和交互行为，给内容改进和用户分析提供数据支持。

4）行业解决方案

木疙瘩可为融媒体、教育及数字出版提供完整的内容制作、发布及统计解决方案，可私有化部署到客户的信息系统中，一键登录，数据对接，成为用户工作流程的有机组成部分。

2. 软件工作界面

输入木疙瘩的网址 www. mugeda. com，可以进入木疙瘩的首页，通过已有的 QQ、微信账号登录，或者用手机号注册一个新账号登录。进入免费会员的工作空间，单击左侧的我的 H5，单击创建作品，选择专业版编辑器，如图 6-3-1 所示。也可以安装木疙瘩专业 H5 动画云平台，打开专业版编辑器。

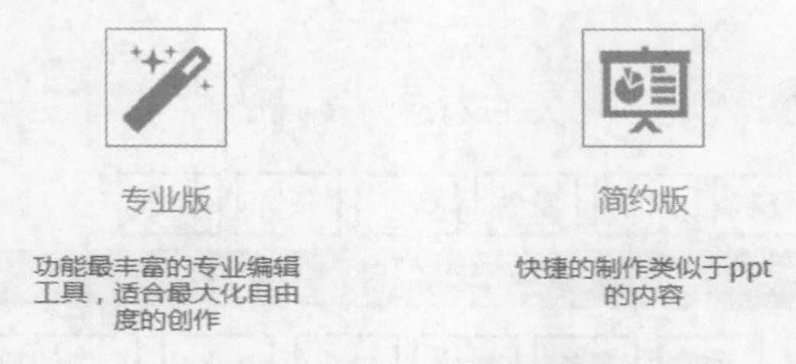

图 6-3-1　编辑器的选择页面

专业版在线编辑器的界面如图 6-3-2 所示。

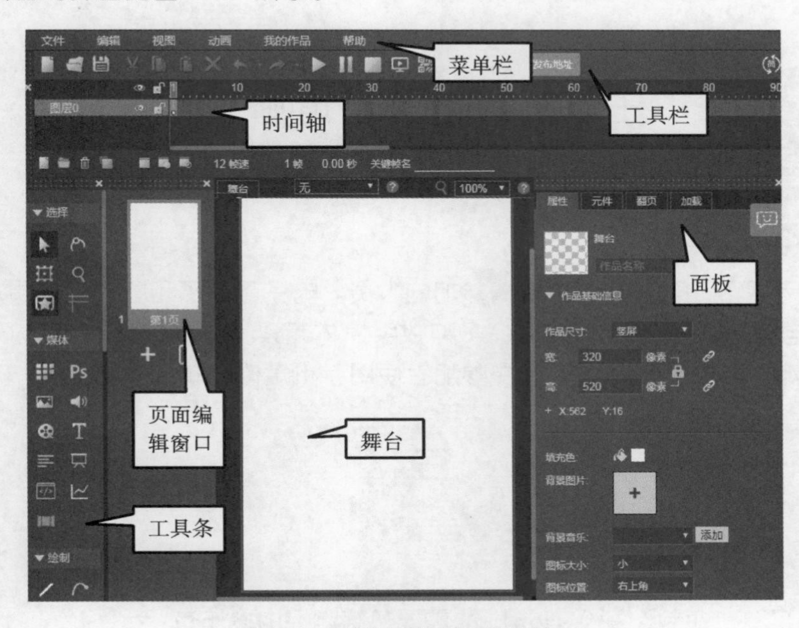

图 6-3-2　专业版在线编辑器界面

- 菜单栏：包含了基本的操作菜单，如“文件”菜单、“视图”菜单、“动画”菜单等。
- 工具栏：包含一些工具常用的快捷方式。

• 时间轴:用来方便地对动画进行精准的控制。可以通过时间轴添加关键帧动画、进度动画、变形动画、遮罩动画等动画形式。

• 工具条:包含功能按钮,如选择工具、元素工具、绘制工具、动画控制、手机功能等。

• 页面编辑窗口:用来进行页面的增加、复制、删除、插入等操作。

• 舞台:整个界面的核心区域,位于界面的中央。在舞台周围,留有一定的编辑缓冲区,该区域内的对象不会在最终的内容展示中出现,但是可以用来很方便地组织暂时不在舞台上的对象。

• 属性面板:包含了选择的元素(图片、文字、视频等)的属性。这些属性包括位置、大小、旋转、行为等。

• 元件面板:包含对元件进行管理的必要功能,例如新建元件、复制元件、生成文件夹、删除元件、引入元件等。一个元件是一个包含自身独立的时间轴的动画片段,可以反复在舞台上使用,创建比较复杂的组合动画。

3. 常用工具介绍

工具栏的按钮如图 6-3-3 所示。其中经常使用的按钮功能如下。

• 新建:创建一个新动画。

• 打开:打开之前保存的内容。

• 保存:将制作好的动画保存。

• 预览:预览动画效果。

• 发布:将制作好并保存过的动画发布到相关的内容分发网站。

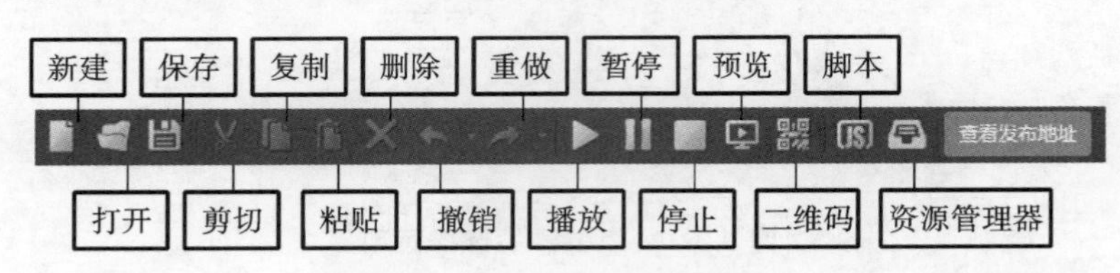

图 6-3-3 工具栏的各按钮

任务二 电子邀请函制作

一、任务描述

各类正式的活动都需要用到邀请函来邀请参加的人员。电子邀请函和以往的纸质邀请函相比,浏览方式方便多样,可以在电脑端或移动端浏览;融合多种数字媒体元素,浏览时获取信息的效果好;可以添加多种交互功能,例如给浏览者发送地址定位,方便参加者使用手机定位导航,也可以给举办方提供参加人员的信息。

二、预备知识

1. 快速入门

利用木疙瘩在线平台快速制作一个 H5 作品,需要熟练掌握的操作有:

1) 创建与保存作品

操作步骤:登录—单击“创建作品”。

保存—输入“保存名称”—单击“保存”。

2）一键生成动画

操作步骤：把图片拖动到编辑器上—选中图片—单击“添加预置动画”。

3）添加交互

操作步骤：选中图形—单击“添加编辑/行为”—展开“动画播放控制”—单击“下一页”。

4）添加背景音乐

操作步骤：不要选中任何物体—单击“属性”—单击“上传”—单击“加号”按钮即可添加音乐。

5）发布作品

操作步骤：保存作品后单击“发布”。

2. 常见平面作品尺寸

1）线上作品

公众号封面 900 像素×383 像素，公众二维码 600 像素×600 像素，淘宝 banner 1920 像素×650 像素，EDM 封面 600 像素×200 像素，电子邀请函 720 像素×1280 像素，微博焦点图 588 像素×273 像素，微博封面 922 像素×302 像素。

2）线下作品

海报 420 mm×570 mm，横版名片 90 mm×54 mm、90 mm×50 mm、90 mm×45 mm，16 开正度 185 mm×260 mm，32 开正度 185 mm×130 mm，A4 为 210 mm×297 mm。

三、任务实现

（1）新建项目，将项目所需用的素材导入素材库。

在浏览器中输入 www.mugeda.com，登录到木疙瘩平台，单击左侧工具条中媒体类别中的“素材库”按钮，弹出“素材库”对话框，单击“＋”按钮，如图 6-3-4 所示，弹出“上传图片”对话框。

图 6-3-4　导入素材

【温馨提示】也可以安装离线版的木疙瘩平台。

在“上传图片”对话框的任意空白处单击，弹出“素材库”对话框，选择对应的图片，导入素材库，如图 6-3-5和图 6-3-6 所示。

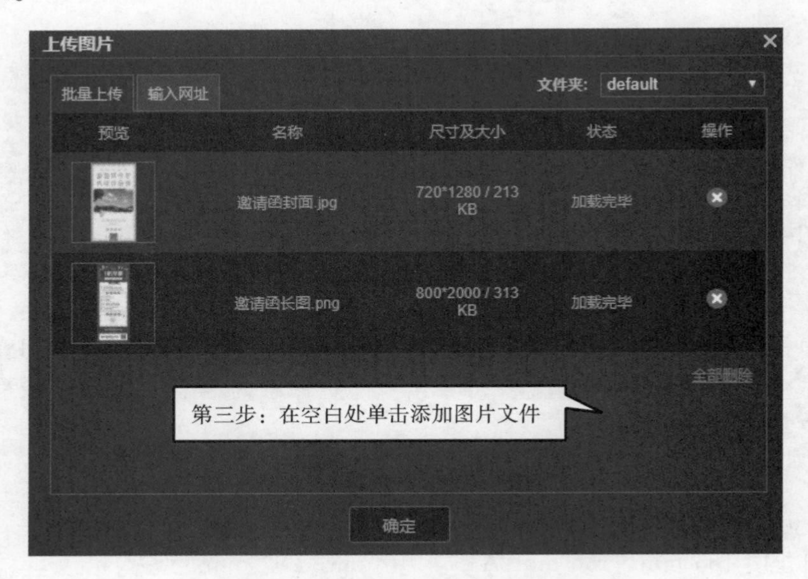

图 6-3-5　导入项目中要使用的图片

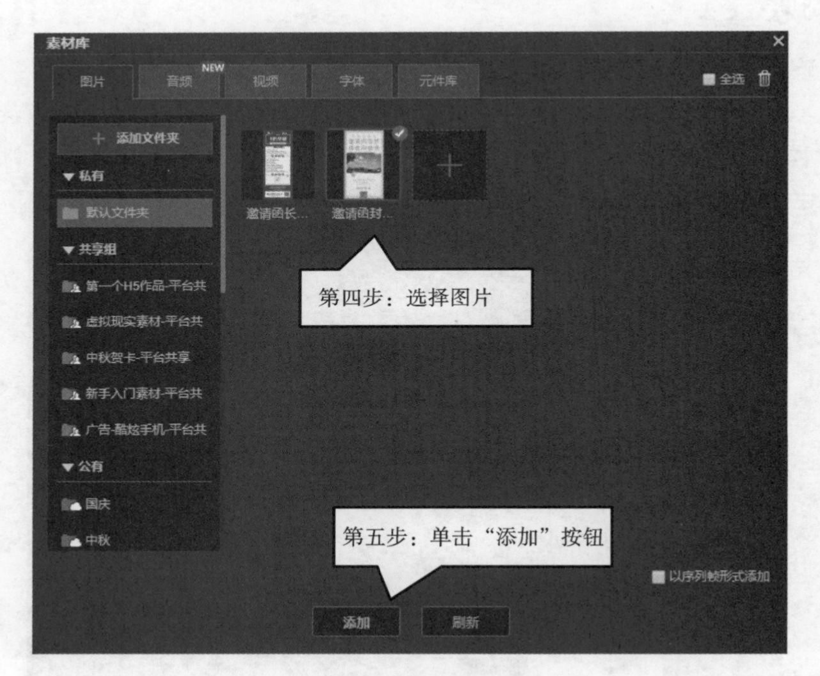

图 6-3-6　给作品当前页添加图片

(2) 创建两个页面，分别插入邀请函的封面图和内容介绍的长图。

在素材库中选择对应的图片，将图片导入当前的页面中，利用“变形”工具，可将图片宽度调整为和作品等宽，如图 6-3-7 所示。

(3) 在第二页中插入邀请函的长图，在底部绘制一个交互的文本框和按钮。

① 将长图图片调整向上，在长图的底部绘制一个矩形，矩形的宽度和作品的宽度一致，例如本作品的宽

图 6-3-7 调节图片宽度并添加页面

度是 320 像素，选择背景色，按住【Alt】键在长图上吸取背景色，填充矩形，并将矩形的边框色改为透明效果，如图 6-3-8 所示。

图 6-3-8 插入蓝色矩形

② 输入交互文本框的提示文字“活动报名”，字体 20 号，颜色红色。在提示文字的下方绘制一个圆角矩形，设置无填充色，边框色为红色 1 磅，圆角半径为 8 磅，如图 6-3-9 和图 6-3-10 所示。

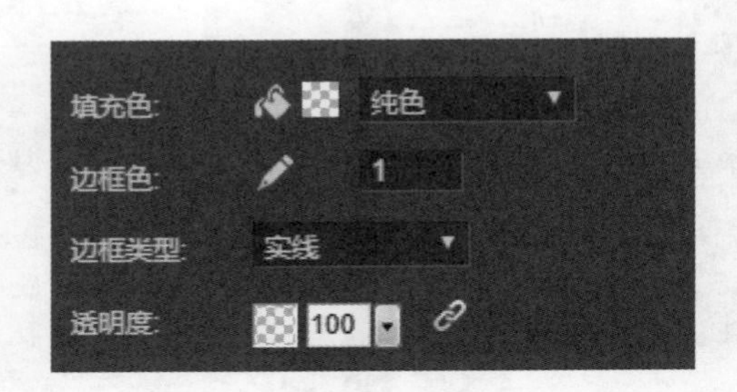

图 6-3-9 设置圆角矩形边框

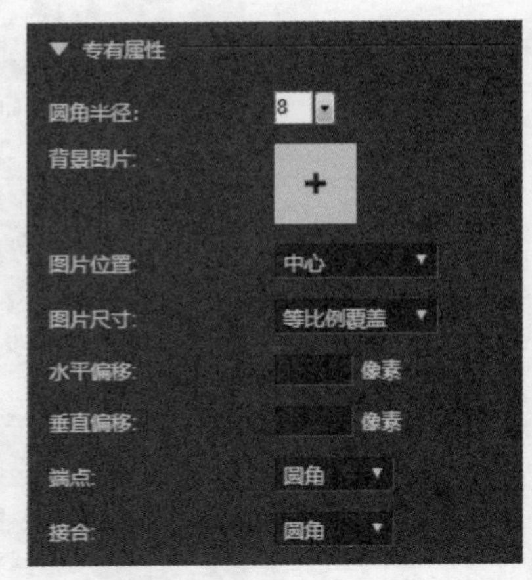

图 6-3-10 设置圆角矩形的圆角半径

③ 从工具条中选择“表单”组的“输入框”工具，在圆角矩形内绘制一个输入框，调整输入框的宽度，修改输入框中的字体，并设置输入框中的提示文字为“请输入姓名”，如图 6-3-11 所示。

④ 复制该输入框，将提示文字改为“请输入电话”，输入类型为电话号码，如果电话号码文本框是必须要填写的内容，可以将必填项改为“是”。电话输入框的设置如图 6-3-12 所示。

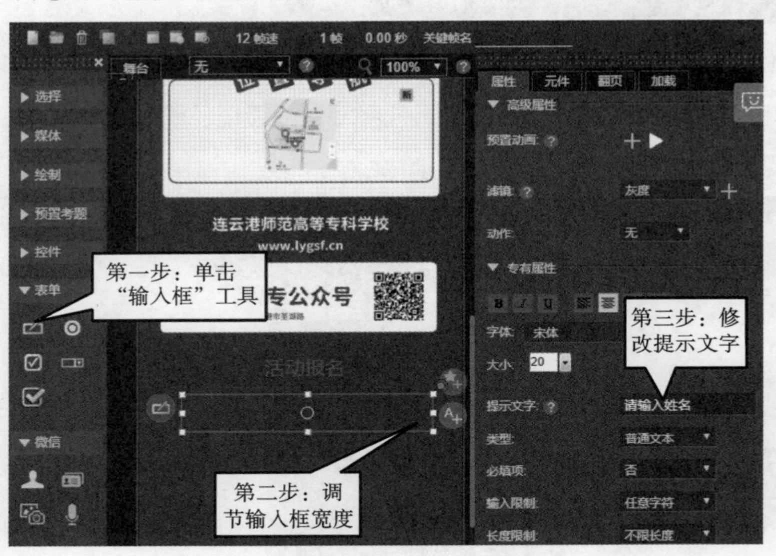

图 6-3-11 设置输入框

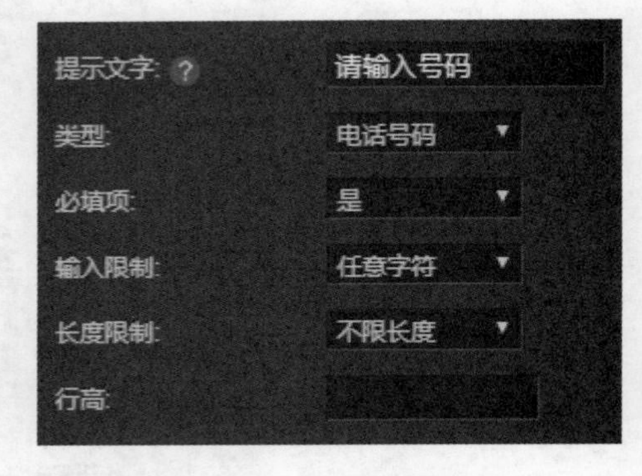

图 6-3-12 设置电话输入框

⑤ 复制圆角矩形，将填充色改成红色，边框色为无，利用工具条中的工具在下方绘制矩形，输入“提交”文字，完成提交按钮的制作，如图 6-3-13 所示。

(4) 设置“提交”按钮的功能。

① 设置提交内容的名称，将“请输入姓名”的输入框的名称改为“姓名”，如图 6-3-14 所示。以此类推，将“请输入电话”的输入框的名称改为“电话”。

② 在页面编辑窗口中单击“添加新页面”按钮 ，添加两个新页面，两个页面的内容如图 6-3-15 和图 6-3-16所示，分别显示提交成功和提交失败的反馈信息。

③ 选中按钮控件，单击按钮右侧的“添加编辑 /行为”按钮 ，在弹出的对话框中在行为分类中的“数据服务”组中单击“提交表单”项，在右侧单击“编辑”按钮 ，如图 6-3-17 所示。

图 6-3-13　设置提交按钮

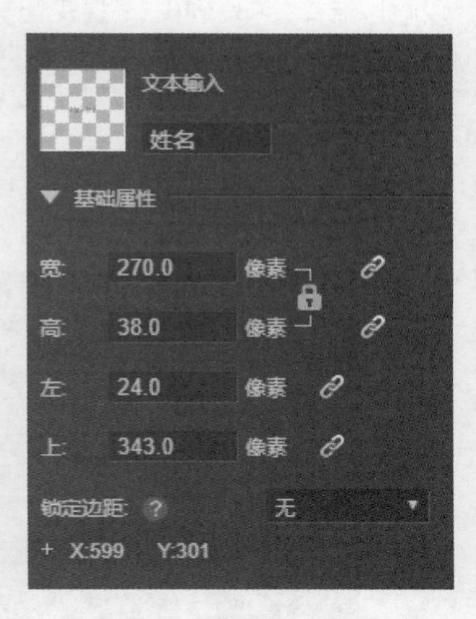

图 6-3-14　设置输入框的名称

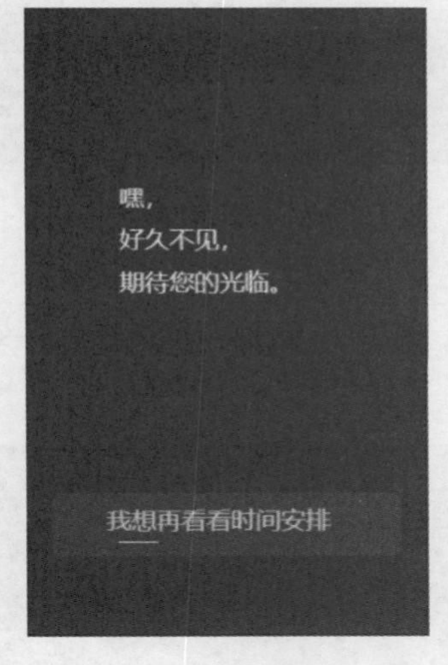

图 6-3-15　提交成功界面

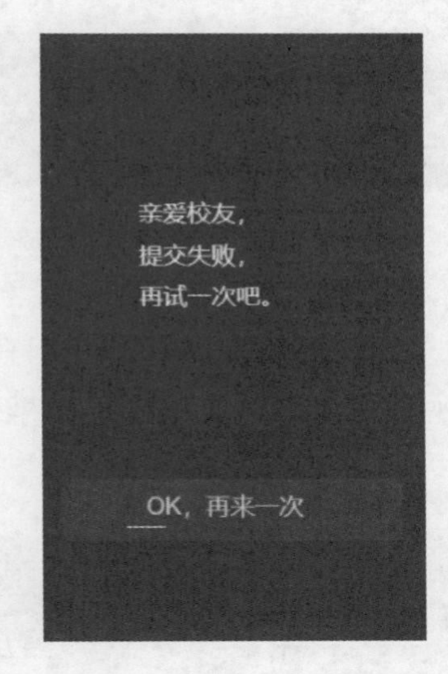

图 6-3-16　提交失败界面

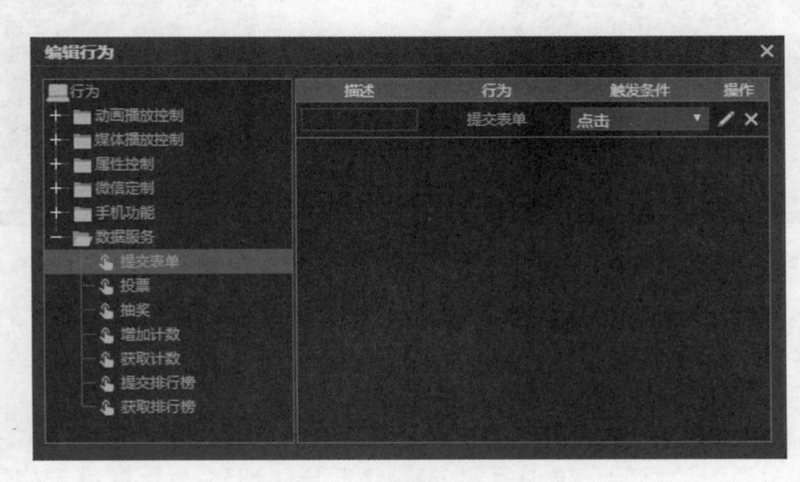

图 6-3-17　“编辑行为”对话框

④ 在弹出的“参数”对话框中，勾选提交对象“姓名”和“电话”。操作成功后设置为“跳转到页”，操作失败后也选择“跳转到页”，提交目标为“默认数据服务”，如图 6-3-18 所示。

【温馨提示】默认数据服务是木疙瘩服务器。可以通过输入地址的方式，输入自己的服务器地址。

⑤ 单击“跳转到页”右侧的“编辑”按钮，弹出“参数”对话框，设置页号为“3”，页名称为“第 4 页”，翻页方式为“平移”，如图 6-3-19 所示。

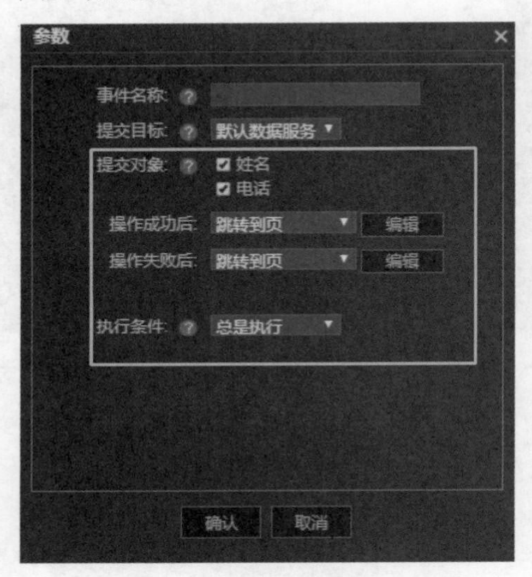

图 6-3-18　设置提交对象

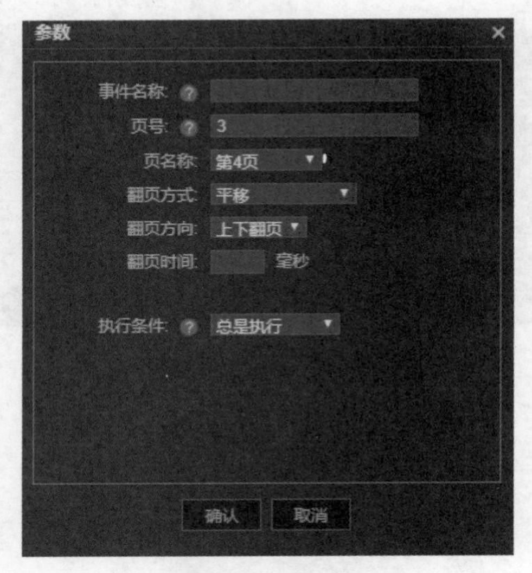

图 6-3-19　设置翻页

(5) 设置长图可移动的属性。

① 选中长图所在的第 2 页的所有内容，单击右键，选择“组→组合”，组成一个组对象，如图 6-3-20 所示。

② 在组对象的属性面板中，将拖动/旋转设置为“垂直拖动”，如图 6-3-21 所示。

图 6-3-20　组合全部对象

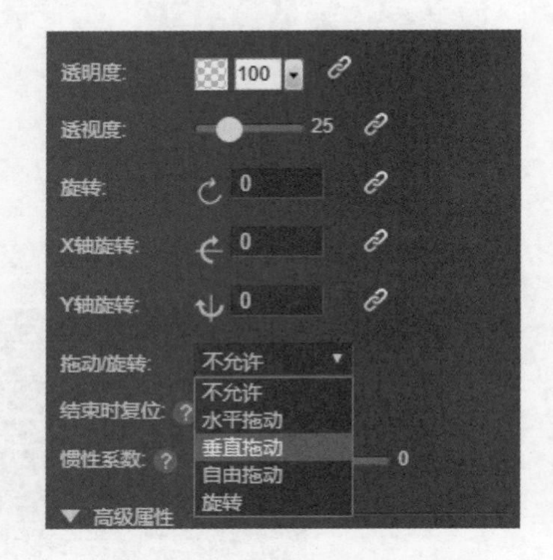

图 6-3-21　设置对象的拖动属性

③ 将长图的组名改成“邀请内容”，向下移动该组对象，使组对象和页面的顶部对齐；或者修改组对象的上坐标值为 0，也可达到同样的效果，如图 6-3-22 所示。

(6) 将长图所在页设置为不可以继续向后翻页。

在长图所在的第 2 页中，需要通过单击“提交”按钮实现跳转，不能继续向后翻页。在第 2 页的下部的右侧(舞台之外)，绘制一个矩形，给矩形添加行为，设置该矩形出现后，则不能继续向后翻页，如图 6-3-23 所示。

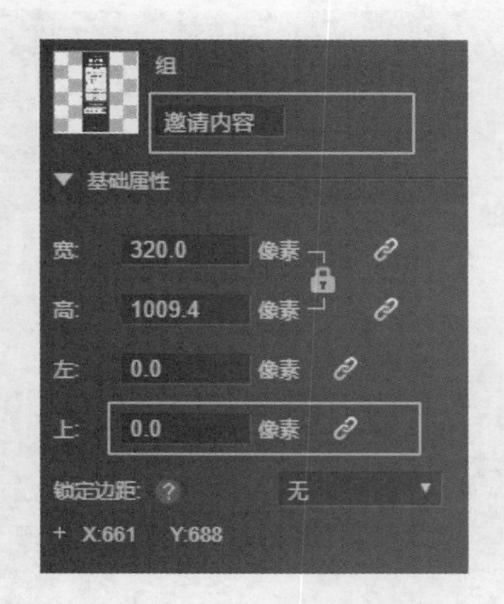

图 6-3-22　设置长图的基础属性

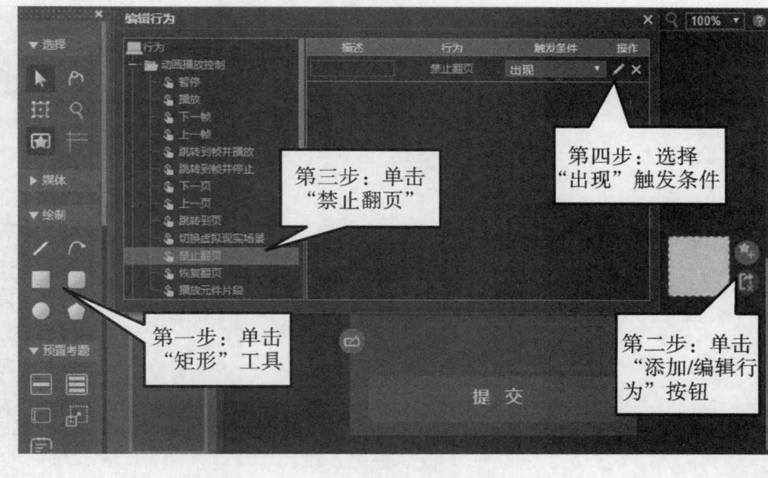

图 6-3-23　设置禁止向后翻页

(7) 提交成功之后，设置“我想再看看时间安排”按钮的功能。

① 选中“我想再看看时间安排”按钮，单击出现的“添加/编辑行为”按钮，在出现的“编辑行为”对话框中，单击“跳转到页”，在右侧单击“编辑”按钮，如图 6-3-24 所示，弹出“参数”对话框。

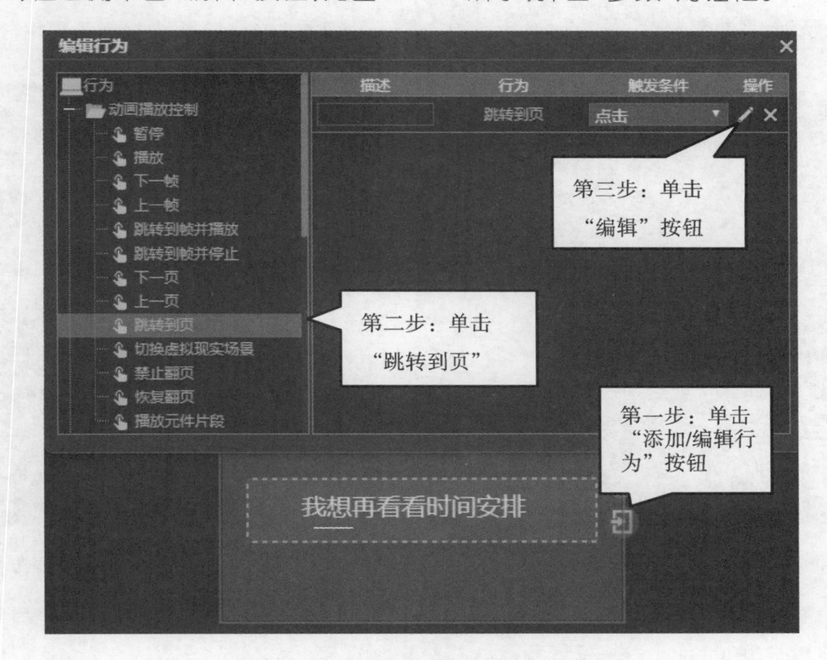

图 6-3-24　设置按钮的跳转页的行为

② 在“参数”对话框中，设置页号为“2”，页名称为“第 2 页”，翻页方式为“平移”，如图 6-3-25 所示。

③ 在“编辑行为”对话框中，选择“属性控制”类的“改变元素属性”选项，在右侧新增的行为列表中找到“改变元素属性”行为，单击右侧的“编辑”按钮，如图 6-3-26 所示。

④ 在弹出的“参数”对话框中，在元素名称列表中找到第 2 页的组对象“邀请内容”，元素属性选择“上”，赋值方式为“用设置的值替换当前的值”，如图 6-3-27 所示。

(8) 提交失败之后，例如网络不通，可以设置当单击“OK，再来一次”按钮时，返回第 2 页，如图 6-3-28 所示。

(9) 给作品配上背景音乐。

单击工具条中“媒体”类的“素材库”按钮，在弹出的“素材库”对话框中选择“音频”选项卡，单击“私有”

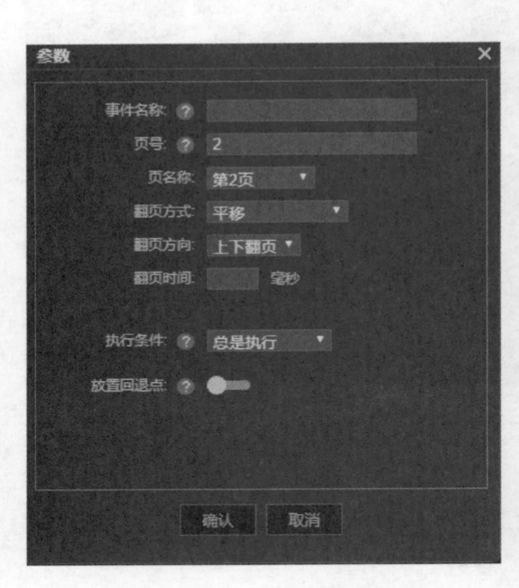

图 6-3-25 设置跳转页参数

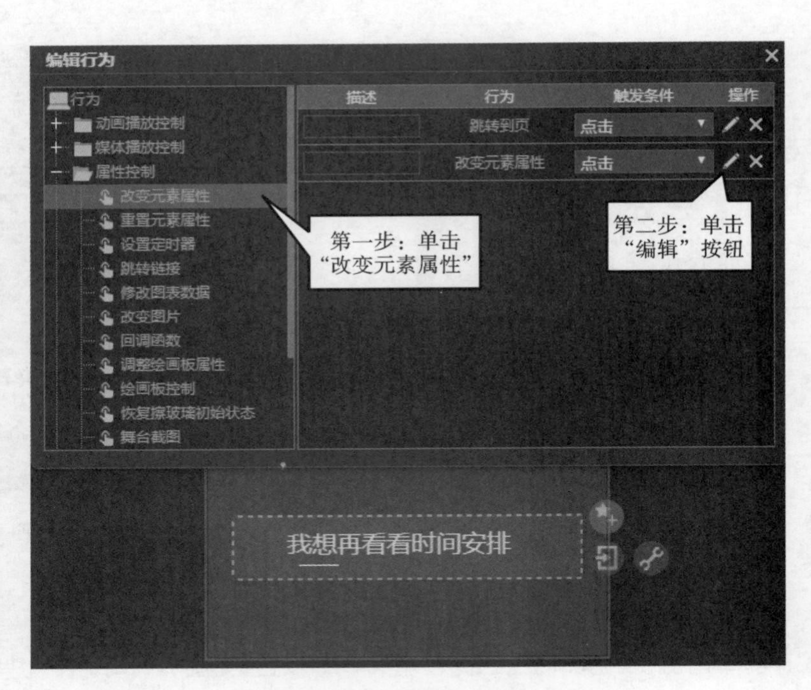

图 6-3-26 增加"改变元素属性"行为

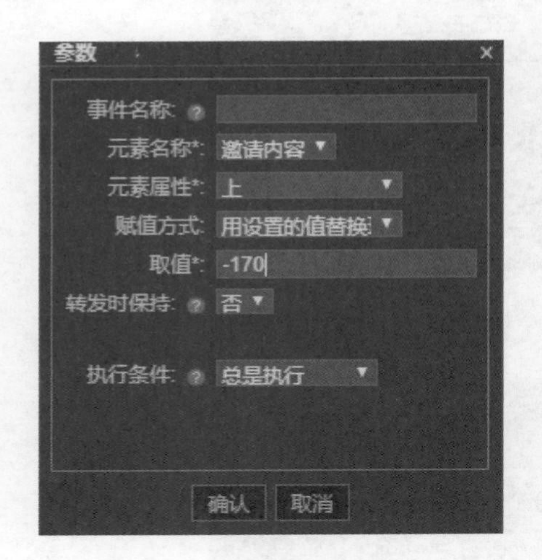

图 6-3-27 修改元素属性

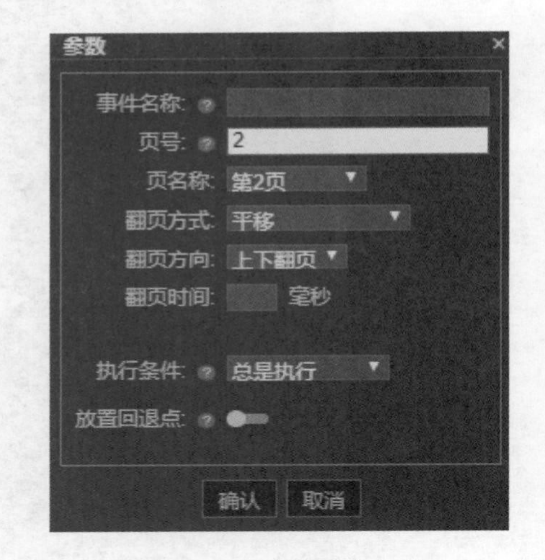

图 6-3-28 修改跳转参数

分类标志，调出作品要使用的音乐文件夹"默认文件夹"，在右侧单击"导入"的红色加号标志，弹出"导入声音"对话框，如图 6-3-29 和图 6-3-30 所示。

在"导入声音"对话框中导入"邀请函背景音. mp3"，在"默认文件夹"中可以看到该音乐。选择该文件，可以播放该音乐，单击"添加"按钮，可以将该音乐添加到作品中，如图 6-3-31 所示。

在作品的当前页可以看到插入的"音频"标志，将该标志移动到舞台之外。在舞台空白处单击，这时属性面板中显示"舞台"属性，单击"背景音乐"的下拉框选择刚导入的"邀请函背景音. mp3"文件，给作品导入背景音乐，如图 6-3-32 所示。预览作品时可以在作品上看到声音图标，单击它，可关闭背景音乐。

(10) 设置加载界面，添加一个进度条。

单击"加载"面板，样式选择"进度条"，提示文字输入"嘿，亲爱的校友，好久不见"；设置文字的字体和字号，字体的颜色尽量选择偏暖的色调，颜色的选择面板如图 6-3-33 所示。进度颜色、进度背景、背景颜色都设置为透明色，表达一种友好的意愿，如图 6-3-34 所示。

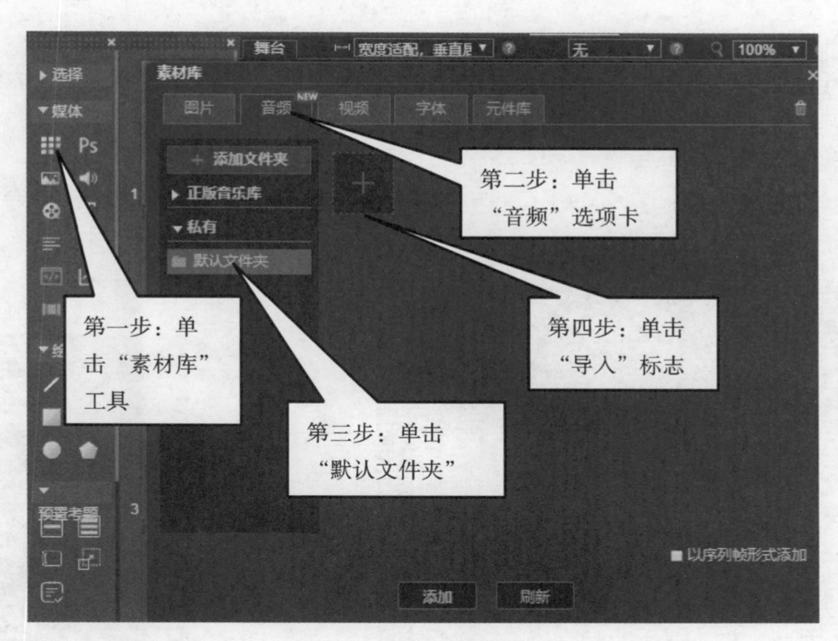

图 6-3-29 在默认文件夹中导入背景音乐

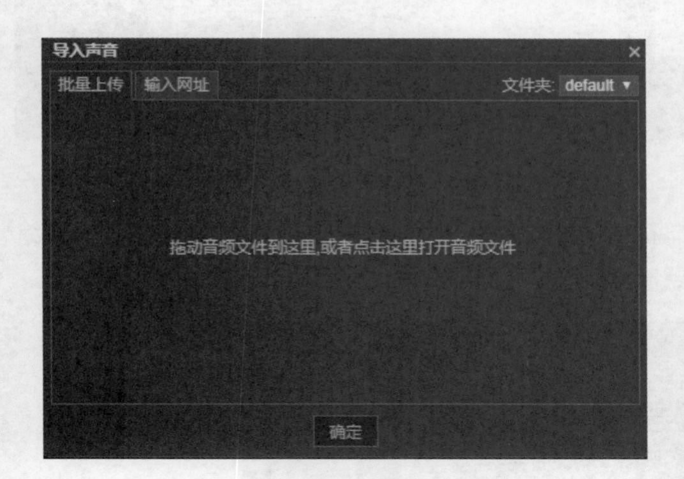

图 6-3-30 "导入声音"对话框

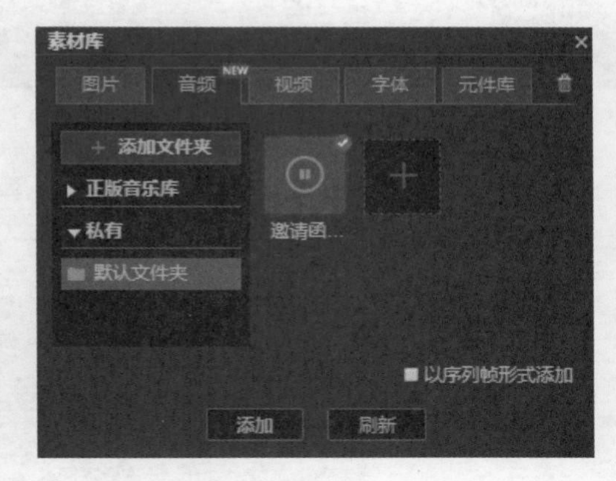

图 6-3-31 添加声音

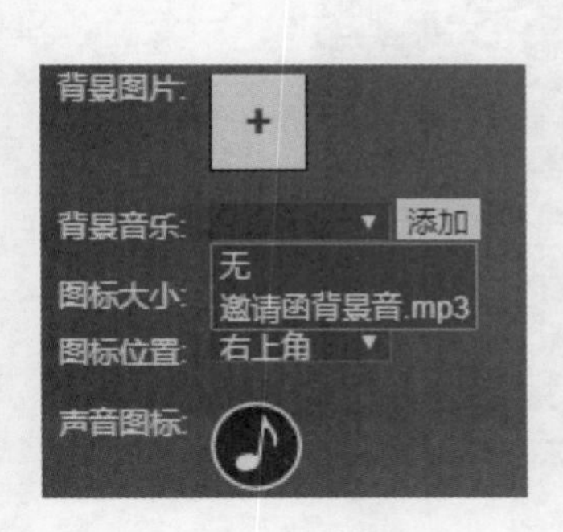

图 6-3-32 添加背景音乐

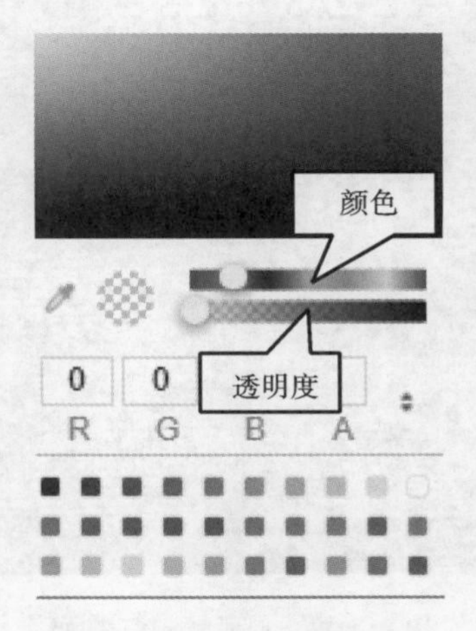

图 6-3-33 颜色的选择面板

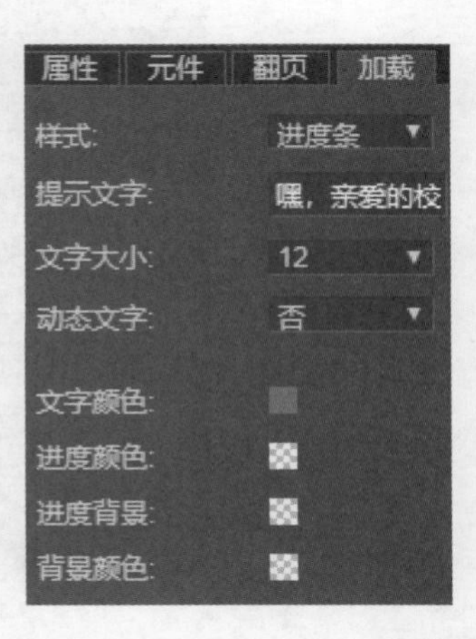

图 6-3-34 设置"加载"进度条

（11）保存作品。

单击左上角的 按钮，出现“保存”对话框，在“保存”对话框中输入作品名称“校庆电子邀请函”，如图6-3-35所示。

（12）发布作品。

单击“文件”菜单中的“文档信息”，弹出“文档信息选项”对话框，输入转发标题、转发描述、内容标题，以及预览图片，如图 6-3-36 所示。预览的图片是正方形，大小为 128 像素×128 像素。

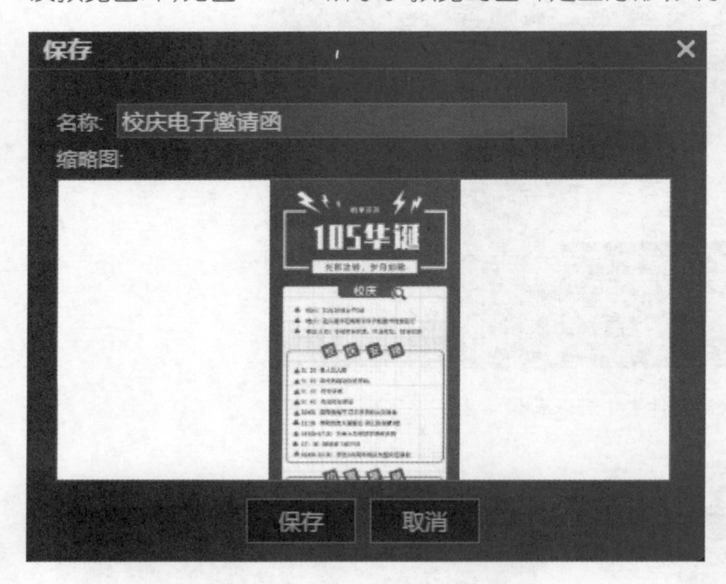

图 6-3-35　保存文件

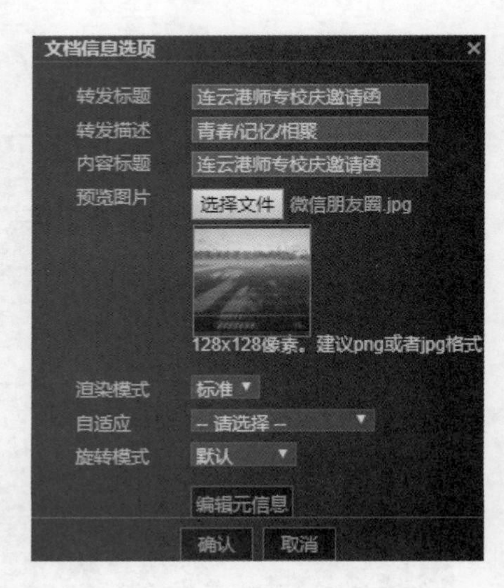

图 6-3-36　“文档信息选项”对话框

单击“通过二维码共享”按钮 ，弹出“通过二维码共享”对话框，如图 6-3-37 所示，可以提供二维码给设计者在手机端预览作品。如果想正常发布传播，单击该对话框中的“发布”按钮。

图 6-3-37　显示预览二维码

【温馨提示】二维码是在条形码的基础上研发的，它使用若干个与二进制相对应的几何形体来表示文字数值信息，可以通过图像输入设备或电光扫描设备自动识读以实现信息的自动处理。相比条形码，它具有信息容量大、编码范围广、容错能力强、译码可靠性高、低成本、易制作等特点。

单击查看发布地按钮，可以看到发布成功后作品对应的二维码和发布地址，方便把作品分享出去，如图 6-3-38所示。

图 6-3-38　查看发布地址

项目四
个人网络（手机）电台创建

项目编号	No. P6-4	项目名称	个人网络（手机）电台创建
项目简介	拥有一个属于自己的网络（手机）电台，是很多播音爱好者、业余主播甚至专业 DJ 梦寐以求的愿望。利用喜马拉雅（APP），通过简单的几步操作就可以实现这样的愿望。		
项目环境	多媒体电脑、互联网、喜马拉雅		
关键词	网络电台、主播、喜马拉雅		
项目类型	实践型	项目用途	课程教学
项目大类	职业教育	项目来源	大学生课外实践创新项目
知识准备	(1) 声音的编辑处理； (2) 网络知识； (3) 软件的注册使用。		
项目目标	(1) 知识目标： ① 了解网络（手机）电台的概念； ② 了解音乐分享常用平台。 (2) 能力目标： ① 掌握喜马拉雅平台应用； ② 熟练利用喜马拉雅 APP 录音。 (3) 素质目标： ① 培养学生正确使用平台传播正能量的意识，抵制低俗文化； ② 通过具体任务的实现，体会完成作品后的成就感，提高学生分析问题、解决问题的能力。		

续表

重点难点	(1) 个人电台设置; (2) 录音细节处理。

任务一　个人网络电台创建

一、任务描述

喜马拉雅 FM 是专业的音频分享平台,汇集了有声读物、儿童睡前故事、相声小品及鬼故事等数亿条音频。超过 4.7 亿用户选择的网络电台,随时随地听我想听。

二、预备知识

网络电台,顾名思义,就是在网络上搭建的电台。网络电台把传统意义上的电台搬到了网上,在这里没有又重又大的编录设备,有的只是轻便的电脑;没有发射塔,有的只是四通八达的网络;收听电台不用收音机,只要坐在电脑前轻轻单击就能听到主持人的声音。

喜马拉雅是一款简单易用的电台产品,无论你想听新闻、音乐、小说,还是你想听电视电台节目、英语、财经,又或者你想听健康养生、相声评书、笑话甚至儿童故事,喜马拉雅都能满足你的需要。不仅如此,你还可以轻松创建专属的个人电台,随手录制、上传好声音,同时将你的声音分享到各种平台,与好友一起分享。和豆瓣电台、虾米电台这类以音乐为主要内容的电台不同,喜马拉雅更强调电台的个人属性。

喜马拉雅的使用场景很丰富,但主要的需求还是解决用户的碎片时间,无论是在等公交还是坐地铁甚至是跑步又或者购物排队,将碎片化的时间进行利用,这是喜马拉雅解决用户的最基本的场景需求。

电台类产品的核心竞争力在于内容,有优质的内容才能吸引到用户,而专业机构制作一期电台节目往往会有不小的花费,对内容和节目的形式有很严格的要求。喜马拉雅让用户自己录制节目的方式解决了内容来源这一问题,用户可以在平台上上传分享自己录制的电台节目,给了普通用户做主播的机会,在喜马拉雅里录制声音,做出自己风格的电台,在这个平台上传播,让更多的人听到自己的声音。

喜马拉雅不仅是一个电台平台,更是一个互动交流平台。基于电台这样一款产品,加入了互动属性,听友可以跟主播互动,听友之间也可以互动,喜马拉雅提供了这样一个互动的平台,加入社交属性,如果说传统的电台互动形式单一且有限,那喜马拉雅这样的平台让听友互动变得更加方便快捷。

三、任务实现

(1) 在创建个人网络电台之前,得先在喜马拉雅官网注册。基本步骤如下:

① 在浏览器地址栏输入 http://www.ximalaya.com/,回车,进入喜马拉雅官网首页,看到图 6-4-1 所示部分页面。

② 在首页单击“我的”,然后在窗口中选择“注册”命令,如图 6-4-2 所示。

③ 在注册页面中输入相应信息注册账号,如图 6-4-3 所示。

(2) 设置账号。注册完成后,登录账号,然后在个人首页对账号进行设置,可以对个人信息以及电台系统功能进行设置,如图 6-4-4 所示。

(3) 上传作品。登录个人首页后,完成身份认证,就可以上传音频、视频及制作有声 PPT 了,如图 6-4-5 所示。

(4) 专辑制作。一个精致专业的电台,专辑是不可或缺的一部分,可以在个人页面创建专辑。首先,要

图 6-4-1 喜马拉雅官网部分页面

图 6-4-2 账号登录界面

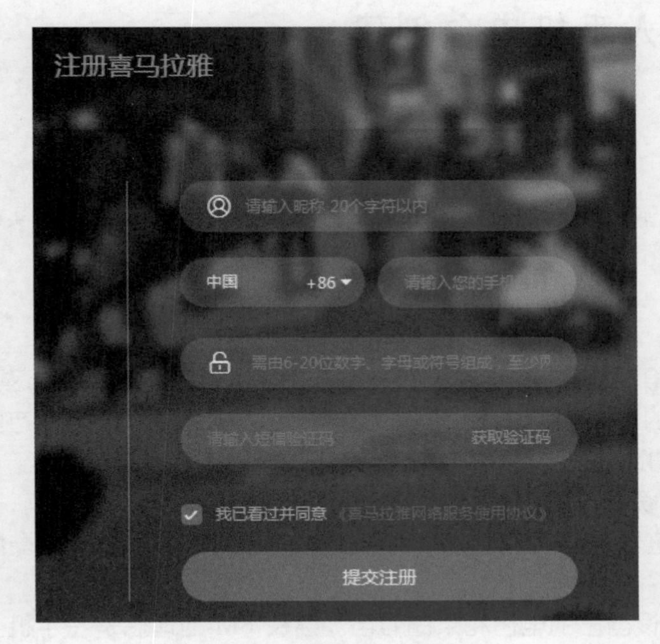

图 6-4-3 注册页面

图 6-4-4 账号设置页面

图 6-4-5　上传节目

给自己的专辑取一个主题鲜明、言简意赅的标题；其次，要给自己的专辑添加一张能彰显专辑风格及个人品位的图片，文件大小小于 3M，最佳尺寸 960 像素×960 像素以上，如图 6-4-6 所示。专辑创建好后，等待审核通过，然后就可以添加音频了，可以对多个音频进行排序、删除等。然后，将专辑保存起来。

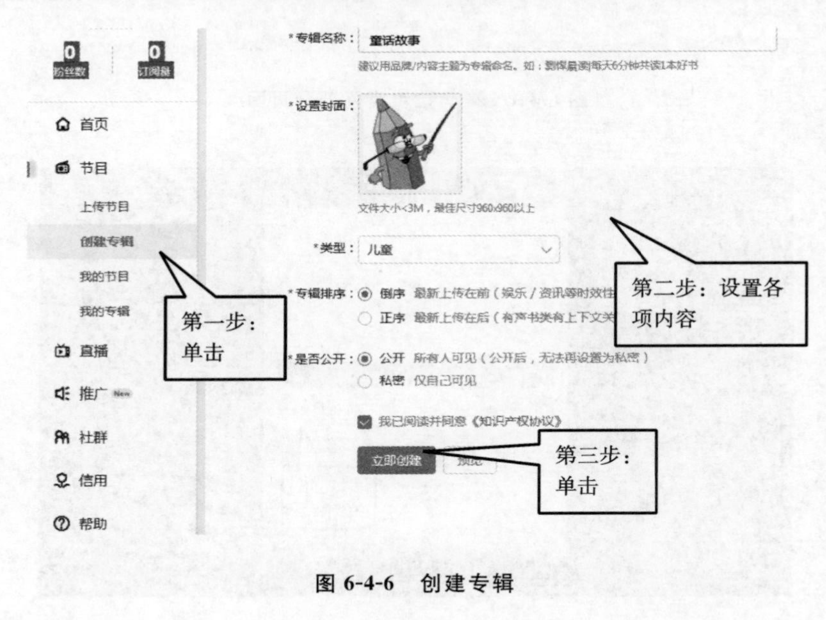

图 6-4-6　创建专辑

任务二　个人手机电台创建

一、任务描述

拥有一个属于个人手机的电台，是很多人的愿望，利用喜马拉雅 APP，通过简单的几步操作就可以实现这样的愿望。

二、预备知识

移动互联网的兴起催生了大批移动互联网的相关应用，不过本质都是基于文字、图片、语音、视频这四个介质的周边产品。以媒体来分，文字、图片方向的有新闻客户端、资讯阅读类产品，文字、图片、语音方向的有微信、陌陌等移动社交工具，视频方向的有移动视频产品，音频方向的有音乐 APP、电台 APP 产品。

手机电台可以通过网络方式播放收音机电台，资源丰富，集合了国内外众多的电台频道，凡所应有，应有尽有。国内主流的手机电台产品主要有喜马拉雅电台、荔枝 FM、蜻蜓 FM、凤凰 FM、豆瓣 FM、酷狗 FM 等。

荔枝 FM 是手机轻电台应用，可以在手机上开设自己的电台和录制节目。荔枝 FM 的理想是在手机上重新发明电台，让人人都能做主播。荔枝 FM 是一个集录制、编辑、上传、存储、收听、下载于一体的网络电台 APP 应用。

蜻蜓 FM 网络收音机，囊括了国内外数千家网络广播，并与全国各大地方电台合作，将传统电台整合到网络电台中，为用户呈现丰富的广播节目和电台内容，涵盖了有声小说、相声小品、新闻、音乐、脱口秀、历史、情感、财经、儿童、评书、健康、教育、文化、科技、电台等三十余个大分类。

凤凰 FM 电台是凤凰网推出的一款手机音频应用，通过凤凰 FM 电台可以收听凤凰卫视、凤凰 U Radio、音乐、畅销小说、童话故事、评书相声、公开课等多种类型的节目，包括资讯、访谈、娱乐、社会热点话题等各种音频和图文内容。

豆瓣 FM 是一款由豆瓣开发的个性化的音乐收听工具。在收听过程中，用户可以用“红心”“垃圾桶”或者“跳过”告诉豆瓣 FM 用户的喜好。豆瓣 FM 将根据用户的操作和反馈，从海量曲库中自动发现并播出符合用户音乐口味的歌曲。

酷狗 FM 是酷狗音乐官方旗下的收音机产品，具有电台全、音质好、播放快和功能多等特点。酷狗 FM 是电台最全的收音机，拥有海量的电台资源，可以收听全球广播，包含音乐、新闻、财经、交通、生活、两性、娱乐、体育和外语九大分类。

三、任务实现

(1) 单击喜马拉雅 APP，先进入账号的页面，单击“我要录音”，如图 6-4-7 所示。

(2) 单击“录音”按钮，如图 6-4-8 所示，进入录音页面。

图 6-4-7 账号页面

图 6-4-8 单击“录音”按钮

(3) 进入录音页面，如图 6-4-9 所示，录音前可以进行如下操作。

① 为了方便录音，可以先添加文案，感受提词器的效果。单击“编辑”按钮，进入编辑页面，粘贴需要的文案文本，单击“完成”按钮，如图 6-4-10 所示。

② 有故事情节的场景，还可以添加适当的背景音乐，增加场景感及代入感。单击“配乐”按钮，在“添加配乐”页面选择需要的音乐，操作如图 6-4-11 所示，插入配乐。

③ 为了让声音更有趣，更多变化，可以添加变声效果。单击“变声”按钮，单击试听一下效果，然后选择一个喜欢的效果。

④ 为了让声音更灵动，更好听，可以添加回声效果。单击“回声”按钮，单击试听一下效果，然后选择一个喜欢的效果。

(4) 如果需要配乐，在前面添加配乐的基础上，单击配乐的“播放”按钮，然后单击“开始录音”按钮，对照前面添加的文案开始正式录音，界面如图 6-4-12 所示。

(5) 如果录音过程中需要添加特殊的音效，比如“大笑”“鼓掌”等，则可以在需要添加的地方插入音效。

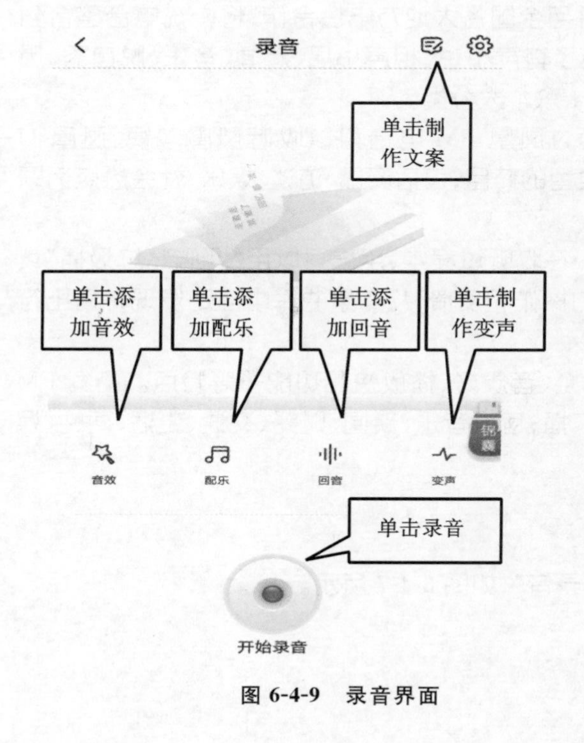

图 6-4-9　录音界面

图 6-4-10　编辑文案

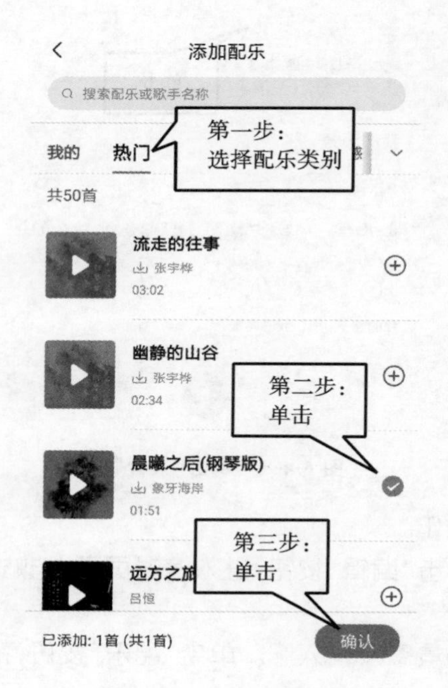

图 6-4-11　添加配乐

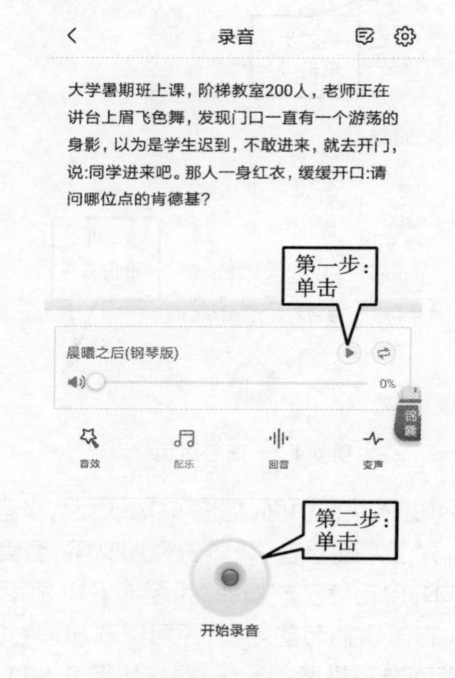

图 6-4-12　录音

(6) 如果录音过程中出了错误，或者录的不满意，不需要从头再来。使用“裁剪”工具，把不想要的部分剪掉即可。单击“试听”按钮，听听效果，确定要裁剪的时间点，单击“裁剪”工具，拖动时间轴，选择要剪掉的片段，然后单击“剪掉”按钮，并确认即可。裁剪后单击“继续录制”完成后面的录音，如图 6-4-13 所示。

(7) 录完后，单击“保存”按钮，进入“声音信息”页面，如图 6-4-14 所示。在这里，可以单击“添加配图”为声音添加配图，为声音添加标题，输入简介，并选择声音所属的专辑。保存好的声音可以选择“存草稿箱”，也可以选择“上传声音”发布。

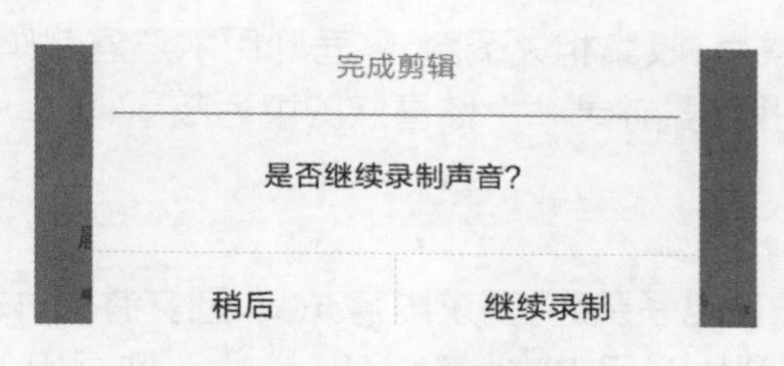

图 6-4-13 完成剪辑

(8) 在账号页面单击"我的作品"可以看到已经录制好的作品,如图 6-4-15 所示。

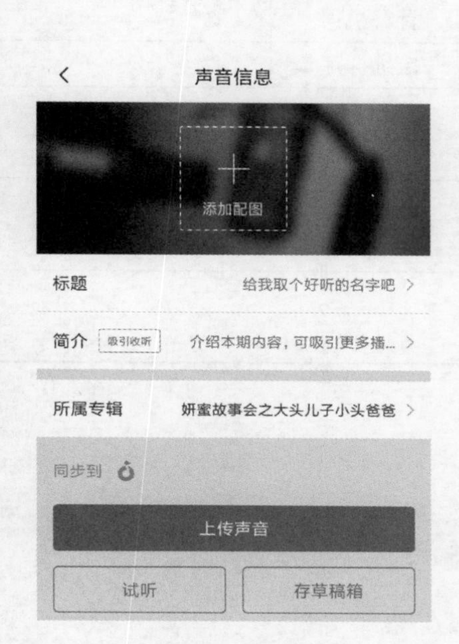

图 6-4-14 声音信息

图 6-4-15 我的作品

模块练习

1. 填空题

(1) iebook 使用(　　　　)功能可以做记录,方便下次阅读时能准确及时找到,也可以用作设计稿校稿、涂鸦等方面。

(2) 全景图的图片来源可以是(　　　　)和(　　　　)。

(3) 木疙瘩舞台中的新对象选中后,出现(　　　　)和(　　　　)两个圆形按钮,从而可以给对象添加动画和行为。

(4) 木疙瘩框选对象的周围会出现斑马线,多个框选对象一起移动,可以把多个对象(　　　　),从而整合成一个对象。

(5) 喜马拉雅不仅是一个(　　　　)平台,更是一个互动交流平台。

2. 操作题

(1) 利用 Pano2VR 将素材文件夹中提供的三幅全景图(厨房.jpg、卧式.jpg、客厅.jpg)制作成 Flash 全景漫游效果。

(2) 选择你家乡的一个知名景点，收集相关资料，然后利用木疙瘩制作该景点的介绍。

(3) 下载喜马拉雅 APP，注册账号，并录一个你喜欢的童话故事，选择一首舒缓的配乐，选用小黄人变声效果。

3. 实训题

以“爱护环境”为主题，制作一份电子杂志，要求内容充实、图文并茂，内页内容采用模板修改完成，至少 30 个页面。封面和封底及内页的图片利用 Photoshop 设计，片头动画用 Flash 来实现。素材包括图片、视频等，所需素材从网络上查找，也可以自行拍摄。完成下列实训报告(自行设计 Word 表格)。

班级		专业		姓名	
学号		机房		计算机号	
实训项目				成绩评定	
实训目的					
实训步骤					
实训反思					

参考文献
References

[1] 齐立森. 数字媒体实践与开发[M]. 北京:科学出版社,2016.
[2] 郭春宁. 数字媒体概论[M]. 北京:机械工业出版社,2014.
[3] 陈幼芬. 数字多媒体技术与应用案例教程[M]. 北京:清华大学出版社,2011.
[4] 黑马程序员. Photoshop CC 设计与应用任务教程[M]. 北京:人民邮电出版社,2017.
[5] 〔美〕拉塞尔·陈. Adobe Animate CC 2018 经典教程[M]. 罗骥,译. 北京:人民邮电出版社,2010.
[6] 龙飞. 精通会声会影之完全案例实战[M]. 北京:科学出版社,2009.
[7] 曹世华. 新媒体技术应用与实践[M]. 杭州:浙江大学出版社,2017.